翁毅 周永章 ★ 著

华南海岸生态景观演变
对气候变化和人类活动的响应研究

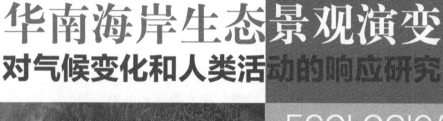

ECOLOGICAL
LANDSCAPE

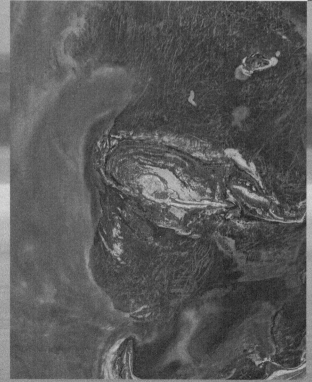

SPM
南方出版传媒
广东人民出版社

·广州·

图书在版编目（CIP）数据

华南海岸生态景观演变对气候变化和人类活动的响应研究/翁毅，周永章著.—广州：广东人民出版社，2021.7
ISBN 978 - 7 - 218 - 15126 - 7

Ⅰ.①华…　Ⅱ.①翁…②周…　Ⅲ.①人类活动影响—海岸—自然景观—演变—研究②气候变化—影响—海岸—自然景观—演变—研究
Ⅳ.①P737.11

中国版本图书馆 CIP 数据核字（2021）第 117351 号

HUANAN HAIAN SHENGTAI JINGGUAN YANBIAN DUI QIHOU BIANHUA HE RENLEI HUODONG DE XIANGYING YANJIU

华南海岸生态景观演变对气候变化和人类活动的响应研究

翁毅　周永章　著

出 版 人：肖风华

策划编辑：赵世平
责任编辑：赵瑞艳
责任技编：吴彦斌
出版发行：广东人民出版社
地　　址：广东省广州市海珠区新港西路 204 号 2 号楼（邮政编码：510300）
电　　话：(020) 85716809（总编室）
传　　真：(020) 85716872
网　　址：http://www.gdpph.com
印　　刷：广州小明数码快印有限公司
开　　本：787mm×1092mm　1/16
印　　张：18　字　数：250 千
版　　次：2021 年 7 月第 1 版
印　　次：2021 年 7 月第 1 次印刷
定　　价：58.00 元

如发现印装质量问题，影响阅读，请与出版社（020 - 85716849）联系调换。
售书热线：(020) 85716826

前言

　　海岸带是海岸景观格局驱动力体系的耦合场所。海岸生态景观演变较好地记录了气候变化信息和海岸带目前的压力状态。海岸生态景观演变的多样性、不可逆性和不确定性，因为日趋严重的人类干扰而加剧。深入理解它们是 IGBP（国际地圈生物圈计划）核心项目"海岸带陆海相互作用"的使命。IPCC（联合国政府间气候变化专门委员会）报告指出，在过去 50 年里，不仅能在气候变化中检测到人类活动的影响，而且"很可能"是人类活动导致了全球气候变暖。气候变暖、海平面上升，会抬高江河水位，加剧风暴潮灾害，加重洪涝灾害，扩大盐水入侵范围。IPCC 第五次报告和《气候变化国家评估报告》指出，人类活动在气候变化中扮演着极其重要的角色，并且极大地加快了这个进程。

　　海岸生态景观演变国际研究主要始于 20 世纪 90 年代后期，但进展异常迅速。研究显示，气候变暖引起的海平面上升和物种更替等环境演变是一个缓慢渐进的过程，自然驱动力的致灾后效往往由一系列不易被人们警觉的自然灾害衍生而成。全新世被视为现代海岸生态景观演变的"近代史"，生物地带、海陆轮廓、海岸线、海岸平原和三角洲、自然环境的区域分异等在这个时期得以形成。

　　华南海岸是我国经济活动和社会活动最频繁的地区之一，也是我国改革开放的前沿阵地，与港澳历史渊源深厚，是中国经济发展的"风向标"。近20年来，学界对中国滨海环境演变的研究持续不断，但是聚焦于气候变化与人类活动共同作用影响下海岸生态景观演变的研究较为鲜见。

鲜明的地域特色是本研究的重要特点。华南海岸基本涵盖了中国热带海岸的范围，而中国热带是全球唯一的双季风作用下的湿润热带，属于IPCC第四次报告指出的"特别缺乏来自热带的资料和文献"的地理范围。

本研究通过比照、共证的方式，展示千年尺度的全新世气候变化以及几十年尺度人类活动作用下的海岸生态景观演变，剖析两者在海岸生态变迁上的响应联系，期望对深入认识现代海岸环境的变化规律和区域分异、预测其未来的发展及生态安全预警有帮助。

本研究历时数年，初步揭示了华南海岸生态景观对气候变化与人类活动的响应规律。气候变迁、海平面变化、海岸平原海侵—海退的垂直序列、海岸沙堤、牡蛎礁、环境考古与滨海城市化具有大同小异的特点；海滩岩、红树林、珊瑚礁、红土、自然地带变迁等具有异多同少的特点。

根据海景（seascapes）尺度的整体性原则，本研究分别选取了海岛景观、三角洲河口海岸景观、海岸带城市景观、生物海岸景观和沙坝—潟湖景观，对它们的演变及对气候变化与人类活动的响应进行了剖析，案例地区包括在华南海岸的福建东山岛、广州南沙区和广州中心城区、广西合浦山口红树林和广东徐闻灯楼角珊瑚礁国家自然保护区、广西北海银滩和海南琼海博鳌旅游度假区。研究利用卫星遥感影像共21景，时间尺度范围为10～40年，空间分辨率为0.61～30m，实现了从传统的单一类型或某种景观的多时相研究，转向对整个区域不同分辨率、多类型生态景观的横向对比研究。

本研究展示了全新世的自然驱动力和人为驱动力作用下华南海岸生态景观演变的"前世今生"，同时提供了一个反思人地关系的机会。2008年的雪灾、2020年雨量极其充沛的"龙舟水"、近年来异常炎热的夏季，都使人深切地感受了全球气候变化的力量。

目 录

第 1 章

研究缘起

1.1 研究背景及意义

1.1.1 研究背景

海岸带是世界上自然资源和生物多样性极其丰富的生态系统之一（杜建国等，2011），涉及河口、海湾、潟湖、潮滩、岛屿、珊瑚礁、红树林、海滨沙丘及各类海岸的近岸和远岸水域的不同尺度的景观系统。它是陆域景观要素集合与海域景观要素集合的并集，由此形成的景观富集带呈现出错综复杂的格局。

海岸生态景观反映出外部影响海岸景观格局的各种驱动力和内部各种景观组分间的过程与联系。海岸带是陆海交互作用剧烈的地带，是海、陆和气三大系统自然驱动力的聚合场所，包括常态驱动力，即波浪、潮汐、潮流、海流、盐水入侵、海平面上升等海岸地区特有的动力作用；也包括突变的海岸驱动力作用，如热带气旋、台风及风暴潮、海岸侵蚀、海岸洪涝等（蔡锋，2004）。作用于海岸生态景观系统的驱动力是自然界最复杂、最广泛的动力作用。因此，气候变化带来的海平面上升等全球性变化对海岸带景观格局的影响和作用极其深远。

海岸带生态景观的复杂性还在于人类活动。海岸带是全球人文和自然融合最为充分、频繁的地区，是气候变化和人类活动响应敏感的地带（陶晓燕，2006；张永战、朱大奎，1997）。人类活动包括对海岸带的建设和干扰以及对海岸带生态景观自然演变的积极响应等，极大地增强了海岸生态景观演变的复杂性、多样性和不确定性。正如气候变暖已是毫无争议的事实，在过去50年中，能在气候变化中检测到人类活动的影响，"很可能"

是人类活动导致了全球气候变暖。对 20 世纪气候变暖的情况，IPCC 前三次报告都表示升温 0.6℃，第四次报告吸纳了 2001 年以来最新的科研成果，发现升温 0.74℃。2007—2100 年，全球平均气温升高幅度可能是 1.8 ~ 4℃，海平面升高幅度是 18 ~ 59cm。而造成这一趋势的原因有 90% 可能是人类活动，IPCC 第五次评估报告指出，20 世纪中叶以来的气候变暖 95% 是由人类活动造成的（秦大河等，2014）。不管发达国家减缓多少温室气体排放，在今后 100 年，全球变暖和海平面上升仍无法改变。随着人口激增和对资源的不合理开发，海岸带承受的环境压力剧增，出现生境破坏、赤潮频繁发生、外来物种入侵和海岸带植被逆向演替等一系列生态恶化问题（杜建国，2011），人为因素对其退化作用最大（蔡锋，2004）。

1.1.2　研究意义

海岸带一直是人类开发较早、人地关系紧密、系统物能交换最频繁和最集中的区域。21 世纪人类对资源和环境的渴求，势必加大对具有高生产力的包括海岸在内的海洋生态系统的索取强度，其生态学研究正受到广泛关注。随着 IGBP 核心项目"海岸带陆海相互作用"的启动，海岸带的生态学研究成为学者们的关注焦点。海岸带生态景观演变的研究是和谐人海关系的构建及海岸带可持续发展中不可回避的重要问题。

本研究具有鲜明的地域特色。华南沿海拥有 4824km 大陆岸线，岛屿岸线总长为 4601km，分别占全国的 27% 和 32%，海岸景观类型丰富多样。华南海岸景观尺度上涵盖热带、亚热带海岸的生物海岸景观、弱潮海岸的沙质海岸景观和大湾套小湾的鹿角湾—基岩岬湾海岸，还有区域尺度上独特的弧形海岸景观格局（赵焕庭等，1999），生态景观的区域特色十分鲜明。而中国热带是全球唯一的双季风作用下的湿润热带，华南海岸则基本涵盖了中国热带海岸的范围。气候变化过程中华南海岸生态景观的变化反映了中国热带海岸第四纪环境演变历程。

同时华南海岸作为我国改革开放的前沿阵地，是经济建设和社会活动最频繁的地区之一，加之与港澳的历史渊源，对整个国民经济的发展和影响常常起到"风向标"的作用。在几十年至几百年尺度的环境变化中，人类活动驱动力的影响已经与自然驱动力相当甚至超过自然驱动力（黄镇国等，2004a）。因此华南海岸生态景观的演变日益受到社会公众的普遍关注。

1.2　相关研究进展

1.2.1　景观演变对气候变化的响应研究

1.2.1.1　景观演变与海平面上升

国外利用红树林景观记录研究气候变化引起的海平面上升及海侵过程起步较早。Muller（1969，1973）对现代和化石红树花粉形态进行了深入研究。B. Biswas（1973）通过对马来西亚东部滨岸的岩芯花粉分析，并结合有孔虫化石，很好地推断了该地区晚更新世以来的海面变化。C. D. Woodrofle（1981，1985）对开曼群岛红树林景观的沼泽地层及其与全新世海侵的关系作了较详细的研究，认为红树林泥炭是全新世中期海侵该地区下沉的主要依据，而海相真红树林属种所形成的泥炭才可以用于正确恢复海平面变化历史。通过红树林地层的测年、上下地层的对比分析所得出的海平面变化曲线与 Scholletal（1961）所作的曲线基本一致。J. C. Ellison（1989，1993）将红树林沉积物孢粉作为海平面变化的指示物，成功地重建了汤加岛屿近几千年的海平面变化历史（张玉兰等，2019）。

不同物质组成的海岸对海平面上升的响应不一。软质海岸（沙滩和海岸沙丘等）的响应最为剧烈，硬质海岸的响应最弱，即海平面上升沙（泥）

质海岸表现得最为脆弱，硬质海岸相对表现不敏感（Hansom，2001）。海平面的上升造成海岸侵蚀、滩地淹没和湿地沉积平衡的变化，岸滩景观面积缩小，引起景观服务功能弱化和产业发展方向的改变。海面上升会在近岸低洼的地方营造出新的湿地，使近岸陆地生态景观逐渐向湿地生态景观演替。在海面持续上升的情况下，湿地在陆地得不到补偿的空间，必然会导致湿地大面积消亡。1999 年 Nicholls R. J. 预测，到 2080 年，由于海面上升，会有约 22% 的海岸湿地消失。如果考虑海面与人为因素的综合作用，到 2080 年全球将有 36% ~ 70% 的海岸湿地损失（谷东起，2003）。生物海岸则能对海平面上升做出积极的响应，通过其生物作用缓解浸淹效应（张乔民等，2003）。

1.2.1.2　景观演变对海岸动力的响应

随着全球变化过程中灾害事件增多，国外学者对频发的灾害事件对景观产生的影响给了较多关注。这些研究表明，灾害事件是海岸突变驱动力的重要来源，主要包括了地震、台风、风暴（潮）和海啸等，它们对海岸景观格局的影响往往极具毁灭性。以风暴为例，风暴是控制短周期海岸线变化的最重要的因素，其中沙质海岸的表现最为突出。Ferreira（2006a）认为沙质海岸在风暴过后发生激烈改变，风暴在海岸线的侵蚀中占优势地位。但是，沙滩的脆弱性对风暴行为的响应，在一定程度上取决于风暴的频率和沙滩的恢复周期。对单次风暴而言，风暴频率超过沙滩的恢复周期，沙滩的侵蚀则加重。风暴群的定义取决于特定海岸区域对风暴事件的恢复能力，系列连续的风暴事件——风暴群的发生期间完全没有沙滩的恢复。Ferreira（2006b）的另一研究还表明短时间周期内由一组风暴引起的侵蚀，远远超过与较长时间周期相关联的单一风暴事件引起的侵蚀。正如葡萄牙西海岸，风暴群（两个为 1 组）在平均 1 年的周期内引起的侵蚀量与单一风暴事件在 9 年内引起的侵蚀量相当。相形之下，3 个为 1 组的风暴群在平均 4 年的时间周期内与单一风暴事件 23 年内全部侵蚀量相当。Cooper 等

（2004）也通过对以色列西部海岸的研究，认为海滩和沙丘发生明显的形态演变，与极端风暴事件产生形式上的高能体系相一致。海滩不同的位置和风暴空间不均匀性，影响具体风暴对这些岬湾的影响强弱，因而海滩景观格局对风暴的响应也具有明显梯度差异。

经常性影响海岸景观发育与变化的自然驱动力主要包括海洋动力条件和泥沙物源供给、土壤的发育和动植物的定居等。其中海洋动力条件和泥沙物源供给往往是海岸景观面积，尤其是岸滩淤长与侵蚀的重要决定条件。它造成海岸带土地开发利用后备资源空间的丰缺差异，也是影响景观结构，尤其是以自然覆被为主体的景观结构差异的重要因子。生物气候差异及水分的蒸发、土壤的发育和动植物的定居等组合产生地域分异，则影响其农业景观的基质和生物景观的多样性。如隋唐之前，江苏海岸为延续数千年的堡岛海岸景观。黄河南北分流和全流夺淮期间，丰富的泥沙供给使海洋动力作用相对居于次要地位，沙质海岸被改变成岸线长达 884km 的淤泥质海岸湿地。1855 年黄河北归，巨量的黄河泥沙来源突然消失，海洋动力条件与泥沙条件的对比关系发生了改变，江苏淤泥质海岸重新调整逐渐形成过渡型、侵蚀型和淤长型泥质海岸湿地景观（李加林等，2003）。在水动力作用下的细颗粒泥沙运动则是岸滩沉积和地貌演变的主要因素。（季小梅等，2006）在对乐清湾岸线大部分处于淤进状态的研究中发现（季小梅等，2006），长江入海南移和陆架区再悬浮的细颗粒物质是其泥沙的主要来源。尽管湾内水体悬沙浓度较低，但是低能的动力沉积环境仍有利于细粒沉积物落淤。

气候变化引起的海岸动力变化，也因受到滨海近岸地貌特征的影响引发岸线的变动。Schupp 等（2006）在北加利福尼亚海岸的研究表明，激浪带向海倾斜的障碍物和露出地面的岩层，对海岸自然演化有明显的作用。激浪带向海倾斜的障碍物和露出地面的岩层在数量、位置和形态上明显存在联系，但通常在不超过 7m 的深度范围。它们可能在宽度、长度、距离和角度上有少量的变动。这些新的发现考虑到探索海岸带区域动力机制和发展，可预测海岸带管理的模式。

此外，景观与文化的相互作用显著，城市景观格局作为城市文化的载体，是城市文化的物质表现，而城市文化同时又建设和改变着城市景观格局，城市化过程诸如木板路、水槽和财产分隔线等文化特征，均会间断穿过海岸线环境的倾斜度而提供非自然的海岸景观（Wendy，2005），削弱海岸景观整体的自然美感。若综合考虑到居民点与海岸恢复目标相一致，城市化的海岸拥有自然的景观、沙丘和植被，能为景观提供相应的视觉缓冲（Rogers，2004）。

1.2.1.3　景观演变对气候变化的响应

海岸气候和水温的变暖，滨海潟湖湿地的消失引起动植物群落出现了一些变化。如近 50 多年来中温带典型的海洋性气候区青岛海岸带地区年平均气温 1991—2002 年比 20 世纪 50 年代升高了 0.94℃，同期最冷月 1 月平均气温上升了 2.18℃。茶树从南方引种成功并形成产业；一些本来在长江三角洲地区越冬的鸟类（如大天鹅）已迁至山东半岛越冬；部分在温暖海洋中的海洋动物也频现青岛（杨鸣，2005）。

另外，尽管中国热带第四纪气候波动不明显，但是这种气候波动在海岸景观上仍有反映。海滩岩、沙丘岩、老红砂等景观的形成年代为沿海晚更新世以来的古气候演变和海平面变化过程提供有力佐证。如海岸红土砾石台地代表中更新世冷湿（砾石堆积）转热干（红土化）的气候变化，老红砂台地代表晚更新世至全新世热干（风积）转热湿（红土化、古土壤）的气候变化，海岸贝壳堤则反映中全新世风暴潮增强的气候波动（黄镇国等，2006）。

1.2.2　景观演变对人类活动的响应研究

在海平面上升和海岸带大规模开发的同时，滨海环境暴露出一系列生态问题，由此在引发以脆弱性或易损性为起点的海岸带环境研究之后（黄鹄，2005；恽才兴等，2006），海岸景观如何响应人类活动成为学者们研究的热点话题之一。从短时间尺度上看，人类活动对海岸景观演变的影响作用超过气候变化的影响（Nordstrom，2005），然而在文明程度已明显占优势的滨海城市景观类型中不易被觉察。但是没有人能否认，人类在海岸景观改变过程中扮演着极其重要的角色（Nordstrom，2005）。

1.2.2.1　关注滨海旅游生态演变的国外研究

国外学者对海滨旅游活动引起海岸生态演变极为关注，并且就旅游城镇化在很大程度上干扰了海岸景观的稳定达成了共识。土耳其海岸区域约占总面积的30%，人口约占总人口的51%，游艇、水上的士、娱乐船只的使用和旅游码头的修建呈指数增长，其海岸结构改变当前海岸系统，并且极大地改变了自然沙滩系统沙源的供应（Burak 等，2004）。Irtem 等（2005）也认为土耳其 Edremit 湾100km 的沙岸，海岸区域旅游活动和不合法的建筑修建造成了城市的混乱，而这些混乱只是众多环境问题中很小的一部分。与此相似，印度最小州——位于西部海岸的果阿的城市土地迅速增加，在沙滩和空地上的植被和水域减少，Murali 等（2006）也将其城市化归结于与旅游业繁荣相联系的人类活动。Cancu'n 岛（墨西哥）对潟湖盲目的旅游开发也反映了人为作用破坏海岸自然生态景观的演化（Wiese，1996）。

然而旅游活动即使是在潮间带岩岸简单地行走，也会引起生物群落的破坏（Klein 等，2001）。Gheskiere 等（2005）认为相对于附近非旅游区，旅游者常常走动的上部海滩拥有更低的有机物特征、更低的密度、更低的多样性和更高的群体压力。Brosnan 和 Crumrine（1994）认为这样的行走会引起多叶植物和眼镜蛇数量的明显减少，对于贻贝海床的破坏也将持续相当长时间（踩踏停止后至少两年）。当贻贝覆盖被海藻代替时，群落结构会发生改变。Schiel 和 Taylor（1999）对新西兰汽车旅游对潮间平台藻类聚集的影响研究表明，低密度的踩踏（10人）会使优势藻类（Hormosira banksii）覆盖率降至25%，高密度踩踏（200人）会使褐藻覆盖率减少90%以上，损失的藻类引起下面造礁珊瑚的藻类消失（Barker和Roberts，2004）；低密度踩踏的完全恢复需要几个月的时间，高密度踩踏的不完全恢复则需要1年以上。Milazzo等（2002）对意大利地中海浅的潮下带（平均低潮线0.3~0.5m）的踩踏研究也证实其对藻类相似的破坏作用。热带岩岸珊瑚礁坪区域的表现更为脆弱，踩踏无论是对局部还是对大面积珊瑚的可持续发展均造成直接的严重破坏（West等，2001）。

海岸沙丘的稳定性与植被覆盖率相联系，踩踏对沙丘植被的影响相当明显。在Jutland的实验当中，200人经过沙滩，植被覆盖率降低50%，但实际上旅游者的压力（夏天2560人通过）造成超过98%的植被消失。沙丘植被在踩踏条件下是极为脆弱的（通过对比其他的陆地植被），因为沙地土壤抵抗力极度低，沙丘植被的破坏恢复相当慢。Hylgaard和Liddle（1981）已证明踩踏对于沙丘植被无论是几天还是几个月的影响结果都是相似的（Wiese，1996）。

海滨的钓捕和旅游设施严重地打破海岸景观系统平衡，并引发一系列的生态问题。Liddiard等（1989）对斯旺西（南威尔士）的两处广阔的基岩海岸周围的研究表明，英国的螃蟹被钓鱼者开发利用。大概3000块岩石每天低潮时均被翻动，Bell等（1984）表明90%的大石头两周内在同一个位置被翻转，一些大石头一个夏天可能被翻动40~60次，岩石很少保持它们原来的位置。大石头上部和下部的表面有显著不同的动物和植物，人类行为引起栖息地稳定性的退化和生物多样性的减少。仅分布在希腊和土耳其的小部分海岸区域绿海龟的数量每年正以10%的速度减少。雌海龟喜欢在海滩顶部靠近植被边缘地带自然筑巢。这些区域常常被道路代替，因受控于多余的植被或建筑公共区域形成的阴影区，巢区的温度降低，影响后代的性别（Davenport，1998）。踩踏使得沙地紧实，常常造成海龟挖掘困难，而旅游行为易破坏巢区（Wilson等，2001）。晚上的灯光、汽车的照明抑制雌海龟在沙滩爬行筑巢，而在夜间离开巢的已孵化小动物寻找地面最明亮区域的过程也被扰乱，因为除了地中海沿岸大部分区域的滨海道路、旅馆和海岸公园，在自然系统最接近明亮区域将是整片海（Arianoutsou，1988；Tuxbury 等，2005）。建筑物由混凝土构成的通道呈 90°，已孵化小动物不能爬过等因素造成其死亡率较高，也使得旅游区垃圾带变得更糟糕。Yasue 和 Dearden（2006）认为珩科鸟（Plovers）常常选择宽阔、低人类干扰和以低覆盖率的乔木为背景的沙滩来栖息。泰国的旅游业发展对其沙滩的影响不仅仅是降低动植物栖息地的可用性和马来群岛珩科鸟的生产力。由于沙滩侵蚀的加快、中等尺度的植被转变为大尺度的单一植被和人类干扰的加剧以及这些栖息地的损失造成直接影响，导致依靠密度生活的种群的生产力减少（Devenport，2006）。

一些海滨生态（保护区）旅游目的地的旅游环境得到了改善，但其海岸景观却明显受到来自旅游人数增加的压力（翁毅等，2011）。Pinn 和 Rodgers（2005）指出保护区由于想要吸引更多的旅游者，常常矛盾地处于更严重的破坏局面。自从 1978 年 Purbeck 海洋野生动物保护区成立以来，每年吸引 100000 名参观者（包括教育团体）。对比向旅游者开放的岸礁和未开放的岸礁两处岩岸发现，被开放的岩礁遭受严重影响，海藻的覆盖率剧烈减少。与此相似，里斯本（葡萄牙）南部的旅游胜地，由于明显增加了区别于传统旅游胜地的生态设计方案，包括废水的回收利用、设计抚育野生动物的廊道和恢复森林，尽可能使用步行、骑脚踏车和非石化的交通工具，反而吸引更多的葡萄牙旅游者通过铁路和航空前来旅行（BioRegional，2004）。大型的游轮（250m）送达众多的旅游者，同时排污不规范，一方面引起沙岸或岩岸潮间带的践踏扰动，另一方面也带来世界性海滨旅游胜地的沙滩清理困难，造成了一系列新的滨海生态问题（Davenport，2006）。

1.2.2.2　关于人类活动影响因子的国内研究

中尺度海岸带景观研究涵盖的范围最广，并把研究范围拓展至广义尺度的滨海城镇、沿海省份及三角洲。其中有以人类活动频繁的辽河、黄河和珠江边的县级以上行政区为基本研究单元，探讨人为因素作用下滨海景观演变的研究（郭笃发，2005；李建国，2005；曾辉，1999，2000）。人口增加的压力、经济收益的差异、政策导向和文化科技进步都会引起海岸景观格局及其内部景观结构的剧烈变化。

（1）城市化（非农化）进程的加快

海滨的城市化（非农化）有利于提高生活水平，但也在不同程度上造成区域景观生态的破坏。人口增长是土地利用变化的重要驱动力（李加林，2004），同时也是引起环境恶化的主要因素之一。如 1983—2000 年盐城海岸带沿海县市人口增加 59.68 万，增长率为 14.9%，而海岸带的城镇居民工矿用地（不包括盐田）却增加了 2.76 倍（李加林，2006a）。大面积开发围垦海岸带滩涂等土地后备资源，只是驱使小部分的人口逐渐向海岸带迁移，而其开发建设强度与景观破碎化具有较强的相关性（陈鹏，2002）。与此同时，大规模滨海开发造成海岸侵蚀，给滨海村庄带来更多的威胁，大部分住区原已不协调的社会经济秩序更加恶化。土地利用变化还对土壤发生层质量演化产生了显著影响，表现在发生层全磷含量和土壤的综合质量指数的普遍下降，土壤有机质含量明显大于土地利用方式未发生改变之前的土壤（李加林等，2006b）。

海岸湾内大规模围建盐田和养殖等非农化过程，还引起了纳潮能力减弱和泄洪距离加大，增加了泄洪难度和洪灾风险。例如近期乐清湾岸线大部分呈淤进状态，主要原因是 1934 年漩门二期围垦工程后，纳潮量减小22.57%，落潮流相对挟沙能力减弱为原来的 79%（季小梅等，2006）。Goudie 等（2001）也认为从 1816 年以来阿拉伯联合酋长国 Ras Al Khaimah 的海岸线变迁与最近的开垦和港口开发有关。珠江三角洲八大口门区自 1966 年以来的 30 年间，整个珠江口区围垦成陆面积为 344km^2，平均每年成陆面积为 11km^2，大多分布于伶仃洋西岸区、磨刀门区和黄茅海沿岸（刘岳峰等，1998），围垦和联围导致各条入海水道不断延长。

大型水利工程建设导致河流输沙量的显著减少，是三角洲河口海岸景观快速变化的重要影响因素。例如，万泉河流域上游的牛路岭水库建库后至 2000 年期间，最大洪峰水流量为 1987 年的 $5904 \mathrm{m}^3/\mathrm{s}$，大约比建库前的最大洪峰减少了一半。同时，万泉河的河流悬移质输沙量也呈明显减少趋势，后期琼海嘉积拦河坝的修建，导致牛路岭水库拦截的跃移质和推移质砂石增多，河流输沙的减少，加剧了万泉河河口玉带滩沙坝的快速侵蚀（张振克，2003）。

建筑用沙的需求量迅速膨胀，影响改变沙质海岸冲淤和地貌演变的自然进程。如龙口市北皂煤矿以北的沙滩，近年来因大量挖采建筑用沙，海岸线后退了 200m，破坏沙质海岸景观的稳定与平衡（衣华鹏等，2005）。由于海平面相对上升，今后 50 年内三角洲外缘的淤长速度将减慢，珠江各口门内外采沙业的蓬勃发展将会使三角洲外缘转为侵蚀状态（刘岳峰等，1998）。

（2）经济收益差异驱动

经济收益差异驱动造成景观组分和景观基质的转换和迁移，是引起海岸带景观格局变化的重要原因。海岸区位首先影响了海岸带景观梯度变化，王敬贵等（2005）在河北昌黎黄金海岸的研究发现，近岸带景观梯度变化较剧烈，而远岸带变化较小。土地利用比较利益差异进一步导致景观组分间的动态转移。以盐城海岸带 1980 年以来新建 25 个垦区为例，农田景观比例在 17 年内增加了 9.71%，养殖景观增加了 14.31%（欧维新等，2004）。对照土地利用的比较利益发现，养殖业垦区土地收益远远超过种植业，养殖业年人均纯收入为 2454～7386 元/hm^2，而种植业年均纯收入仅有 203～1462 元/hm^2。比较利益的差异对同一景观内部组分具有相似的影响。如进入 20 世纪 90 年代，随着粮食市场的放开和台湾北蕉引种成功，种粮比较效益低的影响逐渐显现出来，大南坂农场大量的水田改种香蕉（李新通等，2000）。可见，景观组分和景观基质的转换在很大程度上制约耕地在海岸带的绝对优势地位，导致海岸带景观格局变动较大、景观破碎度增加与景观朝多优势方向发展的变化态势。

（3）政府政策导向

政策引导和激励机制，直接引起大尺度海岸带景观格局的演变，特别是对自然景观的影响不亚于其他驱动因子。海岸带的土地开发大都经历过20世纪60—70年代末以增加耕地面积为主要目的的围海造田运动，其中福建省1963—1988年共围垦约476.3km^2，相当于两个东山县的面积（周沿海，2004）。响应"以粮为纲"的政策，国营大南坂农场粮食作物种植面积在20世纪70年代中期达到最高峰（李新通等，2000）。改革开放以来，特别是20世纪90年代初，沿海省市提出海上建设的战略思想，一些开发沿海滩涂的优惠政策相继出台。如《福建省沿海滩涂围垦办法》第十六条规定，围垦"进行农业综合开发的，五年内免交农业特产税。种植粮食作物的，五年内免交农业税和不负担粮食定购任务"。海上开发战略将海岸带景观演变推入一个全新的阶段。一方面，为开发滩涂，海岸带道路廊道增加，斑块平均面积锐减。如盐城海岸带景观因廊道数量和密度增加使景观分离度变小，景观斑块面积也由1983年的8.87km^{2}锐减到2000年的1.72km^2（李加林等，2005）。另一方面，海岸景观由原来的农田景观为主的低对比度格局，向高对比度的、多种景观类型并存的格局发展。海岸带管理政策影响景观变化的程度和演进方向。如昌黎黄金海岸地区，开发区内景观变化较剧烈，保护区内大片沙丘转变为林地和草地（王敬贵等，2005）。

（4）文化科技进步

文化差异与传承、技术进步及利用对海岸景观格局的演变也会产生不容忽视的影响，在一定程度上影响了景观基质。特别是农业技术进步，很大程度上影响了农业景观的基质变动。如丘陵山地龙眼速生早产技术成功推广，大大地缩短了果园投产周期，大南坂农场1987年果园面积开始迅速增加，到1996年占景观总面积的55.42%，一跃成为景观基质（李新通等，2000）。

1.2.3 研究方法及进展

国内学者注重景观的空间异质性和空间格局定量研究，尤其是景观异质性的研究。研究可分为两大定量评价指标体系：景观要素指标体系和景观异质化体系。表1-1反映了景观要素指标体系是对景观元素本身的特征进行描述，包括斑块数目、斑块形状、斑块总面积、斑块周长、斑块密度、平均斑块面积、最大（小）斑块面积、斑块面积变异系数等相对的简单指标。景观元素空间结构描述指标破碎度、连接度、多样性和优势度等反映斑块间的相互联系。从表1-1看出，景观格局的总体特征和联系的复合指标，即整体异质化体系静态描述，包括景观的多样性指数（Shannon指数等）、均匀度、优势度、镶嵌度、蔓延度、聚集度、分离度、孔隙度、聚合度、生境破碎化指数及景观中斑块形状分维分析等，并以多样性、破碎度和分维数等指数最为常见。景观要素指标体系分析是区域景观空间格局现状分析（结构、功能及过程）的基础，通过分析把景观的空间特征与时间过程联系起来，从而了解景观的规律性，为区域景观格局动态变化和景观组分转移研究提供重要的依据。

目前研究景观演变过程主要采用转移矩阵的方法，这也是景观整体异质性的转移量定量研究的重要方法。景观生态学中的异质性结构分析方法有多种，如概率分布法、指数法、图形法、空间相关法、地统计学法和小波分析等。它常常需要运用各种定量化的指标，进行景观结构描述、评价与构建有关模型。从表1-1可以看出，对于景观动态演变与预测模拟研究，国内外研究者目前通常采用的模型有空间概率模型（Spatial Transition Probability Model）、细胞自动机模型（Cellular Automata Model）、动态机制模型（Mechanistic Landscape Model）、渗透模型（Percolation Model）等。大量数学模型的引入为景观生态学的研究开辟了新的认知途径（李建国，2005；黎夏、叶嘉安，2004，2006）。

表 1-1　　　　　　　　　　景观格局分析的数学方法

景观格局指标体系			计算方法与数学模型	公式含义及生态学含义
景观要素指标体系	景观元素结构参数	**大小** — 斑块数目	斑块数目 $EN = n_i$；$NP = N$	景观或类型水平上的斑块数目，n 为景观要素的类型数
		面积 A_i	面积 A_i 通过 GIS 和 RS 量算获得	面积大小直接影响生物量、生产力和矿物、营养储量、物种组成及多样性
		平均斑块面积	$MS = \sum\limits_{i=1}^{n} A_i / N$　或　$MS = S/N$	在景观尺度上反映景观的破碎程度
		最大（小）斑块面积	$Max\,(A_i)$；$Min\,(A_j)$	在景观尺度上反映景观的破碎程度
		斑块面积变异系数	$C_v = 100\% \, \sigma / m$	描述分布形状的另一种方式
		形状 — 周长	通过 GIS 和 RS 量算获得	—
		平均形状指数	$MSI = \sum (0.25P/\sqrt{A})$	MSI 取值范围为 $[1, +\infty)$
		伸长系数	$G_i = P_i / 2\sqrt{\pi A_i}$	圆形块斑 G 为 1.0，G 值越大，形状越长
		内缘比	$S_i = P_i / A_i$	P_i 为斑块 i 周长，A_i 为嵌块体 i 面积
		分维数	$D_i = 2\log_2 (P_i/4) / \log_2 (A_i)$	D 值的理论范围为 1.0~2.0，0 代表形状最简单的正方形，2.0 代表同等面积下周边最复杂的图形。通常 D_i 值的可能上限为 1.5，代表一种自相关为 0 的随机布朗运动的形状
		分布 — 隔离度	$R_i = \dfrac{1}{n} \sum\limits_{j=1}^{n} d_{ij}$	d_{ij} 为斑块 i 与任一相邻斑块 j 之间的距离，n 是斑块 i 相邻斑块的数目
		可接近度	$a_{ij} = \sum\limits_{j=1}^{n} d_{ij}$	d_{ij} 为 i 类斑块与任一相邻 j 类斑块之间沿连接廊道间的距离

（续表）

景观格局指标体系				计算方法与数学模型	公式含义及生态学含义
景观要素指标体系	景观空间结构指标	破碎度	密度	$D_i = n_i / N$	n_i 为 i 类斑块的数目，N 为斑块总数，反映景观破碎化程度，同时也反映景观空间异质性程度
			频度	$D_j = m_i / M$	m_i 为 i 类斑块出现的网格数，M 为网格总数
			比例系数	$L_p = A_i / A$	A_i 为 i 类斑块的面积，A 为总面积
			相邻度	$Q_{ij} = N_{ij} / N_i$ $C = \sum M_i / \sum A_i$	n_{ij} 为 i 斑块与 j 斑块相交长度，N_i 为 i 类斑块边缘总长度
			破碎度指数 C	$C = (N_i - 1) / A_i$	反映景观的破碎化程度
		连接度	相互作用指标	$L_{ij} = \sum_{j=1}^{n} A_j / d_j^2$	A_i 为斑块 i 相邻的斑块 j 的面积，d_j 为斑块 i 相邻的斑块 i 的边缘间距离
			离散指标	$R_c = 2 d_c (D_d / \pi)$	d_c 为从一个斑块中心到其最近斑块间的距离，D_d 为斑块平均密度，$R_c = 1$ 呈随机分布，$R_c < 1$ 为聚集分布，$R_c > 1$ 为规则分布
		多样性	多样性指标	Shannon 指数： $H = - \sum_{i=1}^{m} [P_i \log_2 (P_i)]$	H 越大表明景观破碎化程度愈高，景观要素类型愈丰富，m 为景观类型要素数目，P_i 为第 i 个景观要素类型所占的面积比例，反映景观各类斑块复杂性和变异性的量度
			均匀度指标	$E = H / H_{max}$；$H_{max} = \log_2 S$	S 为景观类型要素总数，H_{max} 为最大多样性指数，E 值愈大，各景观要素类型分布愈均匀，E 值最大为 1，表明区内各景观要素类型面积一样，是最均匀分布状态。反映景观由少数几个主要景观类型控制的程度
		优势度	离差法	$D = \log_2 S + \sum_{i=1}^{n} P_i \log_2 P_i$	$Log_2 S$ 为 H_{max}，P_i 为第 i 个景观类型所占的面积比例，D 值愈低，表明各景观类型比例愈趋于一致，D 值愈高表明景观由一种或几种要素类型占优势
			栅格法	$D = (D_f + D_d) / 4 + L_p / 2$	D_d 为密度，D_f 为频度，L_p 为景观比例系数，D 是指基质以外的各类斑块的优势度，对于景观总体结构的优势度难以作正确评价反映斑块在景观中占有的地位及其对景观格局形成和变化的影响

（续表）

景观格局指标体系			计算方法与数学模型	公式含义及生态学含义
景观异质化指标体系	空间特征指标	蔓延度	或聚集度指数	Contagion index：$$C = 2n\log_2 n + \sum_{i=1}^{n}\sum_{j=1}^{n} Q_{ij}\log_2 Q_{ij}$$	Q_{ij} 代表斑块 j 与斑块 i 间的接触边长占的斑块 i 周长总和的比例，$2n\log_2 n$ 代表最大相邻度。其取值越高，说明景观中某一类型的斑块在面积上越占据优势
	异质性	聚合度指数	$Ali = eii/max\_eii$	其中 $max\_eii = 2n(n-1)(m=0)$，$max\_eii = 2n(n-1)+2m-1(m<n)$，$max\_eii = 2n(n-1)+2m-2(m\geq n)$，$m = Ai - n^2$
		断面法	$H = \log_2(\Pi S/\Pi F\Pi_i(S-F_i))$	S 为剖面线的线段总数，F_i 为景观元素类型 i 出现的频率
	格局动态模拟	转移矩阵	非空间城市景观动态模型	常见的转移矩阵方法源于生态学中的马尔科夫模型。式中 P_{ij} 为斑块 i 向斑块 j 的转换概率。$\sum_{j=1}^{n} P_{ij} = 100(i = 1,\cdots,n)$	不含有空间变量，建模的目的是了解状态变量（如人口、产出规模和斑块转移等）的动态特征或特定生态流的行为特征
		细胞自动机	空间景观动态模拟	这种模型可以在现有少量时段资料的基础上，通过结构和算法的设计，将影响城市建设用地发展的自然和社会经济因素综合考虑到模型模拟条件中，进而相对准确地模拟未来城市发展的格局特征	其中综合考虑城市建设用地扩张的自然和社会经济约束因素的细胞自动机（CA）模型的应用较为广泛

注：据徐从燕（2005）、王树功（2005）、张林英（2006）。

　　然而如表1-2所示，国内海岸景观的定量研究，相对于数学方法在生态学等其他领域的应用，仍处于探索阶段。利用目前较为成熟的数学研究方法解释海岸景观格局、异质化和动态转移。国外对海岸景观的研究明显更为关注景观分类精度对结果准确性的影响，甚至提出应从海景尺度上来研究景观格局，才能更有效地对其进行生态管理（Fraschetti 等，2005）。如Slocum（2002）探讨了人为作用明显区域的生态景观分类方法：利用遥感影像不同波段组合提取海岸景观数据（25nm/1m，25nm/4m，70nm/1m，70nm/4m），将弗吉尼亚海岸13种土地利用类型重新进行景观分类，分为24种、3大类，并采用Kappa系数检验所有分类的误差。25nm光谱波段对于表征自然和文化混合景观以及文化景观具有较强优势，25nm光谱波段和4m的空间分辨率组合能比其他波段和空间分辨率的组合获得更好的分类效果。Yamano等（2006）利用IKONOS band4，Terra ASTER bands3、4，Landsat ETM + bands 4、5提取Majuro Atoll岸线（马歇尔群岛），评价不同波长对珊瑚礁海岸线的反应能力，改进数据提取和挖掘的方法，使研究结果接近现实情形的研究。

表1-2　　　　　国内外海岸景观格局动态变化的数学方法

指标分类	景观类型		指标应用与方法	典型案例	总体述评
景观要素指标体系	滨海城镇	自然	景观格局指数模型	朝阳港潟湖湿地	潟湖湿地景观演变与人类的干扰活动密切相关
			空间模拟模型（包括景观格局和敏感性分析）	西北太平洋历史上的海岸森林	持续时间长、分布混乱及混合激烈火灾对大斑块的森林产生的镶嵌（碎裂）；小斑块在数量级上丰富
		人文	景观指数及人为干扰指数进行聚类	珠海	编制珠海地区景观类型图，并以镇（区）为基本空间单元将珠海划分为20个景观生态子区

（续表）

指标分类	景观类型	指标应用与方法	典型案例	总体述评
景观要素指标体系	沙质、淤泥质海岸	景观指数	苏北盐城海岸带	景观基质构成由比重势均的人工、自然景变成以耕地、水域为主的人工景观，景观异质性减弱
		三维岸滩等深线变化预测模型	山东南部海岸侵蚀岸段的岸滩演变	预测结果合理，基本反映研究区岸滩演变的特征
		海岸侵蚀模型	鲁南沙质海岸	研究区海岸侵蚀影响因素：输沙量减少、人为前滨采沙和海平面上升的影响力度比为4∶5∶1
		分维值（数）	江苏省海岸线	各空间界线的分维值差异表征滩面面积与侵蚀相对强度的变化；而影响海岸线分维值的因素除地质构造外，岩性、物质组成、海岸动力也起重要作用
	海岛	景观指数及平均接近指数	海南岛	从中部山地圈带到沿海平原圈带的人工景观类型受人类活动影响愈来愈强烈
		景观多样性、景观空间构型及斑块特征	福建东山岛	景观朝着多样化方向发展；随着人类活动干扰强度的增大，景观破碎化和生态恶化趋势明显
		景观格局指数	南澳岛	除云澳镇的景观基底是林地和草地外，其他3个镇都以林地为景观基底；各镇景观多样性指数较低、景观优势度较大，景观形状比较简单、规则
	河口三角洲	景观指数	山东沿海	人类活动对景观格局的干扰，无论从范围、强度还是频率上来说，都是自然干扰所无法比拟的，在某种意义上达到了景观改造甚至重建的地步
	红树林、珊瑚礁等特色景观	景观格局及破碎化分析	雷州半岛西南部灯楼角 盐城海岸湿地自然保护区	斑块大小变异很大，以大斑块为主体，人类干扰强度造成景观多样性和破碎化度较低

（续表）

指标分类	景观类型		指标应用与方法	典型案例	总体述评
景观异质性指标体系	滨海城镇	自然	景观异质性指数	厦门市马銮湾地区	城市景观的同化过程是区域景观结构和景观异质性变化的主要表现，城市化对应的生态学过程的规模效应在整个规划区内有扩大的趋势
			景观多样性指数、优势度指数、均匀度指数等	厦门城市绿地生态系统	少数绿地景观控制着整个绿地格局，整体绿地景观格局分布不均匀，不能很好地发挥生态防护功能
		人文（城市化）	信息熵法和空隙度指数法	珠江三角洲东部常平地区	开发区主要呈宏观异质性分布，果园、农田和林地呈微观异质性分布，城镇和水体的异质性分布特征均出现显著变化
			系统网格采样方法和地统计学分析方法	东莞市凤岗镇	景观人工改造活动造成景观的空间变异和强度分布差异
			空间自相关分析方法	深圳市龙华地区	距离相关性说明地形造成农业经营活动的空间分异。景观格局指数相关性表明人为改造作用已经成为景观结构的主要塑造力量
			地形位指数	深圳市龙华地区	景观组分在地形位梯度上整体分布格局的复杂性显著增加，人为景观改造活动主要表现为一种中尺度土地利用结构调整行为
	沙质海岸		—	—	—
	海岛		散布与并置指数及转移矩阵	海南岛西部	景观异质性增强，破碎度降低而连通性增加，主要是自然条件和人为活动干扰共同作用
			生态弹性度指数、景观破碎度指数、脆弱度指数、生态损失度指数构建生态风险评价模型	福建东山岛	高风险区主要分布于西部和东南部沿海丘陵地区。而相对平坦的城镇、农田集中的中部则风险较小。由于景观破碎的影响，东山岛的风险分布趋于复杂
			转移矩阵法	福建东山岛	林地景观减少，农田景观和居民点及独立工矿景观增加，说明人为活动是其变化的重要原因

（续表）

指标分类	景观类型	指标应用与方法	典型案例	总体述评
景观异质性指标体系	河口三角洲	斑块连通度模型	黄河口新生湿地	斑块连通性与人类活动强度和景观多样性呈负相关
		生态风险指数	海南万泉河口博鳌地区	开发建设的强弱是导致博鳌区域景观格局变化的驱动力
		马尔科夫链模型	辽河三角洲	大量天然湿地在人为活动干扰下演变为人工湿地景观，湿地保护形势严峻
	红树林、珊瑚礁等特色景观、保护区	单变量和多变量统计方法	意大利南部亚得里亚海	强调在海景保护区的保护目标下，对保护区选取合适的经验保护模式

注：据 Batistella M（2001）、Fraschetti 等（2005）、曾辉（1999，2000）、陈鹏（2002）、谷东起（2003）、柯美红（2003）、巫丽芸（2004）、李建国（2005）、陈惠卿（2005）、叶功富（2005）、王今之（2006）。

此外，海岸带的划定不同使海岸景观格局的边界变动很大。如实际平均高潮线、理论低潮线及实际低潮线等（张景奇等，2006），对海岸景观之间的对比研究造成一定困难。因此有必要根据不同解译目的，选取不同解译标志，得出不同的海岸线位置。研究手段和方法的进一步发展为现代海岸景观的时空演变提供重要的技术支持。

1.3　目前研究中存在的问题

从总体上看，目前缺乏从整体（各种生态景观类型）和系统（在气候变化和人类活动的共同影响下）的视角对海岸景观进行分析的研究。海岸带是较其他许多生态系统更为开放和复杂的巨系统，海岸带的景观演变对气候变化和人类活动的响应研究涉及范围广（水圈、地圈、生物圈、社会经济圈）、学科多（海洋学、气象学、土地科学、社会经济学、统计学等），因而目前的研究仍有很多问题没有较好地解决，笔者认为目前主要存在以下几个问题。

一是海岸景观演变对气候变化和人类活动响应的研究尺度问题。海岸景观演变是自然驱动力和人为驱动力共同作用的结果。海岸景观格局变迁是这两种驱动力作用最直接的表现之一，由此从景观视角上选取适宜反映海岸带土地利用变化和生态联系的范围作为研究尺度，以揭示海岸景观演变对气候变化和人类活动的响应特点和区域分异规律。这种研究尺度既包括了海岸研究、海岸带环境演变和土地利用变化采用的"粗粒化"的横向对比，又是建立在滨海"细粒化"生态联系分析基础之上的归纳总结。

二是气候变化和人类活动共同影响下海岸景观格局变化可接受的幅度问题。海岸土地的稀缺性使得海岸带景观格局变化可接受的幅度相对于其他区域明显要小。各种类型的海岸景观对于气候变化和人类活动的响应是否与沙质海岸相似、均表现为脆弱性，还是某些类型的海岸景观演变对此具有一定的调控能力，这些海岸景观的响应特点有待进一步研究。

三是华南海岸景观变迁对气候变化和人类活动的响应问题。华南海岸生态景观的变化反映了中国热带海岸第四纪环境演变历程，这一变迁对于全球性的气候变化的响应是否同步、具有一致性，其具体的响应程度如何，以及海岸景观变化对气候变化和人类活动的响应能否为中国热带海岸环境和气候变化研究提供、补充新资料和新依据仍然需要进一步探讨。

基于此，本书对华南海岸景观进行整体探讨，研究范围由传统海岸研究专门研究某个景观类型，转向对热带海岸多种反映生态联系的景观类型之对比分析，即在海景尺度上寻找生态景观演变对气候变化和人类活动的共性和规律性的认识。从研究内容上看，本书通过比较分析热带海岸不同类型生态景观演变的典型实例，概括这些生态景观类型对气候变化（主要指 6000aB. P. 以来，中全新世的气候变化及其环境效应）和人类活动（主要指改革开放 40 多年来经济和社会建设）的响应特征，以揭示中全新世以来中国热带海岸生态景观变迁的可接受幅度，着重剖析人为因素在不同类型海岸生态景观演变过程中的协调共效或失调失衡作用。这有助于深化对华南海岸生态景观的整体认识，促进海岸资源保护和持续利用，以及沿海地区经济合理布局和产业结构调整，为当前海岸调控、建设和管理提供指导和借鉴。

1.4　研究目的与技术路线

　　沿海景观包括海岸、海滩、浅海海底三部分，大部分集中于海岸带，是一个在地域上具有多功能的、景观组合的有机整体。沿海景观划定标准不一，例如我国《全国海岸带和海涂综合资源调查简明规程（1979）》规定：海岸带范围包含陆域自海岸向陆地延伸 10km，海域自海岸线扩展至 10~15m 等深线。黄震方（2002）在滨海生态旅游环境容量的研究中提出，海滨地带包括拥有海岸线或海口岸线的所有县（市区）、全部滩涂和向海侧至 15~20m 等深线的海域。马勇等（2004）编制的《福建省海滨带旅游发展规划总体规划》将海滨带界定为地域特征上凡是拥有海岸线的县（市、区）或者同三高速公路穿过的县（市、区）。

　　本书采用国家海岸带的标准，结合华南海岛大多分布在大陆海岸线之外、20m 等深线的范围之内、少量分布在 30m 等深线附近的特点，将华南海岸生态景观的依据稍作调整为陆域自海岸向陆地延伸 10km、海域自海岸线扩展至 20m 等深线。据此对于景观尺度较大的海岸生态景观以国家海岸带标准为依据，尽可能地涵盖一个完整的行政区划单元，这一划定标准主要涉及了海岛景观、三角洲河口景观、海岸城市景观和沙坝—潟湖（含三角洲河口）景观等。又因海岸景观格局变化与缓冲带的土地利用呈直线关系，人类活动对海岸带的影响超过 3km，除了优势度，所研究的其他景观格局指标与距海岸线的距离没有显著关系（郭笃发，2005），根据景观尺度较小的红树林景观、珊瑚礁景观及沙坝—潟湖景观（两组）的分布特点分别自岸线向陆地大约推进 1~2km。

华南海岸在气候变化和人类活动作用下，各种类型的生态景观对其的响应存在明显不同。本书以福建东山岛、广州南沙区和广州中心城区、广西北海银滩和海南琼海博鳌旅游度假区、广西合浦山口红树林和广东徐闻灯楼角珊瑚礁国家自然保护区作为典型案例，分析海岛景观、三角洲河口海岸景观、海岸带城市景观、沙坝—潟湖景观及生物海岸景观演变在气候变化和人类活动作用下的驱动力组成、响应特征和演化趋势，概括总结华南海岸生态景观对于气候变化和人类活动的可接受程度及其脆弱性。

本书围绕在气候变化和人类活动作用下华南海岸生态景观的要素变化，调查、分析华南海岸生态景观的变动及其时空演变特征，逐次剖析景观格局变迁、新格局的形成机制、景观演变对气候变化和人类活动的响应，揭示海岸生态景观演化的共性及规律性。基本研究思路如图 1-1 所示，以海岸生态景观格局变化、过程和联系为主线，先对 6000 aB. P. 以来的气候变化在华南海岸生态景观的表现进行剖析，主要以孢粉记录和景观记录作为依据。气候变化产生的环境效应则反映为气候变动、海面波动、植被变迁、动物迁徙等；这些效应引起了景观格局变迁、驱动力改变，又产生新一轮的景观演变效应；海岸生态景观以景观格局形成、海面遗迹形成和海岸沉积记录等形式响应气候变化。接着分析改革开放 40 多年来人类活动在华南海岸生态景观的表现，主要利用遥感影像和地图数据，探究经济发展、政策变化及科技进步下的景观格局变动、景观演变趋势和区域分异。最后归纳总结华南海岸生态景观演变对气候变化与人类活动的响应特征和可接受幅度。

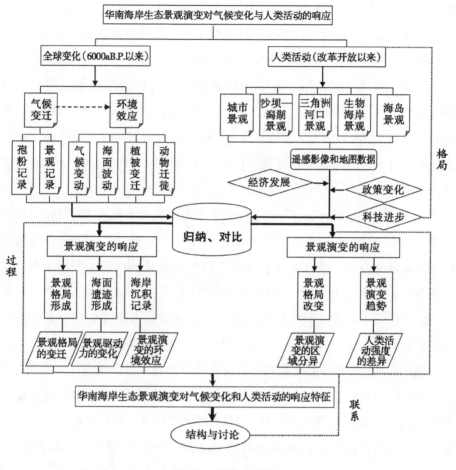

图 1-1 研究框架

基于上述逻辑，本书共分 8 章。

第 1 章在评述国内外海岸景观演变研究的现状和趋势的基础上，提出本书的研究设计，包括研究意义、研究框架、研究方法等。

第 2 章剖析华南海岸生态景观格局和主要特征。

第 3 章选定福建东山岛，分析华南海岛景观演变对气候变化和人类活动的响应。采用东山岛相邻区域的 6 个钻孔数据，分析气候变化和环境效应在海岛景观的表现，研究海岛景观演变对气候变化的响应。利用 1994 年、

2001 年和 2004 年的 TM 影像与数字化地形图叠加，探讨人类活动作用下海岛景观格局的动态变化，以揭示海岛景观变迁对农业经济活动的响应。

第 4 章选定广州南沙区，分析三角洲河口景观对气候变化和人类活动的响应。以东涌 PD 钻孔剖面的第一手数据和伶仃洋河口的两个钻孔资料，分析气候变化及其环境效应在三角洲河口景观的表现。利用 1966 年地形图和 1986 年、1992 年、1997 年、2005 年的 TM 遥感数据，探讨人类活动作用下三角洲河口景观格局的动态变化，揭示三角洲河口景观变迁对工业经济活动的响应。

第 5 章选定广州的中心城区，分析华南海岸城市景观演变对气候变化和人类活动的响应。利用前人研究的多个钻孔资料分析气候变化及环境效应在城市景观的表现，探讨城市景观演变对气候变化的响应。利用 1966 年、1979 年、1988 年、1999 年、2002 年和 2005 年的中心城区地图数据，探讨人类活动作用下城市景观格局的动态变化，揭示城市景观变迁对工业经济活动的响应。

第 6 章以北海银滩和博鳌琼海旅游度假区为例，分析华南海岸沙坝—潟湖景观演变对气候变化和人类活动的响应。利用前人研究的多个钻孔资料分析气候变化和环境效应在沙坝—潟湖景观的表现，探讨沙坝—潟湖景观演变对气候变化的响应。利用 1971 年地形图、1988—2003 年的遥感数据，探讨人类活动作用下沙坝—潟湖景观格局的动态变化，揭示沙坝—潟湖景观变迁对旅游经济活动的响应。

第 7 章选定合浦山口红树林和徐闻灯楼角珊瑚礁国家自然保护区，分析华南海岸生物海岸景观演变对气候变化和人类活动的响应。利用前人研究的多个钻孔资料分析气候变化及环境效应在生物海岸景观的表现，探讨生物海岸景观演变对气候变化的响应。利用 1990—2001 年的 TM 遥感数据，探讨人类活动作用下生物海岸景观格局的动态变化，揭示生物海岸景观变迁对农业经济活动的响应。

第 8 章概括本书结论。

1.5　研究方法

1.5.1　景观演变的厘定

本书运用复杂理论、景观生态学、海岸地貌学等多学科领域的基本原理，采用点面结合、宏观与微观、定性与定量结合的研究方法，分析探讨华南海岸生态景观演变，具体包括以下几点。

（1）复杂系统理论分析

按照海岸带复杂结构和功能划分（丁德文等，2006），剖析气候变化下人类活动在华南海岸生态景观演化过程中的种种表现。由海岸复杂系统确定海岸生态景观的自然驱动力，主要有气候变化、陆域构造背景、泥沙来源和海洋动力等常态驱动力，而突变驱动力包括台风、风暴潮等。海岸生态景观演变过程的人为驱动力包括各种经济活动和社会活动，叠置于自然驱动力，共同推动海岸生态景观的演变。

（2）遥感影像解译与人为干扰强度分析相结合的方法

遥感影像分辨率在 0.67 ~ 30m 的 10 年以上的多时相影像数据，满足海岸时空分辨率的要求（恽才兴等，2002）。在提取大量遥感数据的基础上，对其进行处理与地统计分析，用以研究华南生态海岸景观演变的形态响应过程和动态变化的转移量等。

（3）景观格局的相关研究方法

通过选取不同生态景观的变化指标，估算华南海岸生态景观演变的变化量，定性与定量结合，以确定人类活动在其景观变动过程中的作用。

景观指数通常能够高度浓缩景观格局信息，在多数情况下，文献中所提到的景观格局包括非空间的组分（如斑块类型总面积 CA，斑块数量 NP，斑块密度 PD，边界密度 ED，斑块丰富度 PR，多样性 SHDI，均匀性 SHEI，最大斑块指数 LPI，平均斑块大小 MPS，斑块大小标准差 PSSD，斑块大小变差系数 PSCV 等）和空间的配置（如景观形状指数 LSI，平均斑块形状指数 MSI，面积加权平均形状指数 AWMSI，平均斑块分维数 MPFD，面积加权平均分维数 AWMFD 和聚集度 CONT）（肖笃宁，2001；张林英，2006）。

本书选用斑块面积 CA（S）、斑块数量 NP（N）、平均斑块大小 MPS（MS）、最大斑块指数 LPI（$MaxS$）、最小斑块指数 SPI（$MinS$）、斑块大小标准差 PSSD（σ）、斑块面积变异系数 PSCV（C_V）等指标来表征海岸生态景观空间格局指数。

①斑块数量：表示某一研究区域景观中，景观或类型水平上块状的数目。

$$EN = n_i NP = N$$

式中，n 为景观要素的类型数。

②斑块面积：斑块面积是景观格局最基本的空间特征，是计算其他空间特征指标的基础，它代表了某个斑块最基本的空间属性特征。斑块大小的分布在类型、景观水平还可用均值、中值、最大值、方差以及斑块密度来描述。

$$CA = \sum_{j=1}^{n} a_{ij} \left(\frac{1}{10000} \right)$$

式中，n 为斑块个数，a_{ij} 为第 i 类景观要素第 j 个斑块的面积，在这里 $i=j=1$。

③平均斑块大小（Mean patch size，Average area per patch，MPS）斑块面积大小影响单位面积的生物量、生产力、养分储存、物种多样性以及内部种的移动和外来种的数量。

$$MPS_i = \frac{\sum_{j=1}^{n} area\_ of\_ patch\_ j}{total\_ patches\_ of\_ class\_ i}$$

式中，MPS_i 是指类型 i 的平均斑块大小，n 是类型 i 的斑块个数。

或者，$MPS = \dfrac{A}{N}10^6$，表示：景观中所有斑块的总面积（m^2）除以斑块总数，再乘以 10^6（转换成 km^2）。取值范围：MPS >0，无上限。

④最大斑块指数（MaxS）：

$$LPI = \frac{\mathrm{Max}(a_1,\cdots,a_n)}{A}(100)$$

⑤最小斑块指数（MinS）：

$$SPI = \frac{\min(a_1,\cdots,a_n)}{A}(100)$$

⑥分维数（Fractal Dimension）：分维数用来测定斑块形状的复杂程度，D 值的理论范围为 $1.0 \sim 2.0$。对于单个斑块而言：

$$D_i = 2\log_2(P_i/4)/\log_2(A_i)$$

1.5.2　人类活动对海岸生态景观影响的指标体系构建

本书借鉴了前人土地利用强度的分类体系，并考虑人类活动对海岸生态景观所分各类别的影响的权重，提出了海岸生态景观的人为干扰强度指标体系。

1.5.2.1　从土地利用强度建立分类体系

根据不同土地利用类型的特点（刘纪远等，2002），把土地利用强度分为 4 个等级（表 1-3）。

表 1-3	土地利用强度分类体系	
1 级	未（难）利用地	裸地、荒地
2 级	林草水用地	林地、草地、水域
3 级	农业用地	耕地、园地、人工草地
4 级	建设用地	居民点、工矿及交通用地

注：据刘纪远（2002）。

土地利用的强度分类体系基本上能反映土地利用方式，并把人为作用主要是经济活动的强度划分为4个等级。影响生态景观类型的因素一般包括地形、地貌、植被和土地利用等区域性参数，以及社会经济、人口、城市化等人类活动因素。由此生态景观分类体系反映的信息更丰富，不仅反映在经济活动中，如不同的土地利用方式，同时也反映在文化活动之中（肖笃宁等，2003），例如旅游活动中滨海沙滩和寺庙道观的利用。因此反映特定的区域的景观演变时，须对其做出一定调整修正，正如沿海和山区的土地利用组合方式及其强度存在明显差异，不同活动类型的综合反映等，以便更好地研究景观演变的驱动因素及机理。

1.5.2.2　以海岛为例构建海岸生态景观的人为干扰指标体系

表1-4是本研究采用的依据不同因素对景观组分的人为干扰强度指标体系。它采用 Delphi 法确定指标权重，将不同景观组分的人为影响指数分为4个等级。

根据海岛地貌、水文、生态及植物优势群落等要素，考虑到资料获取的难易程度，在 ARCGIS 量算过程中以景观型为标准进行量算。每个样区内的景观演变往往是4个强度等级的景观演变方式各自占据一定的面积份额，共同对该样区内的景观演变做出自己的贡献。建立两个时相海岛生态景观4个等级干扰强度的对比态势，并采用一定的数学方法对样区内的景观演变强度指数进行数据综合，抽象出一个数据来表征该样区的人为干扰强度。计算方法为（王国杰等，2006）：

$$Intensity_x = \sum_{i=1}^{4} A_i \times S_i / S \qquad (1-1)$$

其中，$Intensity_x$ 表示第 x 个样区土地利用程度综合指数，A_i 为第 i 级土地利用程度分级指数，S_i 为第 i 级土地利用面积，S 为该样区内土地总面积。

根据式（1-1）计算得到的两期景观演变强度综合指数赋在其所在样区中心点，分别获得700余个点状采样数据。再对两期空间点集按照式（1-2）进行差值运算，获得新的点集。这个新的空间点集则反映研究时段人为干扰强度的变化值：

$$D_x = Intensity_{(2004,x)} - Intensity_{(1994,x)} \qquad (1-2)$$

式中，D_x 为研究时段第 x 个样区人为干扰强度的变化值，$Intensity_{(2004,x)}$ 与 $Intensity_{(1994,x)}$ 分别为该样区 2004 年和 1994 年人为干扰强度的综合指数。

据此，用相同的方法计算出本研究其他生态景观类型不同时相的人为干扰强度的综合指数及其变化值。

表 1-4　　　　针对海岛的生态景观分类体系与相应景观型的权重

景观类	级别	名称	景观型	界定标准	景观组	权重
自然景观	1 级	未（难）干扰景观	低覆盖	远离村镇，交通不便，土质差	荒地、裸地、沙地	7
	2 级	弱干扰景观	林地	西北部低丘	针叶林、阔叶林	10
				东部—南部沿海滩涂	针阔混交林、防护林、红树林	23
			（灌）草地	低丘向台地过渡区域	灌草丛地、草地	23
			岸滩	海岸线向海、陆各推进 100m	沙滩、淤泥滩、浅滩	17
			河流	区域性河流	海滨河流、天然河口湿地	17
人工景观	3 级	中干扰景观	农田	平原台地	水田、旱地	51
			园地	平原台地、坡地	芦笋、果园、菜园、其他	37
			盐田	淤泥滩与海堤之间	盐田、盐田贮水池	30
			养殖（池）	淤泥滩与海堤之间	对虾、鲍鱼池	44
			水体	地势低洼处，主要受人为控制	坑塘、水库、湖泊	37
	4 级	强干扰景观	城市（镇）	受人为控制	居民点、工矿	81
			人工廊道	受人为控制	道路、水渠、堤坝	68
总计	4 级	—	12	—	33	—

1.6 资料来源及评估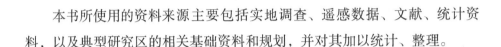

本书所使用的资料来源主要包括实地调查、遥感数据、文献、统计资料，以及典型研究区的相关基础资料和规划，并对其加以统计、整理。

1.6.1 野外实地考察

本书在对前人研究进行述评的过程中得到以下认识。一是华南海岸生态景观组分（类型）丰富多样，呈现明显的区域特色。华南海岸绝大部分为热带海岸，拥有具有区域特色的红树林和珊瑚礁等热带指示性景观。华南整体海岸呈棋盘状的弧形格局（蔡锋，2004；戴志军，2005），景观格局的显著度较高。二是目前缺乏从整体和综合的角度上对华南海岸生态景观进行的全面研究。本书提出了华南海岸生态景观研究的基本框架和研究思路，有利于对气候变化和人类活动影响下海岸生态景观的演变态势做出判断，为华南沿海或其他海岸经济与资源环境协调发展提供参考，并对热带沿海未来经济发展的战略布局具有一定的导向作用。

在文献分析的基础上，通过现场勘察和原始数据的收集，综合文献数据和现场调研，确定本书中华南海岸生态景观演变的典型案例。室内外案例研究包括广西沿海北海、防城港和钦州（包括银滩和山口）；广东沿海广州（南沙）、湛江（包括徐闻）、惠州、茂名、东莞；福建沿海漳州（包括东山）、福州、厦门；海南沿海文昌（包括清澜和东寨）、琼海（包括博鳌）、三亚（包括亚龙湾），收集、获取不同类型华南海岸的景观格局、海岸的原始影像和数据，并对华南海岸景观变化、开发利用的典型特征与生态效应的认识逐步清晰。室内外案例研究表明，华南沿海人类活动的影响正在加大，不同的经济过程对海岸生态景观影响强度、范围和表征不同，位于不同纬度的同一生态景观类型对气候变化和人为活动的响应也各异。

1.6.2　数据来源

本研究由中山大学 985 工程 Ⅱ 期 GIS 与遥感的地学应用科技创新平台工程（105203200400006）支持，获得华南海岸多时段的遥感影像（原数据）。按照海岸研究对时间和空间研究分辨率的需求，针对不同的景观类型确定研究的时间尺度范围为 10～40 年，空间分辨率为 0.61～30m。主要数据见表 1－5，涉及华南海岸卫星遥感影像数据共 21 景。本书根据卫星遥感影像特征对华南海岸的岸滩、植被和城镇等景观组分进行详细的遥感解译，工作比例尺为 1：50000。工作重点为 1990—2000 年华南海岸生态景观变迁，其中东山、北海、广州为重点研究岸段，分别使用高分辨率 ASTER、QuickBird 卫星遥感数据和土地利用详查数据，比例尺为 1：25000。各研究区的地形图、海图和土地利用分类数据等，用作遥感解译标志选取和生态景观演化的重要参照。

本研究利用 ENVI（The Environment for Visualizing Images）遥感图像处理软件对 TM 等影像进行处理，根据《海岸带及近海卫星遥感综合应用技术》（恽才兴，2002）的解译要求，对涉及海岸生态景观的相关影像特征信息进行增强、变换和提取，从表 1－5 看出，分别提取了以下 7 个重点研究区的数据，制作分幅卫星影像图。7 个重点研究区的数据提取和处理过程包括以下几点。

（1）遥感影像中专题信息的提取

在遥感 TM 影像漳州景（120－44）、北海景（125－45）、琼海景（123－46）、湛江景（124－45）、海口景（124－46）和广州景（122－44），以及 ASTER、QuickBird 影像和不同时期的地形图中（表 1－5），获取海岛、沙坝潟湖、红树林、珊瑚礁、三角洲、河口和城市等海岸生态景观数据，并提取两个时段以上的农田、植被、水域、城镇、园地、岸滩、养殖等景观信息。

表 1–5　　　　　　　　　　　　七个重点研究区的数据获得

类型	景号及地图号	成像时间	用途	提取景观数据	提取时间
TM ASTER	漳州景 120 – 44	1994. 11. 11 2001. 11. 22 2004. 11. 02	海岛景观演变 （东山）	农田、植被、水域、城镇、园地、岸滩、养殖、低覆盖景观	2006. 06 — 2006. 08
TM QuickBird	北海景 125 – 45	1990. 12. 05 2000. 11. 06 2003. 11. 21	沙坝—潟湖景观演变 （北海银滩）	岸滩、植被、城镇、养殖、低覆盖景观 沙滩宽度	2006. 09 — 2006. 10
TM 地形图	琼海景 123 – 46 F49 – 30 – 丙 1971 年出版	1988. 06. 08 2000. 11. 08 1971 年出版	沙坝—潟湖三角洲河口景观演变（博鳌）	植被、城镇、养殖、湿地、水域、低覆盖景观 沙坝潟湖体系地貌变化（包括 1971 年出版的 1：50000 地形图的地貌数据）	2007. 01 2007. 02
TM	湛江景 124 – 45	1991. 10. 30 2000. 10. 30	红树林景观演变 （合浦山口）	红树林、养殖、水域、海草景观	2006. 11 — 2006. 12
TM	海口景 124 – 46	1991. 10. 30 2001. 07. 29	珊瑚礁景观演变 （徐闻灯楼角）	植被、养殖景观	2006. 12 — 2007. 3
TM 地形图	广州景 122 – 44 F49 – 48 – B F49 – 60 – A F49 – 59 – 6 F49 – 47 – F	1986. 07. 30 2005. 07. 18 1990. 10. 13 1992. 12. 21 1997. 11. 01 2000. 09. 14 1966 年出版	三角洲河口景观演变 （广州南沙区）	植被、城镇、养殖、低覆盖、湿地、水域景观 三角洲河口地貌 （包括 1966 年出版的 1：50000 地形图地貌数据）	2006. 12 — 2007. 01
TM 城区地图	广州景 122 – 44 1966、1979、 1988、1999、 2002、2005 年中心城区 地图	1990. 10. 13 2000. 09. 14 2005. 07. 18	城市景观演变 （广州中心城区）	城区植被景观 1966年、1979年、1988年、1999年、2002年、2005年道路长度和城市景观面积	2007. 03 — 2007. 04 2006. 12 — 2007. 03

（2）生态景观数据库的构建

将提取后多时相的遥感影像专题信息，利用 ESRI 的 ARCGIS 软件计算机成图。经配准和校正，采用统一的投影和坐标系，与研究区的地形图和历史地图叠加处理，采用其空间分析等模块的统计分析和空间分析等功能，构建生态景观数据库，用于重点研究时段 1990—2000 年人类活动干扰下的华南海岸生态景观演变研究。

在影像分析的基础上，同时广泛查阅国内外相关的研究文献，包括中外期刊、学术著作及少部分尚未公开发表的文献，主要为本研究 7 个重点研究区的生态景观对气候变化中自然因素的响应研究提供重要依据。其中在国家自然科学基金（40371015）的支持下，利用东涌 PD 钻孔剖面红树孢粉和硅藻等分析结果，研究中全新世三角洲河口景观演变对气候变化的响应。对于重点研究区域东山、北海（银滩）和广州（中心城区）的人类活动，着眼于其经济过程对景观演变的影响研究。这个过程涉及的有关市、县（区）的统计资料，主要来自相应市、县（区）各年份公开出版的年鉴和统计年鉴。

第 2 章

华南海岸生态景观对气候变化和
人类活动的响应概述

中全新世以来，气候出现大暖期，引起植被演变、冰川消融、海平面上升、地貌变迁，形成相应的沉积层，动物种类发生变化，人类社会进步，地理环境与早全新世显著不同。本书所指的"气候变化"是中新世以来（6000aB. P.）热带沿海气候变化及其环境效应，表现为气候变动、海平面波动（出现最高海面）、新冰期（Ⅱ、Ⅲ）、植被变迁和三角洲地貌的发育演变等。

改革开放以来，海岸带人类活动日益频繁，引起海岸带土地利用和覆被发生了巨大的变化。本书的"人类活动"主要指改革开放以来，引起土地利用和覆被情况发生变化的海岸带各种经济活动和社会建设活动，还包括中华人民共和国成立前后、改革开放前部分热带海岸的开发实践作为研究参照。

2.1 气候变化对华南海岸生态景观的影响分析

2.1.1 气候变暖对生物景观的影响

华南沿海地区与全球气候变暖同步，普遍升温。1951—2002年季平均气温升温幅度从0.03℃/10年到0.25℃/10年。不同的岸段不同的季节，在时空上有差异。在空间上广州、海口在四季升温最显著；在时间上夏季升温更明显，夏季广州趋势系数高达0.71（0.25℃/10年）（顾骏强等，2005）。

气候变暖，重霜冻区范围北移，植被景观边界和景观组分发生变动。如1986—1995年与1976—1985年比较，广东重霜冻区的南界向北移大约100km，农业三熟制的范围将向北扩展。据估算（黄镇国等，2007），2050年，三熟制的北界若北移500km，全球三熟制所占的面积比例将由13.5%扩大到35.9%。

气候变暖将改变品种熟制的搭配，影响到华南沿海农田景观格局内部的重新调整。年平均气温每升高 1℃，气候带将向北移动 1.26 个纬距，相当于 139km，海拔向上移动 250m（杜尧东等，2004）。CO_2 倍增时温度升高，使得 ≥10℃ 积温及其持续日数增加。华南沿海热带北缘和南亚热带地区水稻两造将可种植典型迟熟品种，中亚热带地区水稻两造将可种植中（迟）熟品种，北部高海拔山区将有可能种植双季稻。双季稻、茶树、果树等的种植高度和纬度将普遍提高。山区品质良好的水稻和水果等中、迟熟品种，具有较强的市场潜力（徐颂军，1999）。这对华南沿海地区农业经济的发展较为不利，其农田景观所占比例有可能会持续减少，其中部分可能向城市近中郊的菜园景观转化。临海台地和低丘的果（亚热带、热带水果）园景观有可能成为优势景观。

华南海岸绿地景观格局对气候变暖等气候变化做出响应。气温升高，蒸发增强，一些喜湿的植被或作物将减少和减产。由于气候过热，某些树种如马尾松的分布南界向北迁移（黄镇国等，2007），华南沿海热带北缘地区如广东南部地区可能不再适合马尾松的生长。气温升高，影响绿地景观组分变迁。广州 1908—2002 年 95 年气温变化，1908—1950 年呈下降趋势，但从 1950 年以后，气温呈明显的上升趋势。1970 年比 1950 年增温约 0.1℃，1990 年比 1950 年增温约 0.4℃，而 2002 年比 1950 年增温约 0.6℃（黄镇国等，2007）。2007 年广州 300 多种园林植物中，乡土树种只占约 1/3，外来热带树种则占 2/3 以上的比重。中华人民共和国成立以来气候持续变暖，热带树种（巴西、印度、马来西亚、澳大利亚）已完全适应广州的气候环境（叶平生，2007）。

气候变暖有利于华南海岸红树林景观的恢复和扩展。红树林是嗜热的植物类群，主要分布在热带和亚热带海岸地区。全球气温的上升可能对红树林有着积极的影响作用。如气温升高的影响可能是改变其大规模的分布范围、林分结构，提高原有红树林区的多样性，以及促使红树林分布范围扩展到较高纬度盐湿地区，这会使原先没有红树林的地区变为适宜红树林生长的地区，而原有红树林地区的种类变得更丰富。在我国，据报道如果气温升高2℃，则白骨壤（Avicenniamarina）的分布最北界将从福建莆田移到浙江温州。但是气温持续升高超过35℃，红树林根的结构、苗的发育、光合作用将受到很大的负面影响，对华南海岸红树林可能不利（刘小伟等，2006）。

对于珊瑚礁景观的发育演变，气温是重要的限制因素。气候变暖使华南海岸珊瑚礁景观处于敏感的边缘，其演变也呈现出更多的不确定性。珊瑚礁的最佳生长水温为25～28℃，低于18℃或高于29℃珊瑚生长受到抑制，低于13℃或高于36℃就会死亡。夏季温度过高或者冬季温度过低，均引起珊瑚礁白化死亡（Guilcher，1988）。CO_2倍增引起的气候变暖，使海水的CO_2浓度亦增大，吸收过多的钙离子，可能使珊瑚礁的造礁能力降低25%（Guilcher，1988）。气候变暖对热带珊瑚礁区的威胁最大。如2002年大堡礁珊瑚变白事件，60%～95%珊瑚礁受到影响。科学家预测今后100年温度会上升2～6℃，估计珊瑚覆盖率将下降至5%以下。但是，对那些位于表层海水温度较低的华南海岸热带边缘的珊瑚礁来说，反而可能有利于其生长和发育。如近几十年来，随着全球气候变暖、气温上升，徐闻灯楼角珊瑚礁区开始恢复现代珊瑚的生长（赵焕庭等，2001）。但自20世纪80年代后期以来，华南热带海岸月平均最高温的持续上升对珊瑚礁的发育可能不利，如北海涠洲岛1960—2001年所记录到的5次≥31℃的高温中，有4次出现于1980年以后（余克服，2004）。这种持续高温可能会使珊瑚生长处于一种非常敏感的边缘，若再加上其他环境压力则可能导致本区珊瑚礁的退化。

全球性气候变暖将扰乱原有海岸动物景观格局的稳定，使大多的野生动物无所适从，弊大于利。在全球气候变化对野生动物影响的研究中发现，随着全球气候变暖，野生动物的分布区整体上向北移，物候期提前，不同种类的动物的繁殖及其种群大小做出不同的响应，有的受益于全球变暖，繁殖增加，成活率高，种群壮大；有的受制于这一变化，种群逐渐缩小甚至面临灭绝的威胁（孙全辉，2000；樊伟，2001；彭少麟，2002）。温度趋暖使河口海岸地区鱼类生境发生改变，尤其是那些在海岸湿地繁殖或在河口地区生长的鱼类最易受到影响。虽然气候变暖明显扩大一些热带海岸鸟类分布的北限，为许多鸟类的生存和繁衍提供了更广阔的空间，但是鸟类能否及时适应原栖息地和新分布区生态环境和物种组成的变化、这一变化对入侵及土著鸟类的影响究竟有多大都是值得关注和研究的问题。

2.1.2 气候变化的河流响应

降水量的异常是华南热带海岸景观格局出现剧烈变动、影响区域景观生态安全和稳定的重要干扰因素。华南海岸临海城区或开发区因地表破碎，暴雨频繁，工程项目过多破坏植被，为崩塌、滑坡、泥石流灾害提供物质、动力和触发条件。华南沿海地区 1951—2002 年季降水量变化呈增加趋势。夏季平均降水量的趋势系数是 0.37，每 10 年增加降水量 49.6mm。广州和海口年降水量的分配变化最大，广州明显集中于冬季降水，海口明显集中于夏季降水（顾骏强等，2005）。1994—2004 年，广州市共发生崩塌、滑坡、泥石流近 30 宗，直接经济损失近 10 亿元（刘会平等，2005）。它们常互为条件与因果，相互诱发与加强。尽管降水量的增加可以增加水资源，更可以合理调配水资源、缓解干旱区用水，还能因流域降水增加、径流量上升，抑制盐水入侵，但是整个华南热带海岸，沿海河流汛期更长，珠江三角洲的暴雨洪涝频发，雷州半岛的秋旱更为严重（杨国华等，2005）。

海岸入海河流的侵蚀与堆积对气候环境变化响应明显，河流的侵蚀与堆积的改变引起海平面的升降和岸线的变迁，从而引发区域景观格局的变动。海平面的升降对河口地区河流的溯源侵蚀和溯源堆积起着重要作用，气候环境的变化对海平面升降和海岸线的进退有很大影响。华南沿海地区，气候相对偏暖偏湿时对应海平面相对偏高的时期。海平面的上升又使得河口更向内陆迁移，河口沉积区整体上也向内陆迁移。气候环境相对偏暖偏湿时，一方面由于流域植被更加发育，对降水侵蚀的缓冲作用更加显著，被侵蚀的物质的平均粒径会更小并有更多黏粒级物质；另一方面，由于风化作用加强，风化蚀余物质颗粒会更细，其中的石英含量会更低，而在风化过程中产生的次生黏土矿物含量会很高，这种现象从风化壳的剖面特征上得到反映（周厚云，2001）。河流地貌首先对气候变化做出响应，流域的植被和径流等生态联系和过程的变化被记录和保留在冲洪积物和海岸地貌当中，成为海岸生态景观演变和环境变迁的重要依据。这与华南沿海地区第四纪以来的海岸沙丘、海滩岩等地貌发育的阶段能很好地对应。

2.1.3　海平面上升对岸滩景观的影响

从中长周期来看，海平面上升是引起大范围岸线内移的重要因素，引起景观边界向陆地移动。在局部地区构造升降运动、地面沉降叠加使相对海平面上升速度增加，现代海平面上升的效应使动力传播能耗减少，岸边能量相对增强，引起海岸线加速后退，从而增大海岸线侵蚀（王颖、吴小根，1995；施伟勇、陈子燊，1998）。现代海平面上升及海滩日趋侵蚀是全球性现象。按著名的"Bruun（1962）法则"，海岸对海平面缓慢上升的响应主要是造成岸线平衡蚀退，其蚀退量（R）与海平面上升量（S）可表示为（蔡锋，2003）：

$$R = S/\tan\varPhi$$

如岸滩剖面的坡度（$\tan\varPhi$）取值为 1/100，设到 2100 年海平面上升 0.5m，则岸线将蚀退 50m。

海平面上升引起的蚀退量，与海岸的组成物质和沉积物的来源有关。根据变化程度可分为弱侵蚀和强侵蚀。弱侵蚀（难侵蚀）主要包括位于抗侵蚀岬角的袋状滩，以及因海蚀崖活动后退供给而保护海滩物质平衡的峭壁（基岩）海岸；强侵蚀（易侵蚀）主要有平原海滩（海滨平原或潮间平原）因河流供沙及沿岸流的改变，侵蚀规模较大，以及岸外沙洲形成的海滩（滨外滩或障壁滩），活动性很大，海岸后退速度较快。

　　数十年来华南沿海相对海平面总体呈上升趋势，上升速率一般小于2.5mm/a。1.8mm/a 或 1.9mm/a 可以近似地作为绝对海平面上升速率。预测 2025 年或 2030 年相对海平面上升幅度为 20～25cm（黄镇国等，2004）。表 2-1 反映了华南不同沙质和淤泥质海岸的侵蚀状况。华南海岸侵蚀岸线（包括海南岛）约为 21%（黄镇国，2002）。从表 2-1 看出，沙质海岸侵蚀速率多在 1～3m/a 之间，5m/a 以上的少见；泥质海岸侵蚀速率比沙质海岸大得多，二者几乎是数量级上的差异，以韩江和漠阳江口为典型（季子修，1996；盛静芬，2002）。泥质海岸分布与大河三角洲密切相关。尽管珠江入海沙量近年来呈下降趋势，但潮滩仍在淤长，只是速度有所减缓。当泥沙减少或断绝时，海岸会发生严重侵蚀。

表 2-1		华南海岸主要侵蚀状况		
地区	海岸类型	主要侵蚀区	侵蚀程度	侵蚀原因
福建省	沙质	霞浦	后退速率4m/a	自然侵蚀原因
	沙质	闽江口	后退速率 1～5m/a	
	沙质	长乐以东	后退速率 4～5m/a	
	沙质	莆田嵌头	后退速率 6～8m/a	
	沙质	澄瀛	后退速率0.9～1.5m/a	
	沙质	厦门沙坡尾	后退速率3m/a	
	沙质	高崎	后退速率1m/a	
	沙质	东山湾沙滩	后退速率1m/a	
广东省	淤泥质	韩江三角洲	水下岸坡变陡，后退	自然侵蚀作用
	淤泥质	漠阳江口北津	速率8～10m/a	
广西壮族自治区	淤泥质	北仑河口	10m/a	自然侵蚀作用
海南省	沙质	文昌邦塘	后退速率 10～15m/a	礁坪挖掘，南渡江上游水库拦沙，人工取沙和海岸工程
	沙质	三亚湾	后退速率 2～3m/a	
	沙质	洋浦半岛		
	沙质	澄迈湾		近50年，0.5～2m/a 不等
	沙质	海口湾	后退速率 2～3m/a	
	沙质	南渡江口至白沙角等岸段	后退速率 9～13m/a	

注：资料数据来自季子修（1996）、盛静芬（2002），经整理。

华南沿海岸线的变迁加剧更多地与人为活动（建坝挖沙等）的频繁干扰有关。华南热带海岸平均上升速率低于中国沿海海平面多年来上升趋势，相对于人为因素，复杂多样的地貌环境和海平面上升造成泥沙来源减少而引起的海岸侵蚀是局部的。庄振业等（2000）对鲁南33km长的沙质海岸上20多年的系统观测也表明，海岸侵蚀是由人工采沙、河流输沙量减少和海平面上升共同作用的结果，三者的贡献之比为5∶4∶1。若将人为挖沙和入海泥沙量减少都当作海岸泥沙来源的减少，则海岸泥沙来源减少与海平面上升的比值为9∶1。丰爱平等（2006）认为莱州湾南岸海岸侵蚀过程中海平面相对上升、入海泥沙量减少和风暴潮是海岸侵蚀的主要原因，三者对海岸侵蚀影响权重比为3∶5∶2。

红树林和珊瑚礁的生物海岸通过生物过程削弱对海平面上升的影响，对气候变化做出积极的响应，生物海岸的景观格局较为稳定或向陆地扩展，其景观边界也相应发生位移。中国珊瑚礁成熟度较高、其生长趋势以侧向生长为主，未来全球海平面上升能为其创造向上生长的有利条件。自全新世6000aB. P. 以来曾存在过的高海平面和较高表层海水温度的历史，可佐证21世纪的全球海平面上升不会对中国珊瑚礁的存在和发育造成威胁。南海诸岛的珊瑚礁平均堆积速率（2.06～3.33mm/a），相当于或大于地壳下沉速率（0.1mm/a）和现代海平面上升速率（1～2mm/a）的总和（王国忠，2005）。在人类活动和自然干扰不影响到珊瑚礁的健康生长和正常的生物地貌功能的维持的前提下，海平面上升不会对华南珊瑚礁景观造成威胁。

未来海平面上升不至于淹没华南热带海岸现有的红树林，与海平面上升相联系的气候变暖倒是有利于红树林的发展。红树林潮滩可使潮流流速减弱40%～60%，有明显的促淤作用。华南红树林潮滩的淤积速率较大，粤西廉江为6.2mm/a，海南岛清澜港为15mm/a，福建厦门云霄为18.40mm/a（黄镇国，2002）。然而，如果海平面上升过快，水深加大，波浪过强，也会影响红树林胎生胚的着床定植和幼苗的生长（刘小伟，2006）。随着海平面的上升，红树林分布区会朝陆地一方迁移。但朝陆地迁移情况仅仅可能发生在海滩朝陆地一方没有障碍物阻挡的海滩上。华南大部分红树林区陆岸都筑有海堤（范航清，1997），这将阻挡红树林分布区的迁移，不利于红树林景观的扩展。

2.1.4　海平面上升与灾害效应

海岸侵蚀常与沿海台风、风暴潮、地面下沉等灾害叠加发生，海岸侵蚀已从单纯的自然变异过程上升为一种灾害。作用于华南海岸生态景观的自然驱动力和人为驱动力变化，进一步叠加海岸灾害的多样性（施雅风，1994），高频率、多灾种形成的灾害效应对区域生态景观的稳定造成较大的威胁（盛静芬，2002；丰爱平，2002；李加林，2006a）。

海平面上升加剧海岸带灾害。灾害频率增加，台风、风暴潮等极端气候事件通常是致灾的主要原因。近40多年来西北太平洋生成的热带气旋数量及在我国登陆的热带气旋数量呈减少趋势，但热带风暴潮致灾次数和强度却明显增加（黄镇国，2007）。到2050年若全球变暖引起西北太平洋表面海温升高1℃，则在中国登陆的热带气旋总数年平均将比现在增加65%，其中年平均登陆台风数可能增加58%左右。据何洪研究，仅珠江三角洲地区的广州岸段，如海平面上升50cm，现状50年一遇的风暴潮将变为10年一遇（黄镇国，2000）。20世纪80年代以来气候灾害频发，华南海岸洪涝、台风袭击损失严重。暴雨频率和强度以广东及海南岸段最大。近10年广西洪涝灾害频率也比1989年以前的30年高，特别是20世纪90年代以来严重洪涝的出现更频繁（顾骏强，2005）。

河流径流量变化和海平面上升是导致河口盐水入侵的主要因素，其中尤以径流量减少对盐水入侵的影响最明显。珠江河口地区的咸潮上溯已成为华南海岸最为严重的环境问题之一。同时超采地下水导致的海水入侵，在华南海岸水资源短缺的如东山、北海等基岩海岸和砂质海岸区也陆续发生（汤坤贤，2001；周训等，1997）。地面沉降导致楼房倾塌和地下管道变形，雨季洪灾为患，给居民生产和交通带来不便，导致严重损失（黄巧华，1997；邓兵，2002）。

2.2 华南海岸生态景观对气候变化的响应

2.2.1 地质构造和气候变化控制整体的景观格局

地质构造是海岸形态与地貌发育的基础。晚三叠纪以来，构造运动进入环太平洋大陆边缘活动阶段，使前期所塑造的构造面貌发生了深刻的变化（《中国海岸带气候调查报告》编写组，1993）。在这一阶段，太平洋板块（包括菲律宾板块）沿着 NE—SW 走向的海沟向亚欧板块东缘俯冲，产生前者往 NW、后者往 SE 的压扭性运动，形成了包括浙、闽、粤、桂隆起带在内的一系列 NE 向的隆起带和沉降带，并使华南海岸带朝 SE 突出的弧状分布特征略具雏形。一系列 NE 和 NW 向配套组合的断裂构造，许多山脉、沟谷和河流，或岬角、半岛与岛屿均循这两组构造方向发育，使华南海岸呈现棋盘格局状的山地港湾式地貌。

新第三纪以来，印度板块和亚欧板块碰撞，青藏高原隆起，造成规模恢宏而巨厚地壳的块体，迫使邻近的地壳块体相对于它做辐射状运动，其中华南块体朝 SE 向运动（卢演畴等，1994）。这不仅使华南海岸带和大陆架前缘向 SE 突出的圆弧特征凸显，而且使华南发生了明显的以间歇性上升为主的断块升降差异性运动。由于此时 NW 向断裂活动加强，在华南沿海地区形成了一系列断隆与断陷的构造区（刘以宣，1994）。断隆区处于抬升与侵蚀剥蚀过程，形成山丘（或台地）。断陷盆地接纳河流并汇入海洋，在河口区形成块断型三角洲平原和冲积海积平原。因此，华南沿海在海岸类型上表现出山丘（或台地）与平原海岸交错分布棋盘格局的明显特征。

全新世冰后期海侵时期将华南海岸线从大致现代陆架边缘推进到现代岸线的位置（任美锷，1994）。它对华南海岸地貌的现代发育及分布造成至少两种明显后果：第一，原为山间谷地或河谷的沉沦为海湾或溺谷，形成各种现代海岸地貌；第二，低海面时期陆架上的古海岸泥沙或古沙坝沙随着海平面上升和滨面后移，在波浪的作用下逐步向陆搬运与沉积，导致华南一些岸段形成规模巨大的具超覆沉积构造的沙坝—潟湖堆积体（李春初，1986，2000；蔡锋，2004）。

2.2.2　景观格局的演化

气候变化引起海岸带发生变化，最为直接的表现为气候变暖引起全球平均海平面上升（IPCC，2007）。因此，气候变化过程中海岸生态景观不仅受到大气系统的影响，还受到海平面潜在性变化的威胁。气候变化在海岸生态景观上的响应可概括为以下几点。

（1）作用力源发生改变

全球气候变化引起气候变暖和相对海平面变化，海陆对比的变动引起海洋气候变化。表 2 - 2 反映了影响海岸变化的不同时间尺度的自然因素。海岸生态边缘效应（累积效应和加层效应等），使作用于海岸生态景观的自然驱动力系统发生改变（恽才兴等，2002）。从表 2 - 2 看出，自然驱动力长周期变化（海平面明显升高、河流改道及泥沙补给量减少）、季节性变化（风向年内变更）及短周期变化（暴风周期），反映在空间尺度上的岸线变化及岸坡变化上（高潮位岸线、低潮位岸线和水下岸坡），最终导致位于海、陆和气三相的生态交错带——海岸生态景观格局发生整体变动。

表 2－2　　　　　　　　　　影响海岸变化自然因素的综合分析

因素	影响	时间尺度	评价
泥沙补给（来源及流失）	堆积或侵蚀	十年至千年	从陆地自然补给（如河流洪水、海蚀崖侵蚀、沿岸及内陆架泥沙补给引起海岸稳定或堆积）
海平面上升	侵蚀	百年至千年	海平面相对上升，包括陆地沉降影响
海平面变化	侵蚀（海平面升高）	月至年	年际变化超过 40 年周期（例如厄尔尼诺现象）
风暴潮	侵蚀	小时至数日	极端临界侵蚀量
大浪	侵蚀	小时至月	单个风暴或季节性影响
短周期波浪	侵蚀	小时至月	单个风暴或季节性影响
低波陡波浪	堆积	小时至月	离岸风季节
沿岸流	堆积、侵蚀或无变化	小时至千年	不连续（逆向≠顺向），存在节点
离岸流	侵蚀	小时至数月	可将近岸泥沙带入外海
潜流	侵蚀	小时至数月	在风暴期近底流将泥沙带入海洋
通道出现	净侵蚀，极不稳定	年至百年	通道迁移引起海岸不稳定
越浪流	侵蚀	小时至数日	大潮及大波引起泥沙翻越的障避岛
风	侵蚀		海滩沙吹向陆域
地面沉降	侵蚀	年至百年	海岸后退，障壁岛消散
褶皱	侵蚀	年至千年	自然及人为影响的表面顺向流
构造	侵蚀/堆积	瞬时	地震
	侵蚀/堆积	百年至千年	板块抬升可沉降

注：数据资料来自恽才兴（2002）。

　　华南海岸生态系统活跃的物质迁移过程使海岸对全球变化的响应更为复杂。根据前人的研究资料，整理和评估华南海岸景观变化的响应，不同的海岸景观类型对驱动力系统变化的响应在稳定性、恢复性、再生性、生产性和增殖性上存在差异，如稳定性强弱依次为红树林＞三角洲河口＞泥滩＞珊瑚礁＞沙滩；恢复性强弱依次为红树林＞三角洲河口＞泥滩＞沙滩＞珊瑚礁。作用力源的改变，使得整体生态景观的变化错综复杂。

（2）景观边界发生变动（波动）

海平面上升使潮位抬高，岸外波浪作用和河口、海湾处潮流作用增强，侵蚀基面升高。风暴潮加剧，高潮位和强力风浪对海岸破坏作用增大。气候变暖使局部地区变干，降水减少造成河流入海径流和输沙量减少，造成海岸侵蚀（李志强、陈子燊，2003）。美国 P. 布容研究了 40 个国家的海岸侵蚀实例，指出海平面上升是各国海岸侵蚀的共同因素（恽才兴等，2002）。海岸侵蚀使得岸线后退，特定位置上形成并维持过渡带位置的环境因素，对各种全球变暖作出响应，其景观边界也随之上移，因此景观边界宽度、垂直结构和形状改变及挪动的幅度也相应改变（曾辉，2002；常禹等，2002）。景观边界内的高环境异质性、生物多样性和对环境变化的敏感性，其位置的变化可以作为环境变化的指示者。景观边界在气候变化研究中具有重要的理论意义。

（3）景观组分发生变迁

海岸带是具有"过渡性"与"两栖性"的生物量极高的生态系，气候变化对生态系的影响全面引起海岸带景观组分发生变迁，由此影响并反映气候变化中物质通量（如全球碳、氮与磷循环等）的变化。

（4）"源汇"作用的变化

生态流自景观边界向相邻景观单元净流动，作用力源、景观边界和景观组分的变化改变"源"（Source）的作用（肖笃宁，2003）。与此同时，大量的沉积物与污染物由河流输送至海岸带，气候变化对内陆地区的影响会通过入海径流间接地作用于海岸带，致使其吸收和聚集生态流的"汇"（Sink）的功能得到扩展。"源汇"作用的变化重新构建海岸带景观生态过程和联系，塑造海陆景观过渡带特有的生物和环境特征，从而形成具有特色鲜明、分异明显的海岸景观格局。

2.3 人类活动对华南海岸生态景观的影响分析

2.3.1 海岸的综合利用

海岸带的开发活动归纳起来分为河口及沿岸城市化、水力发电、旅游休闲设施及海滨公园等 51 种（恽才兴等，2002）。由于海岸综合利用多样化，海岸人工景观类型相当丰富。华南海岸开发活动的密集表现为人工生态景观变化，海岸自然生态景观和人工生态景观互相影响、相互渗透。一方面，华南海岸人工生态景观变化，使大面积的雨林与红树林覆被消失、海岸湿地面积减少等。另一方面，海岸人工生态景观变化加速了全球变暖与海平面上升，使岸线向陆迁移。长期以来，华南人工生态景观的变化基本趋势是在人口增长的驱动下，使高生物量的森林生态系统转变为低生物量的人工生态系统。如华南沿海的广州、深圳等滨海城市的迅速发展，大面积的次生和退化的森林、耕地和园地景观向城市景观转化，由郊区转化为城区，其固碳纳氧能力降低 2/3（陈玉娟等，2006）。

另外，海岸人工生态景观变化为海岸带贡献了用于海岸地貌塑造、冲淤演变的丰富泥沙物质来源，使岸线向海推进。人工生态景观变化仍是流域泥沙产出及其输移过程的主要驱动因素。城市流域产沙相对较少，市区基础设施建设对泥沙输出有很大的影响。农业作物植被对泥沙输出有一定的抑制作用，但长期的耕作与农业用地的利用方式变化却促进泥沙的产出（欧维新等，2003）。森林是涵水固沙最好的自然生态景观类型，但大面积的森林砍伐往往是流域泥沙含量增加最主要的原因。因此华南海岸的综合利用，扩大了海平面上升、气候变暖等自然因素，彻底改变了海岸自然生态景观的"源汇"作用，使整个华南海岸生态景观的演变呈现出更复杂、更不确定的特性。

2.3.2　海岸的综合整治

海平面上升使华南海岸水环境综合治理的难度和成本加大。首先对华南海岸、潮区海堤、江堤及排灌水利设施提出更高的防御标准。如在珠江三角洲地区，若未来海平面上升 40cm，目前 50 年一遇的风暴潮位将变成 10 年一遇，100 年一遇的风暴潮位将变成 20 年一遇。按现在的潮位频率设计的海堤每月将有三分之一时间受到海水浸淹。东莞、番禺、中山、新会、斗门等县市将有三分之一时间下水道排水困难甚至不能排水（黄镇国等，2000）。这将使本已十分严峻的沿海城市防洪问题变得更加尖锐。海平面变化也将对城市排涝、排污及港口建设带来直接影响。随着海平面的日益上升，自流排水的范围将进一步缩小，时间也将进一步缩短，增加能耗及城市内涝的可能。另外，海平面的上升还会使污水长期回荡，甚至在潮汐顶托作用下出现倒灌现象，危及入海河流的水质。相对海平面上升也将导致沿海港口码头及附属仓库的地面标高损失，港口码头受风暴潮淹没的频率增加，淹没面积扩大，功能减弱（黄巧华，1997；邓兵，2002）。风暴潮加剧的防汛形势更加严峻，人类的适应措施可大大降低这种威胁，而且随着经济的发展和技术的进步，人类的适应能力还会进一步提高。

华南海岸人类活动日益集聚，海岸整体生态环境出现恶化的趋势，生态环境治理的任务艰巨。景观格局变化可能带来的营养物质虽然有利于提高海岸生物生产力，但是海岸景观对比度由原来的低对比度向高对比度变化，呈细粒镶嵌结构，大大割裂海岸生境，景观多样性剧烈减少。绿地景观出现离心化和碎裂化，绿地系统的物质迁移和循环过程被迫中断。"孤岛"状的城市景观生态过程联系单一，生态系统稳定性下降。此外，景观格局变化引起入海泥沙、有毒污染物的通量变化，各种营养元素与污染物质在河口海岸的富集，导致近海水体富营养化、赤潮的发生，以及地下蓄水层与海岸带水质污染等，影响海岸景观生态的稳定和安全。因此面对全球气候变化的趋势及环境恶化的压力，华南海岸景观生态建设已迫在眉睫。至 2006 年，华南沿海保护区的面积持续增加（恽才兴等，2002；赵焕庭等，1998），对华南海岸的典型景观和滨海生境加以保护，有利于强化当前的海岸景观格局，促进海岸景观生态的动态稳定。

2.4　华南海岸生态景观格局对人类活动的响应

根据生态景观类型组合、特征和成因的相似性，将华南海岸生态景观对人类活动的响应分为 4 种类型。

（1）淤进型

生物海岸是典型的淤进型景观。在海平面持续上升、温度长期适合造礁石珊瑚生长的前提下，华南珊瑚礁景观格局向海推进。红树林景观则通过潮滩的形成完成向海的扩展。人类活动对这两种景观格局的演化，起到阻碍（减缓）或促进（如保护区）向海淤进速度的作用。

三角洲河口景观格局的演化具有不平衡性。向海的淤长速度受海平面上升和沉积物来源变化等多种自然因素的影响，其推进速度明显比向陆推进的速度慢。向海淤进形成的潮滩是土地备用地来源，向陆推进的过程则为大量的新增城市景观斑块。人为作用都或多或少地促进（加速）其变化的进程。

海滨城市景观也具有扩张不平衡的格局。城市景观常常向四周呈 360°扩张，这种景观格局的演化受人为因素的影响最大。

（2）蚀退型

沙岸是典型的蚀退型景观。由于海平面上升和沉积物来源变化，沙岸景观响应剧烈，向陆地方向退缩。人为活动加快其演进速度。

（3）混合型

以海岛景观为混合景观的典型。海岛景观作为独立的生态景观单元，其景观格局演化包含淤进和蚀退两种形式。人为活动加快海岛景观动态的推进或后退速度。

（4）稳定型

以基岩景观为大多数。华南海岸的特点是岩质多湾。海平面上升等自然因素的变化，岩岸的响应较不明显。港口和工业建设影响岬湾内的生态景观变化，岩岸本身的景观格局并没有太大变化。因此本研究对山地港湾海岸景观演变不作详细分析。

从人类活动作用下华南海岸的演化模式来看，蚀退型的生态景观类型较少。淤进型、混合型和稳定型生态景观类型丰富，给人类活动提供较广泛的使用条件。

2.5　华南海岸生态景观分类

海岸是海陆交汇、内外营力作用明显的地带，其类型多种多样。从成因上可分为上升海岸、下降海岸、合成海岸、河口三角洲海岸、沙坝—潟湖海岸等；按构成海岸的物质可分为基岩海岸、沙（砾）质海岸、淤泥质海岸；依照输沙量，蔡锋（2004）将海岸分为稳定、蚀退、淤进等类型；考虑生物对海岸的作用，在热带、亚热带有红树林海岸、珊瑚礁海岸；根据动力环境的不同，Hayes（1976，1979）又将海岸分为潮控型、波控型和混合型等（李春初等，2000）。在进行海岸研究时，国内外学者结合研究对象的具体要求从不同的角度对海岸进行分类。

2.5.1　从景观学和地貌学角度建立的分类体系

2.5.1.1　从景观学角度建立的分类体系

翁毅等（2006）依据景观学以福建沿海为例，从旅游开发的角度对沿

53

海景观类型进行划分。该方案考虑了沿海景观在水平尺度表现为基质的物质组成、结构和物种分布特征，以及斑块特征组合差异，空间尺度表现为各类地块的组合即景观镶嵌体，并综合反映景观的形成特征与演替方向。

沿海景观要素分类体系把景观归并为三类。如图 2－1 所示，分类体系具有浓郁的沿海气息，软质景观（文化景观）等无形的、非物质型景观在指标的确定和定量化的分析上有较大的操作难度。人造景观的区域尺度差异较大，如整体城市形象与饮食服饰景观，难以统一度量其景观演变，用于反映区域景观演变，可操作性不强。但是沿海景观构成与要素分析为华南海岸生态景观的物质组成、结构和物种分布特征的判定明确了划分细则，为生态景观的划分提供了重要思路。

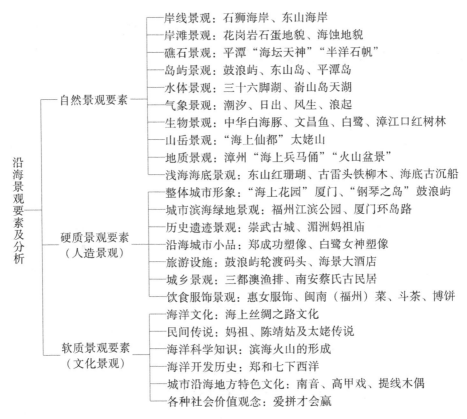

图 2－1　沿海景观构成及要素分析

2.5.1.2　从海岸地貌角度建立的分类体系

海岸按物质组成可分为基岩海岸、沙（砾）质海岸、淤泥质海岸三种基本类型（贺松林，2004）。这三种基本类型依据地貌特征再细分，基岩海岸可分为岬角海湾型海岸、海蚀—陡崖型海岸、岛屿—峡道型海岸和港湾淤泥质海岸。淤泥质海岸可分为港湾淤泥质海岸、红树林海岸和三角洲海岸。沙砾质海岸可分为三角洲海岸、珊瑚礁海岸、连岛沙坝型海岸、堡岛—潟湖型海岸、沙（砾）质平原海岸和岬角海湾型海岸。其中岬角海湾型海岸、三角洲海岸和港湾淤泥质海岸属于前面三种基本类型的组合类型，在地貌构成上较为复杂。

在 X 型断裂构造的控制下，华南海岸地貌十分复杂，总的特点是：海岸十分曲折，广东、广西和海南的岸线曲折率大于 4，福建的岸线曲折率高达 5.7，居全国之首。港湾岬角相间，岛屿罗列。从海岸地貌的构成看，华南海岸地貌基本包括上述划分的海岸地貌类型。但是从海岸地貌角度研究气候变化和人类活动的响应，较难获取有关景观的生态联系及其变化方面的信息。因此，需要建立一种介于景观学和海岸地貌学之间的海岸景观分类体系，避免过于细粒化或粗粒化。

2.5.2　海景尺度的华南海岸生态景观分类体系

生态是指包括人在内的生物之间以及它们与周围环境之间的关系（张金屯，2004；黄镇国，2007）。按照不同的研究对象有动物生态学、植物生态学、森林生态学、草原生态学、人类生态学等。按照不同的研究内容有生态产业、生态安全、生态景观、生态文化等。生态景观是生态学研究的内容之一，是指能反映生物与环境要素之间关系的景观类型，因此生态景观是从生态的角度研究景观格局、功能和过程。而景观生态是指景观所反映出来的生物与环境要素之间的过程与联系。景观生态是生态景观开展研究的前提，生态景观是研究景观生态的重要载体，两者分别侧重"景观"和"生态"问题进行研究。

景观可作为多种信息源的载体。按照所反映信息的类型，景观可分为文化景观、建筑景观、乡村景观、耕作景观、生态景观等。从生态学观点看，海岸生态景观可分为人工生态景观和自然生态景观。前者由城市建筑所占的土地形成，对环境有不良作用；后者以绿地和水体为主体，对环境有改善作用。本研究主要利用华南海岸景观所反映的海岸带目前的压力状态和气候变化信息，在参考海岸分类的基础上，从生态的角度研究海岸景观，根据成因和形态的原则，结合景观学（基质的物质组成、结构）和海岸地貌学（空间上组合特征）的原理，尝试从景观尺度将华南海岸带生态景观分为海岛景观、三角洲河口景观、海岸城市景观、生物海岸景观、沙坝—潟湖景观、岩岸景观、溺谷湾景观等类型。

（1）海岛景观

华南海岸带分布着众多的海岛，其中很多已被开发为旅游景区。作为海岸带中相对隔离的生态景观单元，海岛的自然和人文因素变化相对比较集中，因此本研究将海岛景观分为一类，探讨海岛对气候变化和人类活动的响应。

（2）三角洲河口景观

三角洲平原海岸是河流向海加积形成的堆积性海岸，分布于河口地区。华南海岸水热丰沛，河系繁多，三角洲河口景观发育广泛。由于处于海陆大生态系交汇的生态边缘区，三角洲河口景观受到全球变化的强烈影响，具有高物质多样性和多功能性。而受经济开发等人类活动影响，三角洲河口景观演变有突变的趋势。三角洲河口景观演变集中体现在华南海岸海滨新城的建设和开发过程。

（3）海岸城市景观

作为海岸社会经济活动的载体，城市是一种独特的人文景观。海平面波动影响了城市景观的形态格局，而改革开放以来城市化进程加快，导致城市景观发生了深刻的变化。本研究将深入探讨海岸城市景观对气候变化和人类活动的响应。

（4）生物海岸景观

红树林是以红树植物为主体的常绿灌木或乔木组成的潮滩湿地木本生物群落，珊瑚礁由造礁珊瑚及其他造礁生物对生成礁的钙物质长期积累沉积而成。红树林、珊瑚礁是热带和亚热带生产力最高的海洋自然生态系统，对海岸生物多样性保护、水环境净化、生态修复、生态系统响应和反馈气候变化起重要作用，因此，本研究将红树林和珊瑚礁归并为生物海岸景观，以探讨华南生物海岸景观对气候变化和人类活动的响应。

（5）沙坝—潟湖景观

沙坝是波浪破碎而产生的波流作用下泥沙形成的长条形堤状堆积物，潟湖是海岸带被沙嘴、沙坝或珊瑚礁分割而与外海相分离的局部海水水域。华南多为弱潮浪控型海岸，沉积物来源较为丰富，孕育了较多的沙坝—潟湖景观。华南的沙坝—潟湖通常发育在一起，且沙坝的蚀退或堆积与潟湖的侵蚀或淤塞互为制约，因此，本研究将二者划为沙坝—潟湖景观。

（6）岩岸景观

华南海岸的特点是岩质多湾。岩岸对海平面上升等自然因素的变化的响应不明显，对人类活动的响应亦不显著。因此，本研究对岩岸景观生态演变不作详细分析。

（7）溺谷湾景观

溺谷湾景观目前常常用于港口开发，主要是在溺谷湾内进行港口和工业建设，其景观格局变化受到潮下带及浅海海域地貌变化的影响。受限于研究手段和资料获取等因素，本研究对溺谷湾景观不作详细分析。

本书后续章节将对在中全新世以来的气候变化及其环境效应，以及改革开放以来的人类活动的共同影响下，华南海岸生态景观发生较大变化的海岛景观、三角洲河口海岸景观、海岸城市景观、生物海岸景观、沙坝—
潟湖景观类型进行详细研究，以反映在气候变化和人类活动作用下的华南
海岸生态景观演变的态势。同时选取对气候变化和人类活动的响应较为突
出、具有代表性的福建东山岛、广州南沙区、广州中心城区、广西合浦山
口红树林和广东徐闻灯楼角珊瑚礁国家自然保护区、广西北海银滩和海南
琼海博鳌旅游度假区作为以上海岸生态景观类型的典型研究区。

2.6　华南海岸生态景观格局特征　◀◀

华南海岸大陆岸线由北仑河口至闽粤边界，长约4823.54km；岛屿岸线
总长约4600.56km。按照海岸带人为作用影响的大致距离为3km（郭笃发，
2005），其景观面积约为27000km²。华南海岸生态景观格局具有以下特征。

（1）景观格局显著度高，景观利用多样化

华南整体海岸呈棋盘状的弧形格局（蔡锋，2004；戴志军，2005），景
观格局显著度较高。华南海岸绝大部分为热带海岸，红树林景观和珊瑚礁
景观是具有区域特色的热带指示性景观；位于热带北界的东山岛作为相对
隔离的景观单元，对自然驱动力和人为驱动力也都拥有较突出的响应。以
气候暖化为例，植被景观边界和景观组分的变迁、品种熟制搭配重新调整
了沿海农田景观格局。由此可见，复杂多样的海岸地貌和各种自然驱动力
往往是丰富的生态景观组分和景观格局的形成基础，而人类活动使得华南
海岸的景观利用拥有多元复合、多重选择性的特点。据初步统计（何书金，
2005），华南海岸景观利用主要有热（亚热）带农作物种植、油田开发与工
商业用地等18种土地利用方式，涉及3大产业的12个行业部门。在物质动
态迁移的作用下，华南海岸多样的景观组分，使得景观生态过程与联系错
综复杂。

（2）景观格局的空间分异明显，潮上带、潮下带与潮间带生态景观差异对比悬殊

海岸带按地貌部位可分为潮上带、潮间带和潮下带 3 部分（张根寿，2005）。表 2-3 反映了由于距海远近的差异，华南海岸景观格局存在显著的空间异质性。潮上带以农田、城镇景观为主，潮间带以养殖景观和生物景观为主，潮下带则以养殖景观为主，三者之间的比例差异悬殊。华南海岸 20 世纪 80—90 年代潮上带和潮下带历来为生态景观的高密集带，而潮间带的养殖开发在广东、福建也始于 20 世纪 80 年代，海南潮间带多为红树林，此时人类活动对其干扰仍处于较弱的阶段。20 世纪 50—90 年代，人类活动对于滩涂的集中利用和规模开发，使得潮上带的景观类型高度密集，滩涂沼泽和河滩地景观利用相对较少，人类活动推动潮上带的生态景观组分替代潮间带的生态景观组分，广东围海造田（多为盐田）的面积远远超过广西和福建。华南沿海各岸段自然条件与当地社会经济条件的差异造成潮上带、潮间带、潮下带 3 部分景观结构的组合方式在各岸段间也相应形成不同的空间差异。

表 2-3　华南沿海 20 世纪 80 年代潮间带、潮下带和 90 年代潮上带利用状况

岸段	80 年代			90 年代						
	占潮间带/%		占潮下带/%	潮上/%	潮间/%	潮下/%	占潮上带/%			
	养殖	红树林	养殖				植被	城市	水域	低覆盖
福建	17	0.62	23	48.6	9.6	41.8	66.65	6.63	12.42	14.30
广东	25.7	5.99	73.8	54.8	4.8	40.4	74.72	8.51	12.43	5.34
海南	0	11.39	9.9	76.7	4.1	19.2	78.66	7.43	6.86	7.05
广西	1.7	10.10	16.3	49.3	10.6	40.1	65.31	5.50	13.40	15.79

（3）景观动态变化显著，生态景观对气候变化和人类活动的响应不一，人类活动作用日益突出

气候变化控制和影响着华南海岸生态景观的发育与形成。与此同时，日益频繁的人类活动使得华南海岸生态景观的变化更为剧烈，表现为淤进型、侵蚀型、混合型和稳定型动态变迁。华南海岸各种类型的生态景观对

气候变化的响应不一。温度升高有利于热带北缘的红树林扩展；气候变暖减少了热带北缘珊瑚礁发生白化的概率；海平面上升和气候变化等自然驱动力的变化，对沙（泥）质海岸和海岸城市景观造成了一定的威胁；生物海岸景观通过红树林和珊瑚礁的生物响应过程有效缓解了浸淹效应。但是，总体而言，人类活动的社会经济与技术等因素已开始加快海岸生态景观的动态变迁。表2-4说明20世纪90年代初期华南海岸潮上带多为林地和耕地景观，城镇景观的空间优势不明显。华南海岸此时以植被景观为主（60%～70%），城镇景观所占的比重较小（5%～8%）。经济增长、人类活动对于生态景观的干扰集中体现于对土地的渴求，在20世纪50—80年代围海造田兴起，从表2-5看出，华南海岸围垦以广东最盛，福建次之。经过改革开放40余年，滨海城市化进程加快，新兴滨海城市迅速崛起，带动周边地区城市化的步伐，优势景观由农田景观向城乡混合景观和城市景观过渡。随着人类活动日益频繁，华南海岸生态景观变迁更为剧烈。

表2-4   潮上带20世纪90年代华南沿海土地利用类型结构

岸段	面积/万 hm²	占总土地面积比例/%							
		耕地	园地	林地	牧草地	居民点及交通用地	交通用地	水域	未利用地
福建	275.43	21.69	6.67	38.26	0.03	5.85	0.78	12.42	14.30
广东	539.54	29.22	6.23	38.09	1.18	7.71	0.80	12.43	5.34
海南	248.86	25.54	13.65	38.89	0.58	6.70	0.73	6.86	7.05
广西	121.38	22.18	2.56	39.96	0.61	4.95	0.57	13.40	15.79

注：数据来自何书金（2005）和国土资源部土地利用详查数据。

表2-5   20世纪50—80年代华南沿海围海造地滩涂面积统计情况

岸段	围海总面积/万 hm²	构成/%	其中	
			盐田面积/万 hm²	占总面积比例%
福建	6.98	5.9	1.07	15.4
广东（含海南省）	10.64	8.9	0.83	7.8
广西	1.44	1.2	0.24	16.7

注：数据资料来自何书金（2005）。

第3章

海岛景观演变对气候变化和人类活动的响应

海岛景观按成因分，分为四大类（张明书等，2000）：一是侵蚀 - 淹没型（或称大陆岛），如东山岛和海陵岛等，华南海岸的岛屿大多属于此类；二是构造移动型，如台湾岛、海南岛等；三是火山型，如斜阳岛、澎湖群岛等；四是珊瑚礁砾型，如涠洲岛等。海岛主要的组成物质为基岩，其海岸带特征与大陆海岸带相仿。但是海岛作为海岸带中相对隔离的生态景观单元，相对集中的自然和人文因素变化使得海岛对气候变化和人类活动的响应更为显著。这主要表现为海岛在生态和经济持续发展的选择范围有限。

华南海岛景观类型齐全，其中侵蚀 - 淹没型包括了东山岛（福建）和南澳岛（广东）两个海岛县。热带北界的福建东山岛位于两大板块交界地带，风暴潮、台风等自然因素较为活跃。中华人民共和国成立初期和2003年东山岛开展了两次大规模的生态环境建设，是我国生态环境发生重大改变的典型区域之一。因此本章以福建东山岛为典型研究区，研究华南海岛景观演变对气候变化（主要指6000aB.P. 以来，全新世中期的气候变化及其环境效应）和人类活动（主要指改革开放以来，40 余年的经济和社会建设）的响应。先剖析气候变化和人类活动在海岛景观演变上的种种表现，进而掌握海岛在自然和人为作用下的变化规律。在此基础上提出最近10 年来海岛景观演变对人类活动的响应态势和特点，为海岛开发和生态建设提供借鉴。

3.1 研究区概况 ◀◀

东山岛位于福建省海岸带东南端，地处厦门、汕头两个经济特区和东海、南海之间，北部和西北部分别与云霄县和诏安县相邻，与台湾高雄隔海望。陆域面积为241.57km^2（含滩涂），是福建省第二大岛和全国第六大岛。

东山岛位于热带的北缘即造礁石生珊瑚分布的北界，气候属中亚热带向南亚热带气候的过渡区（黄宗国，1999）。它处于我国亚热带东部地区唯一的一片半湿润地区——闽东南沿海和台湾海峡半湿润区的边缘，是福建省降雨最少和光照最充足的区域（赵昭炳，1993）。

东山岛位于长乐—南澳活动断裂带的强震带上，是地震活动带内的相对"安全岛"，其地形变接近"零点"，属于构造相对稳定的区域（黄镇国等，2002）。海岛周围的海域受黑潮暖流和冬季中国大陆沿岸流的交互作用，风暴潮、台风等自然因素较为活跃（巫丽芸，2004）。岛上低山、丘陵、台地和平原等地貌类型兼备，自然环境相对复杂多样。这些复杂的自然因素加上频繁人为活动的作用（人口密度约 822 人/km^2）（东山县统计局，2005），造成该区域的景观分异明显，景观类型多样，异质性较高。

目前东山岛整体环境状况良好。岛内空气质量为 I 级，红旗水库饮用水源水质符合集中式饮用水水源标准，大部分海域水质达到国家 II 类海水水质标准（东山县环境保护局，2002，2005）。目前已建成赤山国家级滨海森林公园和省级红珊瑚自然保护区，2003 年启动的东山岛景观生态建设和社会经济可持续发展示范工程，以及国家级可持续发展实验区建设（中国 21 世纪管理中心，2019），使之成为我国景观生态得到不断改善的重要实例。

3.2　气候变迁及其环境效应

3.2.1　气候变迁

东山岛现今为热带北部气候。根据霞浦、福州、平潭岛、泉州、龙海（2 处）共 6 个剖面的孢粉分析数据（黄镇国，2002），通过植被反映东山岛中全新世气候的变化过程：Q_4^{2-1} 热带北部常绿阔叶林（杜英属、红树类、榕树）、Q_4^{2-2} 亚热带南部常绿阔叶林（常绿栎、栲属）和热带北部常绿阔叶林（杜英属、常绿栎、榕树）。由此可见，东山岛现今为热带北部，末次冰期时曾为亚热带北部（长江中下游）环境。全新世的环境在亚热带南部与热带北部之间变迁，其中 Q_4^{2-1} 曾出现热带北部的环境，与现今相似。而此前 Q_4^1 和此后 Q_4^{2-2} 曾出现现今福州以北的亚热带南部的环境。东山岛中全新世气候期可用热—暖来表述。

3.2.2　环境效应

海平面曾多次波动。根据王绍鸿（1992）提出的福建沿海两条曲线，表明东山岛全新世6000aB. P. 之后有3次上升波动。海平面波动与气温波动基本相对应，与现今相比，气温波动幅度为2～3℃或低1～2℃。由此可见，东山岛7000—6000aB. P. 海平面尚比今天低。6000aB. P. 之后，海平面亦有3次上升波动，曾出现高海面，即3500—3100aB. P.、2700—2000aB. P.、1400aB. P.。

植被演变。图3-1通过龙海的高边头和塘内、漳浦的下蔡全新世积剖面孢粉分析结果，说明东山岛古植被和古气候变化不明显。从图3-1中看出，乔木、非乔木、蕨类的比例以及乔木中的常绿阔叶树、落叶阔叶树、针叶树的比例变化，可反映与温—热—暖的气候相对应的植被变化。图3-1中全新世的孢粉信息反映出第Ⅰ、Ⅱ、Ⅲ孢粉带，乔木、非乔木、蕨类的比例相差不大，乔木之中除松属外，常绿阔叶的栲属超过落叶阔叶的栗属，代表常绿阔叶林植被，反映中全新世的热湿气候。第Ⅳ、第Ⅴ孢粉带，乔木很少，而非乔木和蕨类占优势，代表疏林草原植被，反映晚全新世的暖湿气候。晚全新世松属增多可能是由于人为砍伐林，而次生松林发展、蕨类大增可能是由于全新世海退出现沼泽化。表3-1说明本区约5000aB. P. 以来的植被均为常绿阔叶林。从表3-1看出中全新世后期乔木约占50%，晚全新世早期减为15%～50%，晚全新世晚期再减为10%以下。3000aB. P. 以乔木花粉明显递减，反映受新冰期的影响。乔木花粉中，松属的比例逐渐增大，约2500aB. P. 松属的比例逐渐增大，占22.9%～37.5%，2000aB. P. 增至32.5%～61.4%，700aB. P. 主要为松属，反映气候趋干。

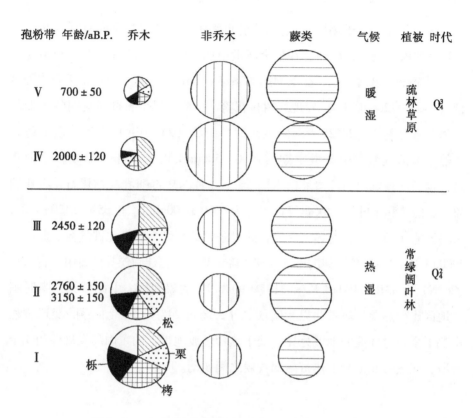

图 3 - 1　东山邻区龙海和漳浦全新世气候孢粉变化

注：黄镇国（2002），经简化。

| 表 3 -1 | | 福建沿海全新世孢粉组合变化 | | |

采样地点	年龄/aB. P.	乔木比例/%	松属比例 aB. P.	主要乔木
漳浦下蔡	700 ± 50	6.4 ~ 7.9	以松为主	松、栲、栗、栎
莆田渡边	1980 ± 80	22.8		常绿栎
龙海高边头（顶）	2000 ± 120	13.0 ~ 16.5	32.5 ~ 61.4	松、栲、栗、樟
龙海高边头（上）	2450 ± 120	37.5 ~ 49.1	22.9 ~ 37.5	松、栲
龙海高边头（下）	2760 ± 150	39.2 ~ 59.2		栲、栎
龙海高边头（底）	3150 ± 150	80.0		栲、栎
平潭竹屿	3786	60.8		栎、栲

注：资料来自黄镇国等（2002）。

热带北界"北返南归"。进入全新世大暖期，红树林全面复兴。九龙江河口平原海澄剖面，红树林在早全新世中期（9395—7154aB. P.）开始复兴并发展至今。福州平原钻孔剖面第四系厚37.5m，分5个孢粉带后仅在第4带（9306—7206aB. P.）发现红树科花粉，因此，早全新世回暖期的热带北界为龙海海澄镇（24°25′N）附近，即东山岛（23°40′N）附近，东山岛为亚热带南部气候。全新世中期（7500—5000aB. P.）属于升温期，热带北进，据浙江余姚河姆渡遗址出土的34个属种的热带哺乳动物化石，有亚洲象、苏门犀和爪哇犀、水鹿等，年龄为6960 ± 100aB. P. 和6570 ± 120aB. P.，可将该地（30°N）作为热带北界，此时东山岛气候为热带北部气候。此后约4000aB. P. 之后，象和犀的南迁反映了降温现象。福建闽侯县昙石山考古遗址（26°N）有4310 ± 190aB. P. 和3105 ± 90aB. P. 的象和犀。由此可见，当时闽侯地区比今热湿，热带北界为闽侯之北，超过24°N。热带北界的变迁过程反映了全新世环境的地域分异，处于热带过渡地带上的东山岛发展经历3个阶段，在热带北部和亚热带南部气候之间变动。

3.3 海岛景观演变对气候变化的响应

3.3.1 景观格局

东山岛在景观成因上属于侵蚀 - 淹没型（或称大陆岛），是由海平面升高，侵蚀、淹没陆地形成的。东山岛由闽粤交界区域性延伸的北东向断裂和一系列北西向断裂互相切割，夹持而成的菱形块体（夏法等，1986）。东山岛的地貌格局是岛的周围地带为断块山，剥蚀台地分布于山体的内侧，全新世沉积物分布于岛的中心地带。地貌格局是中生代以来的活动断裂、岩性和断块差异运动综合影响的结果。海岛地势从西北向东南倾斜，海拔高度较小，地形切割破碎，岗丘起伏，高程皆在300m以下，最高苏峰山仅为274.3m。全新世初期，当海侵尚未达到本区之前，海岛主要是受NE和NW向两组断裂控制的岛山。

东山岛的景观格局是在中全新世海侵向海退转变的过程中逐步形成的。4000—3000aB.P.出现福建沿海全新世海侵盛期。图3-2为全新世福州盆地钻孔剖面，根据硅藻化石分析以旁证海岛景观的变迁。从图3-2看出，沉积环境的变迁可分为两个阶段。其中第1阶段黏土层上部开始出现半咸水或咸水硅藻，为内河口沉积的粉砂淤泥层，咸水和半咸水硅藻占60%，反映河口湾三角洲环境。此时的年代为12000—9500aB.P.，属于Q_4^1。第2个阶段淤泥层，以咸水硅藻占优势，反映河口三角洲环境，年代为6000—3000aB.P.，属于Q_4^2。埋深12m样品中的咸水硅藻含量最大，反映4000—3000aB.P.的海侵盛期，此时海水覆盖几乎整个东山岛。

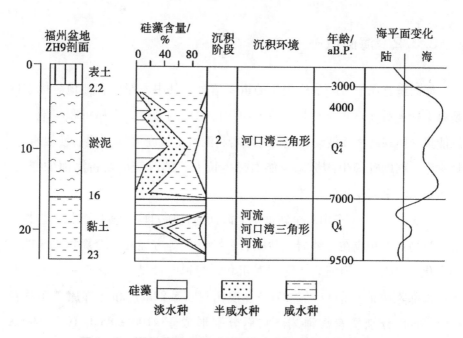

图3-2　福州盆地ZH9剖面所反映的全新世环境变迁

注：据黄镇国等（2002），经简化。

海岛东南部的宫前连岛沙坝和潟湖发育过程可以反映现代东山岛景观格局的形成。4000—3000aB. P.，整个东山岛尚未出露。此时宫前连岛沙坝底部为海滩相黏土，含牡蛎壳，年龄为 4110±85aB. P.、3100±200aB. P.，表明当时海平面较高，属于海湾环境，牡蛎繁殖，而且陆上植被茂盛，地表侵蚀弱，河流入海泥沙少，沙坝尚不发育。2500aB. P. 以来，全新世中晚期海岸沉积环境变化和宫前连岛沙坝形成，说明东山岛东部的景观格局开始形成。宫前沙堤岩的年龄为 2735±88aB. P.、2280±85aB. P.，表明沙坝自 2500aB. P. 开始发育，反映海退过程中海平面相对稳定，此后在相当长的时期内海湾和潟湖保持平静和正常的沉积环境。可见在海平面相对稳定的条件下，既有沙堤堆积，又有风沙加积，沙坝得以发展，并形成潟湖。200aB. P. 以来，据连岛沙坝上许多村落的历史，风沙成灾是近来的事情，风积加剧，沙坝进一步扩展，潟湖消失，演变成今日的地貌。

3.3.2　海面遗迹

海面遗迹保留海岸全球变化的重要信息，其中海岸沉积与地貌标志即是海岸景观对气候变化及其环境效应作出响应的载体。海岸沉积与地貌标志能集中体现海平面波动，包括海滩岩、泥炭、贝壳（沙）堤、沙堤岩等。牡蛎礁、珊瑚礁等生物标志也能通过生长方式的改变应对古海面的变化，具备指示海平面变化的意义。

表3-2反映了东山岛全新世中期海面遗迹所对应的海岸沉积和生物标志，海岛景观相应在海滩岩、沙堤岩和牡蛎礁等方面对中全新世以来的气候变化作出响应。海滩岩为海侵时沉积，海退时胶结。从表3-2中看出，东山南部陈城镇宫前村（2.37m）、澳角村（5.87m）和北部康美镇前湾（-6.0m）分别发育海滩岩。它们分别形成于 4100±85aB. P.、3690±110aB. P. 和 3890±110aB. P.。形成于南部宫前村的海滩岩 4200aB. P. 已远离现今海岸线，出露在内陆，也表明南部海岸线已向海方向淤进，被沙堤

覆盖。此时与福建海侵的盛期 4000—3000aB. P. 相对应，出现东山岛的高海平面期。而海滩岩的出露地点已距离海岸较远，表明海滩岩形成后，沙堤堆积，海岸已外移数百米，反映该地海积风积作用旺盛。

表 3－2　　　　　　　　　东山全新世中期海面遗迹

地点	类型	高程/m	年龄/aB. P.	资料来源
宫前	海滩岩（沙堤岩）	7	2280 ± 85	张景文等，1982
宫前	海滩岩（沙堤岩）	2. 37	4110 ± 85	王绍鸿，1995
宫前	海滩岩（沙堤岩）	6	2735 ± 85	张景文等，1982
澳角	海滩岩	5. 87	3690 ± 110	王绍鸿，1995
前湾	海滩岩	- 6. 0	3890 ± 110	王绍鸿，1995
宫前	海滩岩	- 2 ～ - 3	3890 ± 110	徐起浩等，1989
宫前	沙堤		3000 ± 200	蔡爱智等，1990
宫前	牡蛎礁	2. 0	3200 ± 140	巫锡良等，1987
白埕	牡蛎礁	0. 5	2575 ± 139	曾从盛，1991

海滩岩目前的分布高度是海面变化和地壳新构造升降的综合表现。同是 3700B. P. 前后的南部澳角海滩岩修正后高程为 5.87m，在此前 200 年，北部形成的康美海滩岩现处于低潮线下，这可能主要是由东山澳角海滩上升造成的。该岛南北 3900 年来相对升降可达 11m，平均升降速率达 3mm/a。1985 年康美修海堤时，在潮间带挖出许多 2600 年前的蔷薇科石斑属陆生植物，佐证了康美自全新世晚期以来地壳在下沉。

东山岛有沙堤岩或贝堤岩的出现，反映出热带海岸地貌的特征，牡蛎礁则反映全新世的气候变化和岸线变迁。宫前村有 2280 ± 85aB. P. 、4110 ± 85aB. P. 和 2735 ± 85aB. P. 的沙堤岩，宫前村和白埕村也分别有 3200 ± 140aB. P. （高程 2.0m）和 2575 ± 139aB. P. （高程 0.5m）的牡蛎礁，反映出东山岛海岛的景观格局是在中全新世海侵之后才逐步发育的，也反映出中全新世以来海平面的波动，分别在 4000—3500aB. P. 和 2800—2100aB. P.
出现高海平面。

3.3.3　风沙沉积

海岸沙丘（岩）是海岸带一种独特而复杂的自然景观。沙丘岩和沙丘
分布地形与强风密切相关。晚更新世的沙丘，在华南沿海习称"老红沙"，
由老红沙组成的第四纪地层，在福建称"东沈组"（东山）。华南海岸沙丘
岩和沙丘的形成期、成岩期和固定期或红化期的环境条件，为华南沿海晚
更新世以来的古气候演变和海平面变化过程提供有力佐证（吴正，1990，
1995）。

东山岛相对抬升或相对稳定的海岸地貌特征能保证经常性的沙丘物源。
基岩岬角受波浪侵蚀，产生岩屑物质堆积在相邻的海湾，为海岸风沙活动
和海岸沙丘发育提供物源（蔡爱智，1990）。在断裂破碎带通过的海岸区，
花岗岩或混合花岗岩海岸的崩岗地形更发育成为风沙的良好保存场所。东
山沙丘发育且能保留较长时间，亦与这种地形有关。东山具有干季和风季
在时间上同步的特点，在有丰富沙源供应的条件下，有利于海岸沙丘发育。

东山岛的沙丘（岸上风力堆积）主要分布于岛东岸的东沈（今马銮湾）
和南部的宫前连岛沙坝。本区沙堤（潮上带沉积）的发育有两个特点，一
个特点是不同年代的沙堤在同一位置重叠，另一个特点是沙坝—潟湖发育。
东沈湾沙丘为沙坝潟湖湾，海岸风沙分布面积约为 $10km^2$，沙丘分布遍及平
地并向山坡上发展，最高达到海拔 70m 处。风沙沉积层的厚度为 5～12m，
自岸边向内渐增。宫口连岛沙坝长 8km，宽 1.5～4km。从海岸沙堤处开始
向陆地延伸，宽达 3km。风沙的发育使大片陆地铺上一层厚 5～10m 的风沙
堆积层，潟湖完全被沙丘埋盖，风沙的作用使连岛沙坝向西后退 1km 左右。
沙丘物质组成表明，东山风沙的发育是沙体自东向西搬运而成，尤其是没
有植树造林之前，风沙不受阻挡地搬运。目前沙堤和前滨地带的沙主要是

粗沙、小砾，夹部分中沙，缺乏细沙源，沙丘增长速度大受限制。

东山岛沙丘岩形成年代多在近 4000 年以内。根据徐起浩和蔡爱智（1990）在岛内东南部大帽山村约 3m 厚的风沙堆积层剖面钻孔数据，可推断距今约 2220 年，大帽山附近曾大量生长高大的黄樟，其年龄为 2220 ± 90aB. P.。上覆含沙泥炭层，年龄为 2130 ± 90aB. P.，顶部为风成沙，表明古黄樟林是距今约 2100 年在沙丘大规模形成，而被风沙掩埋。该地沙丘岩的颗粒多为中沙粒径，普遍分选好，沙丘岩中发育各种淡水渗流环境中特有的胶结物和胶结组构。虽然沙丘岩与现代海滩岩相比，其 Ca、Mg、Sr 元素的含量及比例不同，但与已长期暴露于大气淡水渗流—潜流带中的上升海滩岩相比似无明显的区别（王建华，1997）。福建沿海许多地方有海岸沙丘岩（或称风成生物碎屑岩）分布，它们的分布高度一般都超过滩脊的高度，有的直接覆盖在海滩岩之上（吴正等，1995；王绍鸿，1995）。海拔为 6m 的东山宫前村东有一基岩小丘中部交错沙层中，夹有较多的贝壳与贝壳碎屑沙堤贝壳沙，碳 – 14 年代测定法确定其年代为 2735 ± 85aB. P.，后来被海滩岩覆盖。

风积使沙堤加高，这种现象在福建沿海较常见。例如，平潭岛含牡蛎壳沙堤（2470 ± 90aB. P.）之上为风成沙丘。海坛岛芦洋埔含牡蛎壳沙堤（2400 ± 200aB. P.）之上的风成沙层厚 5～10m。湄州岛剖面，自下向上为陆相沙（或风化壳）、浅滩沙（牡蛎壳年龄为 2310 ± 110aB. P.）、风成沙。风积使宫前连岛沙坝加高，200aB. P. 后最终潟湖将消失。

强劲的风力和丰富的沙源等自然因素对海岸沙丘的形成发育起到重要的控制作用，但人为活动的影响同样不可忽视。《东山县志》记载（东山县地方志编纂委员会，1994），东山岛“明清时代土地肥美，迄乎晚清，风沙入侵……至近代而益烈”。据此推断风沙大发作的年代是比较近期的，1000 年前东南沿海风沙危害尚不明显。

3.4 人类活动对海岛景观的影响

3.4.1 生态修复与破坏性建设

受台湾海峡"狭管效应"的影响，东山岛年平均风速大。同时东山岛干季和风季在时间上同步，在迎风海岸沙源供应丰富的条件下，海岸沙丘发育。为抵御海岸风沙对生态的威胁，东山岛人建设了以木麻黄为核心的滨海防护林体系，自1958年以来，形成林网、林带、片林配套的森林景观体系，"东海绿洲"的形象初具雏形。

东山岛的森林景观体系形成，使岛内整体的生态环境得到根本改善。表3-3反映了东山岛防护林风沙的治理成效显著。从表3-3看出，1954年与1990年东山岛年均风速有明显减弱，减幅22%。但与同样受风沙困扰的海坛岛相比，历年风速减幅和30年减幅都略比海坛小，主要原因可能是临海的东山气象站（56.2m）海拔高层稍高（平潭海坛为25.2m）（宋德众，1996）。

表3-3　　　　　　　　　东山滨海防护林防风效果变化

（单位：m/s）

站名	时间				30年减幅
	1954—1960	1961—1970	1971—1980	1981—1990	
东山	7.9	7.1	6.9	6.2	22%
海坛	7.8	6.7	6.4	5.2	33%
差值	0.1	0.4	0.5	1.0	-11%

注：数据来自宋德众（1996），其中东山站的数据为统计数据。

目前以木麻黄为主体的生态廊道和森林景观的破碎化及连通性的降低，造成防护功能的弱化，不利于海岛绿地系统正常发挥其景观功能，影响岛内整体的生态安全。海岛有限的发展条件和多种自然环境约束，使得两次大规模生态修复建设成效也备受挑战。其中最主要原因之一来自经济活动和社会建设的干扰和破坏，当然亦有防护林自身生长周期等自然因素。森林景观是海岛潮上带各种景观的重要生态屏障。从 1994 年和 2004 年东山岛遥感影像分析数据可知，目前东山岛森林景观格局，尤其是在风沙自东向西搬运路径上，海岛东部潮间带的稳定性有所降低。主要有以下三个特点。

一是海岛东部 1994—2004 年 7 个海湾的防护林均出现不同程度的防护缺口。在马銮湾和南屿湾出现防护空白区。西部淤泥质海岸的森林景观面积略有减少。在台风、风暴潮等破坏性的驱动力作用下，尤其是滨海防护林的缺口地带，易发生海岸侵蚀。

二是东部海岸滩涂上的木麻黄林在金銮湾、乌礁湾及马銮湾滨海平原旅游的开发过程中逐步遭到逼近，甚至在部分岸段已被突破生态防线。其中金銮湾的森林景观退缩最为严重，旅游设施（如"百亿新城"等）已建到岸线 200m 以内。同时人工设施拓展到海岸最大高潮位附近，打破滨海沙滩风沙体系的平衡，将进一步加剧海岸侵蚀。

三是海岛中部也是海岸沙丘的活跃地带之一，西埔镇（东山经济开发区）周围低丘和台地的森林植被景观退缩尤为严重，约占全部退缩量的 1/3，导致区域的森林景观日益破碎化，连通性和稳定性下降。

3.4.2　农业经济建设

东山岛内的经济活动仍以农业经济活动为主。2004 年三次产业比例为 40.6∶26.4∶33（东山县统计局，2005）。农田景观历来是东山整体景观格局中最重要的基调景观，但改革开放前后农田景观组分发生了较大的改变。改革开放前，东山岛的农田景观以耐旱的小麦、番薯、花生等为主。随着

1979 年芦笋在沙质土壤试种后，1985 年以来芦笋以每年 5000 亩（1 亩 ≈ 666.7 平方米）的速度递增。至 1988 年，芦笋景观面积超过 3 万亩，占农田景观 1/4 左右（东山县地方志编委会，1994）。20 世纪 90 年代中后期，由于芦笋的经济寿命约为 8 年，加上周边县的芦笋种植与之形成竞争，芦笋景观曾大幅度减至约 1 万亩（唐礼智，1998；杨东黎，2002）。2000 年以来，芦笋景观面积稳定在 2 万亩左右（东山县统计局，2005）。2004 年东山岛 7 个建制镇中 6 个乡镇以芦笋景观为主要农田景观，约占农田景观的 20%，是全国芦笋景观面积最广的海岛县。

海岛西部在 1994—2004 年期间，潮间带和潮下带景观动态变化显著，又因养殖景观过于密集，水流缓慢，水体交换受阻，湾内水质下降。对比 1994 年和 2004 年东山岛两个时段的遥感影像发现，海岛养殖景观呈明显的大斑块，集中分布于西部海岸的潮间带和潮下带，特别是西北部和西南部的养殖景观增长迅速，体现出其海岛县的鲜明特点。这得益于平坦开阔且背风、高温少雨和距离水源近等优越的自然条件。改革开放以来，海岛潮间带及潮下带的海水养殖业迅猛发展。1988 年海洋捕捞占全县水产品总产量的 91.93%，2004 年捕捞与养殖转变为 55%：45%，其中又以海水养殖占绝对优势（2004 年海水养殖占水产养殖的 91.9%）。养殖景观不断向陆地推进。陈城镇的宫前湾、澳角湾及乌礁湾滨海滩涂的养殖景观面积向陆地扩展迅速，导致景观日益破碎化。受惠于西北部丘陵对海风的阻挡，东山湾顶局促的空间密布各种人工斑块，只剩下狭窄的水道与诏安县相隔。

3.4.3 "南拓西进"的迁镇建设

东山县城镇化水平较高。2005 年，东山县非农业人口约为 7.56 万人，占总人口的 34.76%，远高于漳州市 17.19% 和福建全省 21.10% 的平均水平（东山县统计局，2006）。表 3-4 说明 1994—2004 年东山县人口变化状况。从表 3-4 看出，尽管 1994 年以来，人口增长的趋势变缓，但 2004 年人口密度为 822 人/km²，相当全省平均 283 人/km² 的 3 倍，人地矛盾相当突出。

表 3 - 4				东山县 1994—2004 年人口变化						
年份	1994	1995	1996	1997	1998	1999	2000	2001	2002	2003	2004
总人口/万人	19.12	19.31	19.60	19.89	19.99	20.06	20.24	20.28	20.31	20.28	20.32
人口密度/人/km²	768	776	788	799	803	806	813	820	822	821	822
人均耕地/ha/人	0.0258	0.0251	0.0244	0.0239	0.0232	0.0241	0.0236	0.0233	0.0229	0.0226	0.0226

注：数据来自东山县统计年鉴。

　　1960 年八尺门海堤的修建，使东山岛变为堤连岛。与此同时，围筑海堤、搭建库渠和修建道路，带来了交通和供水条件的明显改善，极大地改变了海岛整体的景观格局。表 3 - 5 反映了从 1964—2002 年各乡镇人口分布密度变化，是东山城镇景观"南拓西进"的重要体现。从表 3 - 5 看出，东山县各镇人口密度增长较快：近 40 年来杏陈、西埔、陈城三镇的人口密度为原来的 2 倍以上；铜陵镇的人口密度（7000 人/km²）甚至超过其余乡镇的人口密度总和。八尺门海堤的修建使得杏陈镇经济区位发生变化，人口密度由全县的倒数第 2 位提升到第 3 位，1964—2002 年人口密度增幅最大，经济实力提升到第 4 位，与其坐拥东山岛对外交通的要塞密不可分。

　　东山岛城市景观变化较大，1994—2004 年期间最突出的变化是出现两处明显的大斑块。结合 1994 年和 2004 年东山岛城镇景观演变数据分析可知，新旧城镇中心是城镇扩展的"主力军"，在公路的周围出现新的斑块，反映出人为活动对景观格局的演变起到较强的导向作用。西埔镇沿省道 211 向西和向北的台地和低丘扩展，2004 年城市景观面积约是 1994 年城市景观面积的 2.1 倍，县域已形成一定的规模。原城镇中心铜陵镇对周边的城镇具有较强的辐射能力，城市景观面积扩大近 1 倍，向东和向南的滨海平原延伸，向南扩展到岸线 200m 范围内。

　　　　　　　东山县 40 年各镇人口密度变化比较

（单位：人/km²）

乡镇	1964	1982	1988	2002	1982/1964	1988/1964	2002/1964	2002/1982
杏陈镇	394	615	651	864	1.56	1.65	2.19	1.40
樟塘镇	478	717	769	752	1.5	1.61	1.57	1.05
康美镇	459	720	772	794	1.57	1.68	1.73	1.10
铜陵镇	3918	7710	8845	7310	1.97	2.26	1.87	0.95
西埔镇	535	853	985	1097	1.59	1.84	2.05	1.29
前楼镇	416	618	660	598	1.49	1.59	1.44	0.97
陈城镇	290	443	466	610	1.53	1.61	2.10	1.38

注：数据来自东山县志和东山县统计年鉴（2002）。

表 3 - 6 说明东山县各镇的产业定位及发展状况，国家级东山经济技术开发区和省级东山旅游经济开发区促进新的工业中心产业效益初见端倪。从表 3 - 6 看出，原来的城镇中心铜陵镇拥有良好的区位条件，经济基础较好，经济发展也较为迅速，城镇景观面积仍在扩大。它对周边的城镇具有较强的辐射能力，人口密度超过 7000 人/km²，人地矛盾突出。杏陈、康美、陈城三镇的经济发展势头良好。杏陈镇建成全国最大的网箱养殖基地，陈城镇发展成为全省的百强乡镇，康美镇形成以旅游业和农林渔服务业等第三产业为主要特色。相形之下，前楼镇的人口密度增长最缓慢，与其受自然条件的约束较大、产业结构较为单一、经济实力较单薄有关。

表 3 - 6　　　　　东山县各镇定位及主要产业发展状况

镇	西埔镇	铜陵镇	康美镇	杏陈镇	陈城镇	前楼镇	樟塘镇
功能与定位	1956 年至今县人民政府驻地	1916—1954 年县人民政府驻地	侨区和台胞祖籍地	东山岛与陆地的交通要道	县农业创汇重镇、市重点乡镇、省百强乡镇	—	—
主要产业	新工业、粮食、芦笋、水果、鲍鱼、鳗鱼	加工工业、港口运输、旅游业	农副产品加工、家具、化工制药、旅游业	芦笋、水果、水产养殖	芦笋、水产养殖、海洋捕捞	盐场、养殖	芦笋、水产养殖、水果
发展状况	国家级经济开发区	历来人口密度最大：7000 人/km² 工业最集中	百亿新城	人口密度增至建堤前的两倍、全国最大网箱养殖基地	圩市繁盛	受台风影响很大	

　　频繁的人类活动对海岛潮上带的景观格局影响强度明显比 20 世纪 60 年代剧烈得多,非农化与城镇化过程加快整个海岛的生态景观演变过程。

3.4.4　人类活动强度的变化

　　利用 ArcGIS 中的相关工具提取东山岛 2004 年和 1994 年景观面积和周长等数据,并运用人为干扰强度公式（1 - 2）计算,得到:

$$D_{2004—1994} = Intensity_{(2004)} - Intensity_{(1994)} = 41.130 - 37.016 = 4.114$$

　　表 3 - 7 说明 1994—2004 年人为作用下海岛生态景观的演变强度变化情况。从表 3 - 7 看出,1994—2004 年总的人为干扰强度增加 4.114。1994 年 4 个等级的景观强度值比为 1:30:103:31,景观面积比为 1:12:19:3。2004 年 4 个等级的景观强度比为 1:34:160:76,景观面积比为 1:13:25:7。从 11 年间 4 个等级的干扰强度变化反映出,人类活动对海岛景观的影响由弱干扰向中干扰变化。由于强干扰（代表工业经济活动的城市景观类型）所占的

面积远小于中干扰（农业经济景观类型），与东山岛内的人类活动仍以农业经济活动为主是一致的。

表 3-7   **海岛景观人为干扰强度的变化**

景观类型	未（难）干扰		弱干扰				中干扰			强干扰	
	低覆被	林地	灌草地	岸滩	农田	园地	盐场	养殖池	水体	城镇用地	人工廊道
$Intensity_{(1994,x)}$	0.2	5.137	0.478	0.426	16.448	1.061	3.020	3.730	0.308	5.444	0.766
$Intensity_{(2004,x)}$	0.152	4.322	0.417	0.38	15.489	0.995	2.334	5.014	0.526	9.437	2.062
变化值	-0.048	-0.815	-0.061	-0.044	-0.957	-0.066	-0.686	1.284	0.218	3.993	1.296
$D_{(1994,i)}$	0.200	6.042			20.536					6.210	
$D_{(2004,i)}$	0.152	5.1218			24.357					11.499	
$D_{(2004)}-D_{(1994)}$	-0.0479	-0.920			3.821					5.289	
面积比例（1994）	0.0286	0.302	0.0208	0.0251	0.322	0.0287	0.0101	0.0848	0.0083	0.0672	0.0112
面积比例（2004）	0.0217	0.254	0.0181	0.0225	0.3037	0.0269	0.0778	0.114	0.0142	0.1165	0.0303
面积比例变化	-0.0069	-0.048	-0.0027	-0.0026	-0.0183	-0.0018	0.0677	0.0292	0.0059	0.0493	0.0191

人类活动使海岛景观向两极分化发展，表现为对景观的建设和干扰同步进行。低覆被、林地、灌草地、岸滩、农田、园地、盐场景观的人为干扰呈下降趋势，林地减少的幅度最大，岸滩减少的幅度最小，反映出人为作用对未（难）干扰、弱干扰和中干扰（农业景观）的影响逐步减弱。

在同一干扰类型中，景观型的演化也表现出相反的演进态势：在海岛景观生态建设项目启动以来，绿地系统得到明显改善，尽管 1994—2004 年总面积减少约 5.02km²，但林地平均斑块面积由 0.107km² 增加为 0.161km²，在海岛绿地景观生态系统建设下景观的连通性得到加强；但是灌草地由于所处海拔位置较低，更易受到经济活动的影响，平均斑块面积由 0.014km² 递减为 0.0066km²。

植被景观（与农田景观累加）增加 2.83km²，海岛的特色景观——养殖景观因经济利益的驱动受到扰动，面积增加 8.32km²，约为原来养殖景观的 50%（17.66km²），其中 3.24km² 由盐场转化而来；尽管人类活动对水体景观干扰不大，但水体景观面积仍减少 1.51km²，平均斑块面积也由原来的

$0.00287km^2$ 减少为 $0.00178km^2$，斑块碎化明显。由于海岛气候干旱，为解决生活和生产用水问题，对其的影响将继续加大。由于城镇化步伐加快，导致城市景观面积迅速增加 $17.12km^2$，超过原来城市景观面积的 2 倍，城镇用地和人工廊道在景观格局中所占比重加大，人类活动对自然资源和环境的利用和扰动显著增强，因而海岛的景观生态建设效果体现经济建设和环境建设的相对平衡过程。

3.4.5　海岛景观演变驱动力的定量分析

东山岛产业结构最有意义的变化是，从 2003 年起出现服务业，约占总产业的 0.8% 左右。1980—1988 年，东山岛农、林、牧、渔的平均比重约为 21.6∶48.9∶4.2∶25.2；2000—2004 年农、林、牧、渔和服务业的平均比重约为 7.4∶0.08∶3.2∶89∶0.25，农业结构发生较大的分异，种植业和林业的比重下降得十分迅速，渔业比 20 世纪 80 年代接近翻两番。

3.4.5.1　农业内部结构的灰色关联度分析

关联度表征两个事物的关联程度。找出主要矛盾、特征和关系，是灰色关联度分析要解决的主要问题。灰色系统理论中的灰色关联度分析提供了一种分析因素之间相互关系的一种方法，可在不完全信息中，通过数据处理，找出它们的关联性，确定各因素的影响程度（徐建华，1994）。

灰色关联分析实质是对灰色系统进行动态发展态势的量化比较，即进行系统之间有关统计数列几何关系的比较，并根据曲线间的几何形状接近程度来判别关联度大小。若曲线形状越接近，则发展态势越接近，关联度就越大。具体计算方法为（徐建华，1994）：

设有参考数列 $X_0 = \{x_0(1), x_0(3), \cdots, x_0(n)\}$ 和比较数列 $X_i, i = 1, 2, \cdots, m, X_i = \{x_i(2), x_i(3), \cdots, x_i(n)\}$，关联度系数为 $\Gamma_i(k)$。k 点的关联系数为：

$$\Gamma_i(k) = \frac{[\min_i\min_k |x_0(k)-x_i(k)| + \rho\max_i\max_j |x_0(k)-x_i(k)|]}{[|x_0(k)-x_i(k)| + \rho\max_i\max_k |x_0(k)-x_i(k)|]}$$

式中，$[x_0(k)-x_i(k)]$ 表示 X_0 数列与 X_i 数列在 K 点的绝对差值，用 $\Delta_i(K)$ 来表示。

$\min_i\min_k |x_0(k)-x_i(k)|$ 为二级最小差，$\min_k |x_0(k)-x_i(k)|$ 为一级最小差，表示 X_0 数列与 X_i 数列在 K 点的差值中的最小值。$\max_i\max_k |x_0(k)-x_i(k)|$ 为二级最大差，意义与二级最小值相似，ρ 为分辨系数，取值为 $0\sim1$ 之间，一般取 0.5。

关联度（即等权关联度）用 r_i 表示。

$$r_i = \frac{1}{n}\sum_{k=1}^{n}\Gamma_j(k)$$

即 r_i 为 X_i 的关联系数均值。

求关联系数，其中分辨系数 $\rho = 0.5$。

根据关联度分析研究原则，关联度越大的数量与参考数列越接近。

表 3-8 反映了东山岛农业结构关联度各个指标的排序。从表 3-8 看出，东山岛农业生产中，渔业一直占据绝对优势，发展十分稳定，对农业总产值增长的贡献率最大，其次是牧业、种植业，再次是林业，最后是服务业。

表 3-8　　　　　　　　东山岛农业结构关联度分析结果

	种植业	林业	牧业	渔业	服务业
1	0.939483	0.971075	0.957997	0.995312	0.535538
2	0.97777	0.67889	0.8442	0.999999	0.513502
3	0.807349	0.781192	0.907124	0.987703	0.544682
4	0.991061	0.566823	0.908744	0.997988	0.333852
5	0.862861	0.623962	0.976527	0.988816	0.603558
关联度	0.915705	0.724388	0.918918	0.993964	0.506227
排序	3	4	2	1	5

注：数据来自东山县统计局。

当前东山岛提出"海洋富县",与农业发展的现状一致。渔业是海岛县东山县的支柱产业,对其经济发展、人民生活水平提高及城镇建设的作用举足轻重。充分利用其处于三大渔场交汇处、易获得养殖技术的地利及对台贸易的重要通道等优势,发展东山县的蓝色产业,作为其海上特色产业——"海上田园"的重要组成部分。

第二位是牧业,反映出东山岛居民生活质量的提高、饮食结构的变化。牧业发展可以就近满足人们日益增长的对肉、奶类等基本生活需要。东山岛易干旱缺水,有利于牧草的生长,牧业发展也符合东山岛的自然和社会环境条件。牧业的发展迅速,使得牧业对农业总产值增长的贡献率也较高。

第三位的种植业(包括芦笋)是东山岛作为农业大县的体现。受限于东山岛易干旱缺水的现状以及种植业的比较经济效益总体不高等因素,种植业对农业总产值的贡献量中等。由于芦笋等耐旱作物对沙生土地的良好适应性,这类作物在东山岛发展趋于稳定,而且农业附加值也较高,在一定程度上提高种植业的贡献率。

表 3-9 反映了东山县 1985—2003 年种植业结构发生较大变化。其中主要原因是耕地被非农产业占用,东山岛种植业面积减少 1/4。从表 3-9 看种植业内部变化,在资源环境条件约束下,面积减少的有水稻、花生和薯类,减幅分别为 91%、62% 和 58%,水果、芦笋和小麦的面积增幅分别为 1643%、133% 和 8.8%。在比较经济效益的驱动力下,经济效益好的作物成倍增长,良好的销售前景使得果园景观增幅最大,芦笋景观因适应当地的自然条件生产已形成产业化,芦笋景观和果园景观替代原来的经济作物景观(花生和薯类)成为东山岛的主要景观类型。耕地面积尤其是水田景观大幅度萎缩。小麦因适应当地旱生的需要,面积有所增加,这也在一定程度上折射出当地水源紧张的现状。

第四位的林业发展波动较大,处于调整过程,状况尚未稳定下来。

第五位的服务于农、牧、渔的服务业,从 2003 年起正式起步,反映出东山岛农业产业化已经开始形成。

表 3 – 9   1985—2003 年东山县种植业结构变化比较

	水稻	小麦	薯类	花生	芦笋	水果	总计
1985/亩	28146	19267	44998	45210	10042	1762	149425
2003/亩	2495	20963	18983	17244	23348	30717	113750
增幅/%	–91	8.8	–58	–62	133	1643	–24

再将服务业（因有 3 年数据为 0）剔除，经过计算，分析农业内部各产业的相互关系，可以得到以下关联矩阵。

$$K = \begin{bmatrix} K_{11} & K_{12} & K_{13} & K_{14} & K_{15} \\ K_{21} & K_{22} & K_{23} & K_{24} & K_{25} \\ K_{31} & K_{32} & K_{33} & K_{34} & K_{35} \\ K_{41} & K_{42} & K_{43} & K_{44} & K_{45} \\ K_{51} & K_{52} & K_{53} & K_{54} & K_{55} \end{bmatrix} = \begin{bmatrix} 1 & 0.82045 & 0.535823 & 0.819402 & 0.984546 \\ 0.838144 & 1 & 0.605562 & 0.708248 & 0.828479 \\ 0.577368 & 0.635869 & 1 & 0.548479 & 0.576484 \\ 0.860160 & 0.739966 & 0.548479 & 1 & 0.862538 \\ 0.984616 & 0.811688 & 0.536171 & 0.822447 & 1 \end{bmatrix}$$

从上述关联度矩阵，根据关联度分析原则，关联度越大的数量与参考数列最接近，显然，农业结构内部产业的排序如下。

$K_{15} = 0.984546 = \max\limits_{i \neq 1} k_{1i} > K_{12} > K_{14} > K_{13}$，这表明，在该地区的农业生产中，渔业占有最大优势，它对农业总产值增长的贡献最大，其次是牧业，再次是种植业，最后是林业。

$K_{25} = 0.828479 = \max\limits_{i \neq 1,2} k_{2i}$，这表明，在林业、牧业和渔业中，与种植业联系最为紧密的是渔业。

$K_{32} = 0.635869 = \max\limits_{i \neq 1,3} k_{3i}$，这表明，在种植业、牧业和渔业中，与林业联系最为紧密的是种植业。

$K_{45} = 0.862538 = \max\limits_{i \neq 1,4} k_{4i}$，这表明，在种植业、林业和渔业中，与牧业联系最为紧密的是渔业。

据此可知，数十年海岛景观格局演变的主要驱动力为渔业和牧业。同时，渔业在农业结构中与种植业、牧业的关系最为紧密，林业与种植业的关系紧密，在大力发展渔业经济时应注意处理好其与种植业、牧业的关系，同时处理好林业与种植业的关系。

3.4.5.2　聚类分析

按照农业自然资源和社会经济条件，东山岛可分为西北低丘台地和东南滨海小平原2个综合农业区（表3-10）。其中渔业区划东山岛的海域分为沿岸渔业区等9个区（表3-11）。

表 3-10　　　　　　　　　1985 年东山岛农业区划分布状况

区	位置	面积比例/%	占全县农业比重/%	区划包括的乡镇	与渔区的归并	功能及发展方向
I	西北低丘台地	45.7	30.3	杏陈、前楼、樟塘、西埔、康美	养殖捕捞	蔗、果、粮、油区加快建材业和食品加工业
II	东南滨海小平原	54.3	69.7	陈城、铜陵、西埔东南部、康美南部	养殖捕捞	菜（芦笋）、油区大力发展种养业、乡镇企业和旅游服务业

表 3-11　　　　　　　　　1985 年东山岛渔业区划分布状况

区	位置	功能	区划包括的乡镇
I	沿岸渔业区	捕捞	西埔、樟塘、康美、铜陵、陈城
II	近海渔业工区（闽南渔场）	捕捞	西埔、樟塘、康美、铜陵、陈城
III	近海渔业工区（外斜渔场）	捕捞	陈城
IV	外海渔业区	捕捞	陈城
V	东山湾	海珍品、贝类增养殖区	杏陈、樟塘、康美、铜陵
VI	诏安湾	海珍品、贝类增养殖区	杏陈、前楼、陈城
VII	西埔湾	海珍品、综合增养殖区	前楼、陈城
VIII	东南部	海珍品、藻类增养殖区	西埔、樟塘、康美、铜陵、陈城
IX	岛内	淡水鱼类精养殖区	杏陈、西埔、樟塘、康美、铜陵、陈城、前楼

注：数据来自东山县志（1994）。

对比两个时期经济功能分区。对照 2001—2004 年 7 个镇三次产业发展的状况，回顾农业区划近 20 年对 7 个乡镇发展的影响作用，以综合反映政策、经济、科技和社会行为等对乡镇发展方向的扰动影响。把 7 个乡镇按面积大小排列，并选取工业、种植业、渔业、第三产业、芦笋、水果（均为产值）共 6 个指标，先对指标进行相关性分析，确定指标间互不相关，再运用最长距离法（Longest Distance Method）进行聚类分析，结果如图 3－3所示。

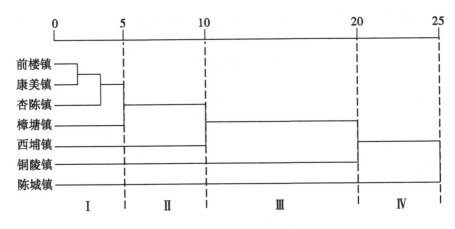

图 3－3　东山县 7 个镇产业发展的聚类分析

7 个镇产业发展可分为四类：第一类为前楼镇、康美镇、杏陈镇、樟塘镇，第二类为西埔镇，第三类为铜陵镇，第四类为陈城镇。结合图 3－3 两个时段的人为干扰强度变化数据，东山岛 1985—2004 年经济空间分异格局如下所述。

一是自然因素类。前楼镇、康美镇、杏陈镇、樟塘镇 4 个镇产业发展较相近，尤以前楼镇和康美镇最为相似。4 个镇在地域上相近，属于丘陵台地地貌，适合种植水果和芦笋；4 个镇面海的一侧均为渔业区划的养殖区，反映出 4 个镇仍明显受到资源环境驱动。

二是政策因素类。新旧两个城镇中心分别自成一类，政策作用对其产业发展方向和规模有较大的影响。从另一方面也反映出当前西埔镇的经济极化作用尚未发挥出来，如西埔镇的人口密度仅为铜陵的 1/7，旧的城镇中心铜陵镇对其城镇中心作用的发挥有一定弱化制约。铜陵镇凭借良好的区位条件（东山港）和原有的发展基础，如今以工业和第三产业为支柱产业，使其发展与周围城镇的发展有明显的分异。东山提出打造国际港口旅游城市的目标，使铜陵镇东山港及旅游经济建设得到源源不断的动力。

三是综合因素类。发展海岛综合农业的陈城镇异军突起，经济实力增强较快，土地面积最大。陈城镇的农用地等级较低，本身的农业生产条件并不优越。但是种植业、芦笋和渔业的产量（产值）均在全县排第一，墟市繁荣。农渔商品率高，受科技、市场和社会行为驱动作用较强。如西屿岛农业引种隔离区、鲍鱼育苗及养殖试验区、万亩芦笋示范区等为经济发展提供智力支持，科技转化成为生产力，促进当地种养业快速发展。目前三大产业均平衡发展，且结构较为合理，取得良好的经济效益。

从总体上分析，东山县依照自然条件于 1985 年进行农业区划，属于受自然资源驱动型的开发模式。当时农业区划反映了 7 个镇的经济发展方向。

2004 年两个农业综合区出现较大分化。西北低丘台地上的 5 个镇，除西埔镇外，基本符合农业区划的定位。但因产业结构受市场的驱动，改蔗、粮、油为芦笋等农业类型，经产业结构调整，新增加工业和第三产业。东部滨海平原产业变化大，铜陵镇没有发展种植业、水果和芦笋产业，与原来的定位背离较远。这与其已具备良好的工业基础和区位、人口密度极高、人地矛盾极为突出、没有闲置的土地发展农业密切相关。铜陵镇的旅游业发展迅速，并带动周边的康美镇和陈城镇的旅游建设与开发。陈城镇距离城镇中心最远，各产业比重较为均衡，种养业的发展突出，主要依靠当地居民的主观能动性，受科技、市场及社会行为的驱动较大。

3.5 海岛景观演变对人类活动的响应

图 3-4 展示了东山岛从西北（杏陈镇）到东南（金銮湾）纵剖面的景观格局。从图 3-4 看出，受地形因素的影响，从西北往东南逐渐降低，依次出现低丘、台地、平原、滩涂等地貌类型。叠置在自然环境背景上，相应出现森林斑块、灌草丛斑块、农田斑块和一系列人工斑块。目前东山岛景观具有类型简单、种类相对贫乏、功能呈下降趋势等特征。

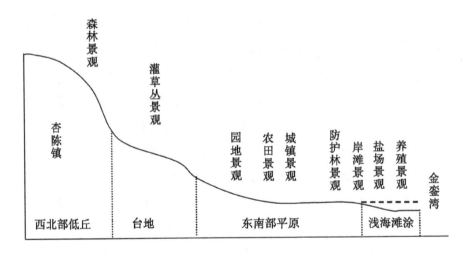

图 3-4　海岛景观格局（西北—东南）对人类活动响应的纵剖面示意图

3.5.1 半环状景观空间异质性的动态变迁

东山岛海岸线的发育状态与海岛地貌共同控制着景观格局的分布。海岛景观格局是以海湾为中心，由环绕海湾依次排列的森林、灌草丛、台地、农田等一系列人工斑块，构成呈菱形半环状地貌单元连接而成的景观格局，景观空间异质性呈半环状动态变迁。

图 3－5 反映了人类活动作用下东山岛景观格局呈菱形半环状的动态淤进和侵蚀。填海造陆和围筏养殖使得西部的淤泥质海岸景观在空间上淤进迅速。从图 3－5 看出，受海洋动力和泥沙供给影响，1960 年八尺门等海堤的修建使杏陈镇海堤内的湿地一直处于淤涨状态。在大规模围垦后，1963—2000 年岸滩景观面积增加约为 33km^2（周沿海，2004），海岸景观类型在空间上有明显向海迁移扩展的趋势。1988 年以来景观向海的迁移随着围垦速度变慢而趋向稳定，以景观组分之间的转化为主。以养殖景观的动态迁移趋势展示海岛景观的变迁方向，1994 年以来，杏陈镇养殖景观面积增加约 1/2，均由盐场景观转化而来，且绝大部分位于岸线向海的 200m 缓冲区范围内。而东部岸段则相反，景观的半环状异质性向陆地方向（岸线向陆地 200m 缓冲区范围，取各海湾和海岸侵蚀发生的最大范围）迁移，以陈城镇增加的养殖景观为典型。景观动态迁移方向对海岛景观功能也产生影响。东部乌礁湾的养殖景观增加明显，养殖废水排放将威胁到沙滩的生态安全。西部八尺门海堤的修建，导致其纳污自净能力迅速降低，围筏养殖加剧水质恶化，东山湾顶水质降为 V 类（东山环境保护局，1999—

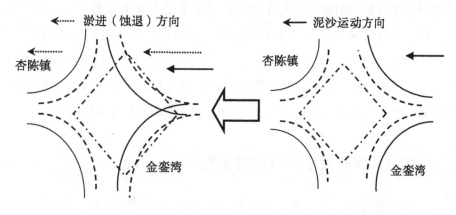

图 3－5　海岛景观格局（西北—东南）对人类活动响应的横剖面的演化模式

2005），成为赤潮的高发区。海岛景观发生变迁的同时，破坏滨海景观的美感，恶化海域的环境，海域整体景观的稳定性降低。

3.5.2 由低对比度发展为高、低对比度兼有的景观结构

海岛原生的景观类型较为单调一致，随着人类活动加剧，景观类型和景观结构向复杂化变动。海岛自然资源条件的组合和海岸开发利用呈现并存局面，造成东山岛由低对比度向高、低对比度兼有的景观结构发展。景观斑块、廊道和基质的组合方式差异造成了相邻景观要素的差异，构成具有不同对比度的景观结构。

实地考察和多时相遥感图像解译表明，从海岛的景观尺度上看，改革开放前，农业经济活动是东山岛最主要的经济活动。农田景观以耐旱的小麦、番薯、花生等为主，海岛景观为低对比度的景观结构。经过 20 多年的经济和社会建设，东山岛的景观基质发生改变，由原来的传统农业景观发展为城乡混合景观，城乡混合景观优势组分的差异构成景观的对比差异。低对比度的景观结构出现在土地利用条件较为宽松的西部、东部及南部，以低山、丘陵为主。经济活动主要是农业，养殖、森林、灌草丛、园地（芦笋和果蔬等）、旱地及城镇斑块的分布具有缓变性，基质之间有过渡带，景观对比度较低。中部台地和东北部滨海平原的土地利用程度高，利用方式多样，景观结构呈现出高对比度，表现为 11 年间城镇景观渐成规模。1994—2004 年新增工矿区、盐田、道路、港口码头及旅游设施等用地，新旧城镇中心西埔镇和铜陵镇的城市景观面积分别增加 14% 和 35%，城镇用地、园地和旱地成为景观的控制性组分，形成城乡混合高对比度的景观结构。

3.5.3 构成复杂的细粒镶嵌景观

东山岛的总面积小，农—林—牧—果—菜—渔等复杂多样的农业用地利用方式，使得景观破碎程度较高，景观斑块复杂多样，呈现出复杂的异

质镶嵌。同时在海岛的景观尺度上，居民点、工矿区、盐田、道路、港口码头及旅游设施等用地都是小且密集分布的细粒斑块，1994—2004 年斑块密度由 25 个/km^2，增加到 35 个/km^2，斑块大小由 0.04km^2 减少到 0.028km^2。这种景观构成特点，组成海岛景观空间斑块粒径小、密度大的细粒镶嵌景观格局。

3.5.4　整体景观功能发挥趋向稳定

明代以来，因自然因素及战争和人为破坏，海岛的生态环境恶劣。中华人民共和国成立后，作为重要的海防前线和经济、社会发展的重要"飞地"，海岛景观生态建设得到重视。以木麻黄为核心的森林景观体系使岛内整体的生态环境得到根本好转，为海岸带构建一道关键性的生态屏障。随着东山岛景观生态建设和社会经济可持续发展示范工程的启动，通过对全岛以绿地系统为主体的生态规划与设计，使海岛的景观演化朝着稳定性方向发展。

3.6　受自然因素和人为因素共同驱动的海岛景观演变

以福建东山岛为典型研究区，分析了中国热带北缘海岛景观演变对气候变化和人类活动的响应，主要结论如下。

一是福建东山岛的形成发育和景观变迁展现了全新世中国热带北界的"北返南归"。根据霞浦、福州、平潭岛、泉州、龙海（2 处）共 6 个剖面花粉分析结果，早全新世回暖期的热带北界为龙海澄海镇附近，即东山岛附近。

二是中全新世以来的气候变化控制着海岛景观的形成和发育，海岛景观自中全新世（4000—3000aB. P. ）开始发育，现今华南海岸海岛景观是晚全新世的产物。受黑潮暖流影响，高海平面出现在 4000—3500aB. P. 和 2800—2100aB. P. ，较热带南部和中部迟。分布于岛南北两端（陈城镇和康美镇）的海滩岩、泥炭、贝壳（沙）堤、沙堤岩等海面遗迹表明，4000—3000aB. P. 的海侵盛期，海水几乎覆盖整个东山岛。约在 2500aB. P. 之后，东山岛景观格局随着全新世中晚期海岸沉积环境变化和宫前连岛沙坝的形成而逐步发育。根据连岛沙坝上相关村落历史资料分析，风沙成灾是 200aB. P. 之后风积加剧、潟湖消失，联合了频繁的人为活动作用所致。

三是在人类活动作用下海岛景观呈半环状动态淤进和侵蚀的菱形格局，海岛景观分别在岸线、植被和土地利用方式等方面发生较大改变。自城镇中心迁移（1956 年）和社会可持续发展示范工程（2003 年）启动以来，海岛景观区域分异显著，人为干扰强度由弱干扰向中干扰转变。位于热带北部的东山岛景观格局与其城镇用地的演化相似，景观整体变迁的经向差异较纬向突出。具体表现在西部养殖斑块密度过大导致湾内水质恶化，绿地景观破碎化引发海岸风沙隐患；东部绿地景观后退，局部沙质海滩侵蚀严重。在绿地景观平均斑块面积增大和景观连通性增强的同时，人类活动对岛内景观的破坏在各岸段均有表现。

四是海岛经济发展较多地受限于自然环境因素。灰色关联分析结果表明，渔业和牧业的发展是造成海岛数十年景观格局演变的主要力源之一。发展海岛综合农业是景观格局趋向稳定的重要支撑。当前海岛风沙治理成效显著，但遭到经济活动的干扰和破坏，海岛森林景观格局的稳定性有所降低。

第 4 章

三角洲河口海岸景观演变对气候变化和人类活动的响应

华南海岸水热丰沛，河系繁多，因而三角洲河口海岸发育较为成熟。三角洲河口海岸是一种独特的复合生态系统，两种截然不同的海陆大生态系在此强烈作用形成物质多样性和多功能的生态边缘区。三角洲河口海岸常常是人类活动最强的区域，经济和社会建设给三角洲河口海岸带来频繁的人为干扰。三角洲河口海岸景观格局由自然因素和人为因素强烈耦合而成，对气候变化和人类活动响应显著。

从海岸景观格局尺度上分析，三角洲在河口湾内发育，丘陵众多，口外岛屿林立，河网稠密，叠置上各种各样的人为因素，三角洲河口海岸景观的显著度和异质性常常较高。"三江汇流，八口入海"的珠江三角洲河口因伶仃洋东部河口湾岸线内陷，使得珠江三角洲河口海岸景观在整个华南海岸景观格局中显著度最高。其中广州南沙区位于由珠江三大口门挟持的三角洲河口海岸地带，海岸线绵长，滩涂资源丰富，人工长期的围垦形成类型丰富、面积广大的湿地景观。同时南沙区作为广州双核式结构中的港口核，是广州经济新的增长极。因此本章以广州南沙区为典型研究区，分析气候变化（主要指6000aB.P. 以来，全新世中期的气候变化及其环境效应）和人类活动（主要指改革开放以来，40 多年的经济和社会建设）对三角洲河口景观演变的影响，重点探究华南三角洲河口海岸景观对气候变化和人类活动的胁迫响应及演变，从而进一步掌握三角洲河口海岸景观在自然和人为作用下的变化规律，为三角洲河口景观海岸的开发和利用提供借鉴和参考。

4.1 研究区概况 ◂◂

南沙区地处珠江入海口，位于广州市沙湾水道以南，是广州通往海洋的通道。它东邻狮子洋，与东莞隔洋相望；西临洪奇沥水道，与中山市相邻。独特的地理位置使南沙区发挥重要的经济集聚作用和扩散效应。

该区位于北回归线以南，属南亚热带海洋性季风气候。气候温和，雨量充沛，多年平均气温 21.9℃，多年平均降水量 1582mm（陈桂珠，2006；黄镇国，2007）。它的地形似一片舒展的芭蕉叶，平铺在珠江的出海口。境内水网密布，河道纵横，有虎门、蕉门和洪奇沥三条水道，海岸线绵长，沿河滩涂资源丰富，加之长期的人工围垦，形成类型丰富、面积广大的湿地景观，为南沙区的开发建设提供宝贵的土地资源和良好的环境条件。

2005 年经国务院批准设立南沙行政区，辖区面积为 544.12km^2，其中陆地面积为 330km^2。全区现辖一街（南沙街道）、一区（珠江管理区）、三镇（万顷沙镇、横沥镇、黄阁镇）。由南沙的景观格局可以看出，南沙的"田、海"是广州市"山、水、城、田、海"景观格局不可分割的一部分。同时南沙港的建设也使得广州市由沿江城市转变为海滨城市。

4.2 气候变迁及其环境效应

4.2.1 气候变迁

珠江三角洲第四系的平均厚度仅有 25m，样品最大年龄为 45120 ± 910aB. P. 。我们在南沙东涌钻取了一个第四系岩芯。岩芯长度为 29.8m，可分为 7 层，构成 3 个下粗上细的正粒序列沉积旋回，在珠江三角洲的第四系剖面中具有代表性。取 5 个样品，测 AMS 年龄，其中全新世中期的样品有三个：2790 ± 100aB. P. （埋深 10.0m）、2650 ± 100aB. P. （7.9m）、1535 ± 100aB. P. （5.0m）。

从东涌剖面中每隔 0.5m 取样，共 60 个样品进行孢粉分析，每个样品在显微镜下鉴定，观察玻片 2 片以上。检出孢粉 500 粒以上的样品有 15 个，200 ~ 500 粒的样品有 27 个，100 ~ 200 粒的样品有 11 个，少于 100 粒的样品有 7 个。60 个样品中，有 10 个样品未检出红树林属花粉。统计每个样品中红树属占孢粉总数的百分比，并绘成变化曲线（图 4-1）。

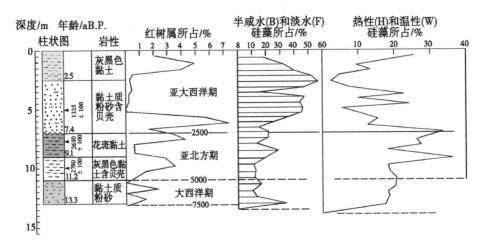

图 4-1　东涌剖面的红树林曲线和硅藻曲线

图 4-1 的红树林曲线显示，自 MIS3 以来都有红树林生长，但有多次短暂的间断。若以埋深 16m 为界，可将曲线分出两大部分，下段为晚更新世红树林，上段为全新世红树林。上、下两段曲线的起伏相似，都呈现谷—峰—谷的变化。最大峰值下段为 6.45%，上段为 7.27%。上段全新世中期（6000aB. P.）以来，红树林由衰到盛，再到衰，反映气候在中全新世最热，红树林最为繁盛，此前和此后红树林曲线都显示低谷。

南沙区中全新世气候比现今热湿。图 4-2 说明珠江河口伶仃洋全新世的环境变化。从图 4-2 中看出，L16 和 L2 剖面的孢粉分析也指示中全新世气候比今热湿。中全新世以来的剖面可分为 3 个带（Ⅰ—Ⅲ带），其中 L16 剖面缺失第Ⅰ带。第Ⅰ带孢粉类型多，植被繁茂，有樟科、阿丁枫属、土沉香属、红树属、栲属、松属，蕨类茂盛，反映气温比早全新世末升高，有孔虫的复合分异度 H（S）达最大值也说明早全新世末气温升高，海平面上升。第Ⅱ带的特征是出现更多的热带成分如山黄皮属、棕榈科，还有冬青属、红树属、栎属、松属，但植被仍为热带北部季风常绿阔叶林。第Ⅲ带的特征是蕨类占优势，木本植物明显减少，有栲属、栎属、山龙眼属、山矾、杨梅属等，与现今的植被相似，气候暖湿。

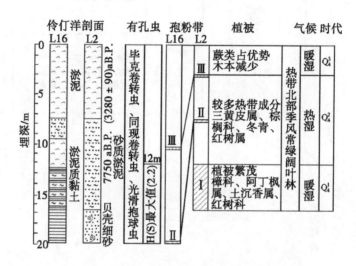

图 4 - 2　珠江河口伶仃洋全新世环境变化

注：据陈木宏（1994）、黄镇国（2002），经简化。

图 4 - 3 反映珠江三角洲周围的全新世气候变化。从图 4 - 3 中珠江三角洲 3 个剖面（顺德杏坛、中山民众、东莞麻涌）的 3 个孢粉带看出，第Ⅰ带为 Q_4^1—Q_4^2，孢粉特征是木本显著增加，ZK08 剖面占 77.7%（前期为 63.4%），ZK15 剖面占 75.8%，ZK28 剖面占 59.3%（前期为 48.7%），主要成分反映典型的热带北部常绿阔叶林。第Ⅱ带为 Q_4^3 孢粉特征是木本减少，ZK08 剖面占 20.1%，ZK15 剖面占 56.6%，ZK28 剖面占 20.5%，而蕨类明显增加，占 40% ~ 56%，反映气温比 Q_4^2 略低，但人类活动对植被的改造也是重要因素。由此可见，珠江三角洲河口全新世孢粉气候虽有波动，但不足以改变热带北部常绿阔叶林的地带性。

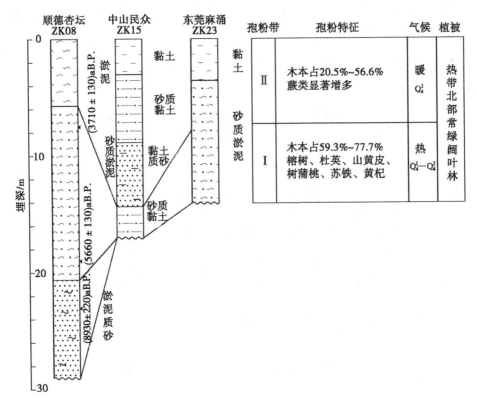

图4-3 珠江三角洲周围的全新世气候变化

注：据黄镇国（2002），经简化。

4.2.2 环境效应

海平面曾有两次波动。图4-2展示了珠江河口伶仃洋全新世环境变化。从图4-2中看出，珠江口伶仃洋剖面L16和L2的水深3.3~5.9m。杂色黏土之上为全新世海侵埋沉积。L2剖面埋深3.75m样品的年龄为3280±90aB.P.。根据剖面（L16）埋深29m风化左右黏土之上淤泥样品年龄为9560±140aB.P.，说明本区全新世从11100aB.P.左右开始。按沉积速率推算（黄镇国等，2002），L2剖面埋深12m的年龄为7750aB.P.。全新统处于河口及滨海环境。有孔虫化石为毕克卷转虫、同现卷转虫、光滑孢球虫、半缺五块虫组合，与珠江口现代水深 5 ~ 10m 区域的组合很相似。但是，L2 剖面埋深 12m 处有孔虫的 H（S）值最大，达 2.2，海相性最强，表明 7750aB. P. （Q_4^2）是本区海侵盛期和高海平面期。这一结果在 2015 年珠江三角洲中山市东升镇钻孔 PRO Ⅱ 的分析研究中也得到印证（吴月琴等，2015）。据珠江三角洲中全新世的两个腐木层，按其年龄分为 6510 ± 170—5940 ± 300aB. P. 、2350 ± 110—2050 ± 100aB. P. 。腐木层处于陆相向海相的过渡阶段，因此反映 6000aB. P. 和 2000aB. P. 左右的腐木层代表中全新世和晚全新世海平面的波动。

此外，新冰期在珠江三角洲河口海岸景观有响应，表现为森林被埋没。在珠江三角洲西北部三水、四会一带平原下 2 ~ 4m 有大量的埋没林，腐木层厚 2 ~ 3m，成片分布。树干粗大者有 1.5 ~ 2.0m，木质轻。主要树种为水松，年龄为 3630 ± 100aB. P. 和 2940 ± 110aB. P. ，反映新冰期 Ⅱ 约 4000aB. P. 和新冰期Ⅲ约 3000aB. P. 的降温，使水松大量死亡而被埋藏。

沉积环境变迁。为了对沉积环境进行综合判断，我们还从东涌剖面取 60 个样品（间距 0.5m），进行硅藻分析均在 1000 倍的视域下鉴定硅藻的属种，在 400 倍的视域下统计个体数。60 个样品共鉴定硅藻 44 属 96 种。各个样品鉴定的硅藻个体总数，200 ~ 250 个的有 16 个样品，100 ~ 200 个的有 9 个样品，50 ~ 100 个的有 7 个样品，少于 50 个的有 28 个样品。

根据检出的硅藻名录，统计每个样品半咸水种（B）和淡水种（F）硅藻个数占该样品硅藻总个数的百分比，并绘成曲线。同时，统计每个样品热性种（H）和温性种（W）硅藻个数占该样品硅藻总个数的百分比，并绘成曲线（图 4 - 1）。根据沉积旋回、样品年龄、红树林曲线、硅藻曲线的拟合关系，由图 4 - 1 看出，反映南沙中全新世沉积环境的是后两个阶段。前一阶段为 Q_4^1—Q_4^2。岩性为下部沉积旋回细粒层。红树林从盛到衰。B - F 硅藻从多到少，反映海侵增强。H - W 硅藻所占比例明显增大，反映中全新世的升温。后一阶段为 Q_4^3。中部沉积旋回顶层的花斑黏土为风化层，表示陆相环境，尔后有上部旋回的沉积。红树林曲线显示低谷，与花斑黏土的沉积间断相对应。尔后红树林显著增多，达到全剖面的峰值，接着大起大落，表示本阶段沉积环境的频繁变化。B－F硅藻所占比例保持很高的水平，表示随着平原向海淤进，淡水增多，不利于红树林的生长，H－W硅藻急剧减少，反映降温，也是一个不利因素。本阶段的后期，B－F硅藻少（趋咸），H－W硅藻增多（趋暖），故而红树林比例曲线上表现为从低谷向高峰的转变。

4.3　三角洲河口海岸景观演变对气候变化的响应

4.3.1　景观格局

三角洲河口景观格局演变受到三大生态体系的自然驱动力和人为活动的共同作用，景观格局反映不同的自然驱动力作用变化。图4－4反映出在三种自然驱动力作用下三角洲河口呈现出不同的景观格局（李春初等，2000）。从图4－4看出，自然驱动力作用下的三角洲河口可分为河控型、波控型、潮控型景观格局，其中河控型三角洲河口呈向外凸的扇状景观格局。南沙属河控型河口，以径流作用为主。陆域来沙多，波浪、潮汐和沿岸流作用较弱，其注入水流在洪水期类似容积流束，流速沿程递减较快，泥沙在口门附近大量沉积。突出的景观特征是形成河口（门）沙洲和浅滩。同时珠江三角洲向海（东）淤长速度较快，原本内凹的河口湾景观受到逼迫，三角洲河口景观河口凸出加剧，推动三角洲河口景观向东偏移。

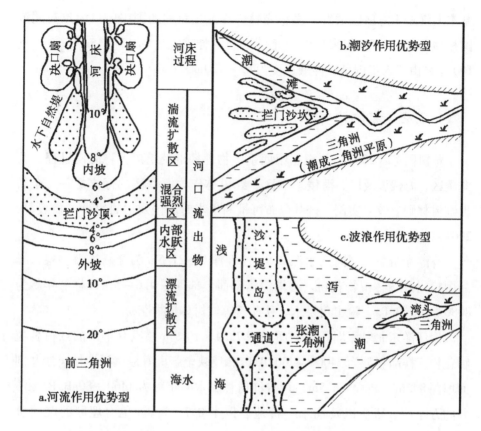

图 4 - 4　三角洲河口景观格局类型

注：据李春初（2000）。

　　珠江三角洲平原是 6000aB. P. 以来在逐步海退过程中发展起来的。在史前时期，全新世（早期）海侵结束后的相当长的一段时间内，珠江三角洲在古海湾头的淤积发展十分缓慢。根据贝丘遗址、沙堤、红树林、海相淤泥等的分布来推断 6000aB. P. 的滨线，根据海蚀地貌、牡蛎壳等的分布来推断 4000aB. P. 的滨线。根据汉代遗址、鳄鱼骨化石等的分布，辅以史籍记载来推断汉代、唐代、宋代、明代、清代的滨线（李平日，2001）。根据滨线推移看，中全新世海侵使珠江三角洲的发育进入一个新的时期，珠江三角洲现今沉积环境不过 1000 年左右的历史。在 6000—2500a. B. P. 期间基本上仅限于湾顶区域发生淤积充填，珠江三角洲的围田区口大致与此范围相吻合。近 1000 年来珠江三角洲平原的伸展速度为 $13 \sim 35m \cdot a^{-1}$，近 100 年来由于人工围垦，伸展速度为 $63 \sim 120m \cdot a^{-1}$。

4.3.2 海侵边界

黄镇国等（2002）曾根据第四系生物埋葬群的组成，将海侵过程分为海侵区、海侵波及区、海侵影响区。红树林作为海侵区的标志之一。全新世红树林则有较多实例，按其分布可推断出当时海侵到达的边界（翁毅等，2001），有关的实例如下。

香港赤腊角湾剖面（水深 2.5m）埋深 $0 \sim 21.5m$ 为全新世海相层，样品中检出红树林植物花粉。香港深湾剖面上部埋深 $4.6 \sim 5.4m$ 样品年龄为 $8080 \pm 130aB. P.$，检出角果木、秋茄树等红树林植物花粉。

伶仃洋东北岸深圳新民剖面埋深 $7.54 \sim 10.9m$ 层段有丰富的红树林植物花粉，样品年龄为 $7400 \sim 4200aB. P.$，反映全新世海侵。深圳松岗沙井剖面埋深 8.2m（高程 -6.5m）埋藏红树林腐木的年龄为 $1460 \pm 80aB. P.$，沙井的万家塱、新桥以及福永一带地表以下 $0.7 \sim 2.0m$ 也有埋藏的红树林腐木。

东江三角洲中堂扶涌高程 -0.6m 红树林腐林的年龄为 $1850 \pm 80aB. P.$。麻涌、道滘等地埋藏红树林腐木分解后产生酸性物质使大片农田成为反酸田。

番禺菱塘剖面，$10900 \pm 50aB. P.$ 开始出现红树林，但尚稀少，$3845 \pm 95aB. P.$，红树林花粉较多，占木本花粉的 2% 以上。番禺东涌剖面孢粉分析结果表明，MIS3 以来，都有红树林间断生长。

顺德大良剖面，中全新世的红树林（$6620 \pm 170aB. P.$）最繁盛，占木本花粉的 20% 以上。新会七堡、中山三乡也有大面积的红树林反酸田。黄茅海 HK5 剖面深 21.3m，16.6m 以上含有较丰富孢粉，可分为 4 个孢粉带。第 Ⅰ 带（$13.5 \sim 16.5m$）属晚更新世，未见红树林花粉。第 Ⅱ 带（10.9 ~

13.8m）属全新世，开始出现红树林植物花粉。第Ⅲ带（7.0~10.9m）红树林植物花粉略有增多。第Ⅳ带（2.2~7.0m）出现个别海桑属花粉。

由全新世红树林分布推断的海侵边界也反映了南沙三角洲河口的景观格局是在中全新世海退过程中逐步发展起来的，而中全新世海以前，海水几乎将整个南沙覆盖。

4.4   人类活动对三角洲河口海岸景观的影响

三角洲河口是人类活动密集区域，因此人为作用对三角洲河口海岸区域的索取强度大。改革开放以来，珠江三角洲河口海岸人类活动更为积聚，滨海城市迅速发育，海岸带土地被覆和利用变化巨大。联围筑闸、河道采沙、口门围垦、口门导治等使得三角洲河口的景观格局发生重大改变。围海造地是南沙向海推进的重要原因。

4.4.1   景观形成过程

（1）景观改造阶段（1966—1986 年）

在南沙区，除水域和岩石海岸外，三角洲平原和滩涂湿地均是在近千年间由泥沙淤积而形成的。南沙区 1966—1986 年间大量的天然湿地向人工湿地转化。目前南沙区主要为沙田（新开垦）、围田（近期开垦）和少量岗地。在淤积型河口，泥沙至两岸向河心或自离岸沙洲向周围逐渐淤伸，随着先锋水生植物的生长，进一步促进泥沙淤积和沙洲的推移前进，并终将沼泽化，再经过人工围垦，转变为养殖塘、稻田等人工湿地。

（2）景观渐变阶段（1986—1997 年）

这一阶段，随着对景观改造完成，耕地大量增长，主要体现为沙田迅速转化为农田景观。1992 年，经广东省政府批准，在原番禺市南沙镇内建立南沙经济技术开发区，是当时 4 个省级经济开发区之一（章云泉等，1999）。随后于 1993 年升格为国家级经济开发区。"英东效应""美通效应"开启了南沙区经济建设的序幕。现代化港口客运码头、电子、通信器材等一批世界著名的高科技企业纷纷落户南沙。

（3）景观突变阶段（1997 年以来）

1997 年广州南沙经济技术区总体规划编制完成，并于同年 9 月实施。根据官方规划，南沙将成为珠江三角洲经济发展和提高对外开放水平的一个杠杆支点，南沙的基本定位是以港口码头的交通运输为中心，工业加工、旅游服务协调发展，功能齐全、布局合理、环境优美、文明发达、面向世界的现代化海滨城市。

2000 年，广州实行"南拓北优，东进西联"的城市空间发展战略，番禺因此撤市设区，2005 年设立南沙区。按广州市对大南沙开发的设想，南沙将通过深水大港、临港工业和物流业的建设，以海港为依托开发大南沙，建设临港工业基地，发展钢铁、造船、机械、汽车制造、石化等大型工业。

4.4.2　景观基质变化

从不同景观组分的变化趋势看，由优势景观组分（面积比重 ≥ 10%）的变动引起景观基质的演化，作为景观演进阶段的判断依据。1986—2005 年的遥感影像展示了南沙由以湿地景观为基质的滨海小镇，逐步发展成为热带三角洲河口海岸的滨海新城。通过 1986 年和 2005 年景观格局面积的提取统计发现，最近 20 年来，1986 年南沙湿地景观（占 33.6%）的优势地位被植被景观（以农田植被为主，占 43.1%）和城市景观（占 18.9%）所取代。

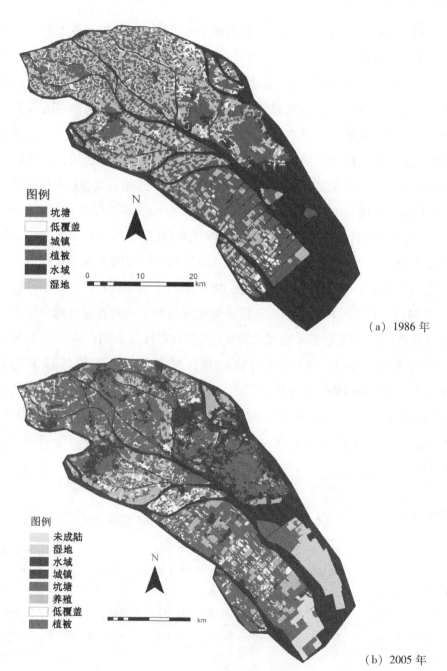

（a）1986 年

（b）2005 年

图 4 – 5　南沙区景观格局变化

注：数据来自 1986 年和 2005 年广州景（南沙）TM 遥感影像。

利用 ArcGIS 中的相关工具提取南沙 1986 年和 2005 年景观面积和周长等数据，并运用人为干扰强度公式（1－2）计算得到表4－1，估算了南沙区景观格局中人为干扰变化。从表4－1看出，最近20年，南沙区人为活动强度增加了5.76，城镇景观强度变化大，增加了6.12。目前南沙的人为活动仍处于中干扰阶段，以农业活动为主要人为干扰。但是强和中干扰强度的对比态势明显减弱，随着城市化过程的加快，强干扰迅速增强，可能会在较短时间剧烈改变目前的景观格局。南沙区先后经历传统农业阶段—景观改造阶段（1966—1986 年），城乡景观混合阶段—景观渐变阶段（1986—1997 年），城镇景观阶段—景观突变阶段（1997 年以来）。各个阶段的景观基质都发生较大的改变。经过计算，南沙区的景观格局中的人为干扰指数，弱干扰、中干扰、强干扰强度比，由 1986 年的 3∶36.3∶1（1∶12∶0.338）变为4∶34∶7（1∶7.5∶1.8）。同时依据各变化阶段的平均转移量，确定景观动态变化阶段的演进速度（喻红，2001）。本研究计算表明，南沙区 1966—1986 年为第一阶段，特征是转移的总体规模较小，平均转移量约为 90hm^2/a。1986—1997 年为第二阶段，以转移规模大为主要特色，平均转移量高达450hm^2/a。1997 年以来为第三阶段，转移的总体规模呈下降趋势，平均转移量下降至 260hm^2/a 左右，大规模集中开发区的建设受到明显的控制。

表4－1　　　　　　　　南沙区景观格局的人为干扰变化

	弱干扰	中干扰					强干扰
	未成陆	水域	植被	湿地（河口）	坑塘	养殖	城镇
1986 年面积比	0	4.4576	27.5366	6.4245	0.3115		1.2799
2005 年面积比	0.2047	2.8079	30.9183	1.7879	0.0774	3.2900	7.4000
面积变化	0.2047	－1.6496	3.3818	－4.6366	－0.2341	3.2900	6.1201
Intensity$_{(1986)}$	3.0126	36.0736					1.2799
Intensity$_{(2005)}$	4.4576	34.2726					7.4000
强度变化	1.4449	－1.8010					6.1201

4.4.3　景观格局反映的功能分区

经过近 20 年的开发和建设，南沙区基础设施日益完善。"三区"（东部港口新城区、西部工业区和进港大道第三产业区）建设进展顺利，该区在蔗林滩涂崛起一座新兴的现代化海滨新城。

根据 1.5.1 景观演变厘定的相关公式计算斑块面积 CA（S）、斑块数量 NP（N）、平均斑块大小 MPS（MS）、最大斑块指数 LPI（$MaxS$）、最小斑块指数 SPI（$MinS$）、斑块大小标准差 PSSD（σ），斑块面积变异系数 PSCV（C_v）。图 4-6 表明，南沙的城市景观仍在变化当中，尚未稳定。从图 4-6 看出，1986 年以来，南沙的城市景观面积迅速增长了近 5 倍，最大斑块面积和平均斑块面积均有所增加，但是最小斑块面积比原来小，表明仍处于大量城市景观的形成阶段。城市景观的平均分维值、总分维值、标准差和斑块分异系数分别增加了 0.01、0.056、367219.9 和 0.713，指示人类活动对城市景观的影响正在加大，整体的城市景观格局出现较大波动。

改革开放 40 多年来，南沙正由滨海小镇向现代港口城区转变，已形成明确的功能分区。南沙开发区（南沙街道）是南沙区城市景观的主要增长核。其西北方向的黄阁镇城市景观增加较快，城市景观面积均超过 10%，是该区的优势景观组分。万顷沙和横沥的农田植被景观和养殖景观占总面积的 40%，仍旧是南沙区农业经济活动最为集中的区域。从道路廊道在各乡镇的密度来看，南沙街道的密度最大，其次是黄阁镇，万顷沙的道路通达性最小，自然景观被分隔的程度也最小。

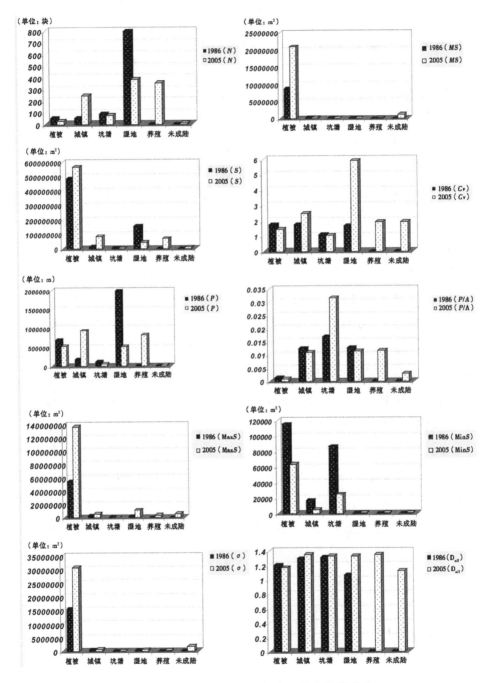

图 4-6 1986—2005 年南沙区景观指数变化

4.5　三角洲河口海岸景观演变对人类活动的响应

目前南沙区景观格局以珠江冲积平原及滩涂为区域景观基质，其中 NE—WS 走向的零星孤丘和群岛景观链状镶嵌在平原中。以农田景观和人工景观为主要斑块，水域廊道和道路廊道纵横其间。在整个南沙区域，南沙街道（开发区）和黄阁镇的人工景观与农田景观，以及小虎岛的人工景观与养殖景观，在景观格局比例上几乎各占一半。其余的各镇基本以甘蔗、水稻、香蕉等农田景观为主，与少量的城市景观沿交通干线两侧的斑块交错分布。

4.5.1　湿地退缩

南沙土壤经改良后，湿地景观显著减少（见图 4 - 5、附图 4）。在河口水域与三角洲冲积平原或低丘、海岛之间，分布有潮间沙石滩、潮间沙泥滩、芦苇水草滩、红树林沼泽、岩石性海岸等，湿地类型丰富，多样性程度高。然而由于长期过度围垦，这些湿地类型分布数量较少，仅有 1328.5hm^2，仅占湿地总面积的 2.5%。红树林沼泽有 63hm^2，占湿地总面积的 0.1%，且分布破碎（陈桂珠，2006）。许多地段只有极少的红树零星生长，为人为破坏所残存。

从图 4 - 6 中看出，2005 年与 1986 年比较，许多湿地景观类型退缩。总面积减少 111361913m^2，约为原来面积的 1/3。平均斑块面积减少 78513m^2。斑块由人类活动对湿地景观进行利用，最大斑块面积增加 9645010m^2，最大斑块面积和最小斑块间的差距变大。斑块的形状变异变大，分维值增加 0.271。同时在地域上南部海岸的湿地高于北部地区，反映出南沙三角洲河口景观的重要特点。以上横沥和凫洲水道为界，南部的横沥、万顷沙、珠江管理区和围垦公司所辖区域湿地面积为 40705.2hm^2，占总面积的 99.1%。北部黄阁镇和南沙街道分布有大量丘陵台地，湿地只占辖区总面积的 69.0%。这是人类活动定向利用和干扰的结果。但湿地在全部土地面积中比重大，占到了 89.2%，人工湿地（各种农田）取代天然的河口湿地。

4.5.2　地貌变迁

4.5.2.1　口门退化

"门"是珠江三角洲独特而典型的地貌单元。从地貌动力的角度，它的存在改变了塑造三角洲的海洋与河流动力及其复杂的相互关系，对珠江三角洲、河网的长期建造和珠江三角洲河口海岸景观的演变产生独特而重要的控制作用（吴超羽等，2006a）。珠江河口的八个口门中七个被称作门口，如虎门、磨刀门、虎跳门、崖门等。在河道出口处两侧有岩石丘陵挟制，其状如门口，故得名口门。河口湾基本是三维水体，口门连接河网区与河口湾。

南沙区主要由三大门口虎门、蕉门和洪奇沥所挟峙。根据吴超羽（2006）的研究，距今 2500—6000 年，珠江三角洲一直向东南淤进，河口岸线向伶仃洋推进。在数百年时间尺度内，当伶仃洋与黄茅海逐渐淤积，如果没有人为的重大干预，根据 6000aB. P. 潮能通量图，大屿山西荷包岛东西峡口将成为珠江口新的"门"。

随着口门的延伸，平原不断扩展。以万顷沙代表东四口门，其推进速率，1936—1950 年为 46.4m/a，1950—1956 年为 91.2m/a，1966—1996 年为 260m/a。同时人类活动加快口门延伸的进程。1966—1996 年蕉门已延伸 13km，洪奇门已延伸 10km，横门已延伸 10km。按此速度，再过 15～20 年可以达到规划目标（黄镇国，2004a）。南沙区的蕉门与横门已经进入后"门"时期。当珠江所有的口门进入后"门"时期，珠江河口的发育演变将最终脱离"门"的影响（吴超羽，2006b）。随着口门继续延伸，河口将逐渐脱离"门"的限制而直接进入浅海。由于脱离"门"的作用，河口的延伸方向不再确定，而会根据河流与沿岸动力水沙条件调整，南沙直面波浪作用、沿岸流、盛行风的影响，其景观格局会发生更大的变动。

4.5.2.2　平原推进

从1990 年和2000 年2 个时段珠江河口（南沙）景观格局的遥感影像可看出淤长型三角洲河口景观的演化进程。淤长型三角洲河口景观向海和向陆的推进速度存在差异。淤长型三角洲河口景观格局，与其他的景观格局相比较，用地条件较为宽裕，景观扩展明显呈 360°变化，受限于岸线的程度较小。向海拓展的速度尽管受限于海平面上升和沉积物来源，但人工促淤加快扩展，向陆地扩展相对要受限于自然因素，因此在两个方向的拓展上有明显的不平衡性，呈扇环型变动。图 4 - 7 更好地反映出演化的不平衡性。景观演替向海和向陆呈两极化变化，向海的新扩展区是围垦区，为将来增加农业景观（农田植被景观和养殖景观）提供场所；向陆的城市景观以原来的景观格局作为扩展基点，吞食植被景观和湿地景观，以扩大城市景观的"领地"。

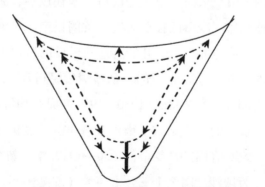

当前岸线 ——　早期岸线 -·-　更早期岸线 ---　泥沙运动方向 ——▶

图 4 - 7　淤长型三角洲型河口景观演化模式

　　珠江三角洲的发展可以归纳为泥沙持续在口门外堆积，海岸线不断向海推移，出海河道不断延伸，口门相应外移，河口湾逐渐淤积的过程。近100多年来，人工促淤围垦、联围筑闸，加快三角洲的淤长和海岸线演变的速度。同时"门"与三角洲平原的演进同步。古顺德浅海不断接受西北江来沙，平原在蕉门水道，洪奇沥与横门水道之间向东推进逐渐成陆。南沙区北高南低，向海倾斜的地势也有利于入海部分泥沙受阻回淤。三角洲形态的发育演变呈明显向西偏的趋势，珠江口西强东弱淤积强度长期存在并逐渐加剧。现代珠江三角洲的主体三角洲西江和北江联合三角洲部分自西北向东南推进延伸。由于西、北两江的输水量和输沙量分别合占全域的89.9%和95.8%，而其左右两翼的流溪河和潭江输水、输沙甚微，这种强烈的反差造成三角洲淤积发展的不平衡性：西江、北江联合三角洲淤积发展快；而其两翼的流溪河和潭江下延部分淤积发展慢（李春初，2000）。前者表现为向海突伸的扇形三角洲，后者呈现为向陆凹入的三角港或河口湾。西江、北江联合三角洲愈是迅速向东南方向凸伸发展，这种不平衡性便愈是突出和得到加强。

　　自秦汉岭南逐渐开发和流域输沙量加大后，现代珠江三角洲明显地向海延伸发展。根据前人的资料（李春初，2000；陈桂珠，2006），1000多年前，沙湾以南的灵山至东涌一带仍是浅海。宋代以后，淤积延伸，向东南扩展，沙滩相连成片。沙田区移至大岗、黄阁以南。至清代，万顷沙洲滩出露，开垦成田。清道光以后，开始将逐渐形成的沙坦围成小围（清乾隆以前，今万顷沙一带称为凫洲大洋）。从沙湾紫坭到万顷沙，唐代每年向海延伸30m，宋代35m，明清38m，1930—1959年是平均每年延伸85m。

　　万顷沙地貌景观的演变是整个南沙景观格局改变的重要体现。1796—1900年，万顷沙共拍围50多个；1930—1949年，新筑成16条小围。1796—1949年，万顷沙已围至十三、十四涌（安隆围）之间，向东南延伸15km，向海扩展面积约达5000hm²，围垦速度约为32hm²/a。1965年开始围垦十三、十四、十五涌，至1980年完成23宗，扩大耕地1272hm²，围垦速度约为 80hm²/a。新近时期万顷沙平原扩展是在自然淤长的基础上，围垦成田在很大程度上也促进其变化的速度。

改革开放以来，南沙围垦的速度因人类用地需求增大而迅猛增长。1986—2005 年的南沙区开发过程中，2.5km² 的南沙资讯园即是近 20 年围垦而成，反映出人工促淤是短时间内获取土地的重要途径。1995 年万顷沙已围至十九涌，2002 年围至二十一涌。1978—1997 年南沙区滩涂围垦面积达 7637hm²，平均围垦速度约为 381.85hm²/a。其中万顷沙最快，仅围垦公司在 1985—1997 年围垦 5987hm²，围垦速度约为 460.5hm²/a。万顷沙的扩展速率在 1936—1950 年为 46.4m/a，1950—1956 年为 91.2m/a，1966—1996 年为 120m/a，1997—2005 年为 150.3m/a（陈桂珠等，2006）。

表 4-2、图 4-8 及图 4-9 显示，1966 年以来，南沙平原景观向海步步推进，人工围垦造地和海岸线变迁速率越来越快。从表 4-2 和图 4-8 看出，20 世纪 90 年代以来，最大推进距离约为 5000~6000m，口门导治后平均推进距离在 2000 年后有所下降。从表 4-2 和图 4-9 看出，与此同时，从 1986 年起，平原由鸡抱沙筑围开始也向东南向扩展，呈双 ES 向的景观扩展。1990 年起围龙穴岛，1992 年围至孖仔岛，分别在 1997 和 2005 年达到最大围垦距离，小虎岛也从 2000 年开始起围。

表 4-2　　　　1966—2005 年南沙地貌景观向口门的推进状况

变化量、原因与用途	1966—1986	1986—1992	1992—1997	1997—2000	2000—2005
最大推进量与位置/m	11353.3 17 涌	4100.81 鸡抱沙	7013.43 龙穴岛	5293.13 孖仔岛	7959.02 孖仔岛
最小推进量与位置/m	957.9 三民岛	432.88 开发区南横	1394.08 17 涌	2908.01 18 涌	1043.33 小虎岛
可能的原因	围垦	围垦	围垦	围垦	围垦
用途	农用	工业用 （科技）	旅游用	农用	工业用 （石化）

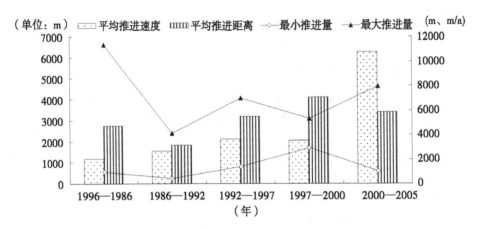

图 4-8　1966—2005 年南沙区向口门淤进的趋势分析

注：数据来自 1966 年南沙区地形图和 1986 年、1992 年、1997 年、2000 年和 2005 年遥感影像。

　　珠江口三角洲的潮坪和浅滩属于自然淤长型滩地，不断淤高和向海伸展，因而人为作用下适度地围垦海滩对发展农业和整治水利是必要的。对于海滩以内高程较低的沙田，如万顷沙的围内耕地高程一般为 -0.7 ~ -0.2m，平均为 -0.5m，通过及时围垦，避免地面高出于围内耕地，防止造成排水困难和农业减产，平沙农场和万顷沙外的海滩曾出现此种情况。通过整治水利方面，有利于固定深水槽，循围导水，使水流有比较固定的河道，有利于河口的整治（任美锷，1965；袁家义，1984）。目前万顷沙十八涌至二十一涌划为红树林鸟类湿地保护区，"水利河口" 又演变成为 "生态河口"。

　　珠江口 1949—1996 年的滩涂自然增长速率为 $630hm^2/a$，与围垦速率对比，除 1984—1988 年外，自然增长速率都比围垦速率大（刘岳峰，1998）。如果万顷沙垦区由于蕉门和洪奇沥两个口门的泥沙淤积将继续保持较高的速度往外推进。洪奇门约 15 年后即可延伸 15km，横门 20 年后即可延伸 20km 达到规划目标。实施口门整治规划之后，预期可围垦滩涂约为 $7 \times 10^4 hm^2$，其中东四口门为 $2.67 \times 10^4 hm^2$（黄镇国等，2004）。

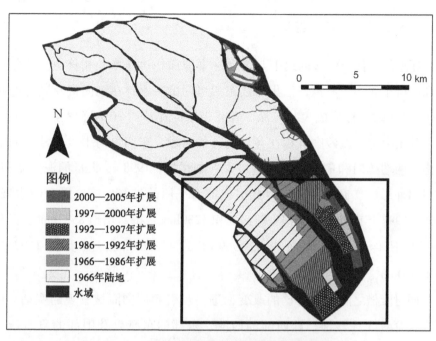

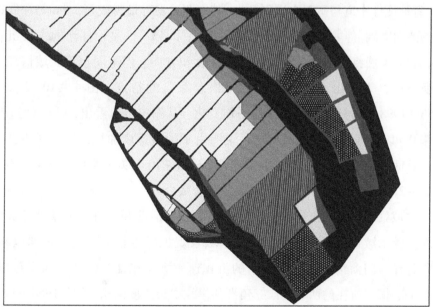

图 4 – 9　1966—2005 年地貌推进动态变化

4.5.2.3 伶仃洋缩退

邻近的伶仃洋洋面的退缩与南沙区平原面积迅速增长相伴生。伶仃洋是珠江口东北部浅海湾，汇集珠江东四口门的来水，在潮间带及紧邻的潮下带（1m以浅）形成大片海涂。各江带来的泥沙约20%沉积在三角洲内部，其余大部分泥沙则沉积在各口门外的海域，东四口门中以南沙区周围的南北两端蕉门和横门的输沙量最大（刘岳峰，1998）。大量的泥沙淤积，在口门外形成广阔的浅滩。由此引起滨海平原的扩张，挤迫周围的水域。1969—1997年南沙地区共损失滩涂面积1230hm²，围垦增地8527hm²。淤积和围垦使伶仃洋水域面积从1969年的188867hm²，减少到1997年的11570hm²。

同时滩槽之间力量对比的改变，进一步引起周围海域景观的变动。伶仃洋发育着3大浅滩，即西部的西滩、东部的东滩以及中部的矾石浅滩（三者被伶仃水道与矾石水道隔开）。其中西滩发育最为成熟，5m等深线以浅的滩面宽阔（4~10km）、坡缓（0.3‰~0.4‰），是伶仃洋的主要沉积区，它的发展将影响伶仃洋内的淤积速度和方向。但不同水深区域情况又有所不同，表现出"浅滩愈浅，深槽愈深"的特点。图4-10反映了1953—1998年伶仃洋滩槽面积的平均变化。从图中可以看出，伶仃洋近50年来0m以上区域面积均在增加，说明由于围垦速度加快，伶仃洋不断淤浅，且面积也在不断缩小。除−5~−2m和−10m以下滩槽面积变化不大外，−2~0m和−10~−5m滩槽面积显著减少。

水域景观格局变化反映出，伶仃洋受人类活动和自身动力条件差异的影响，除水域景观面积减小外，其水域景观也发生较大变化。长期以来，内伶仃洋口门海湾内的西侧滩槽的沉积速率大于东侧。伶仃洋西岸蕉门、洪奇沥、横门所在的西、北江三角洲的岸线淤长速度则相当快。1966—1996年，伶仃洋西岸的西、北江三角洲岸线向海平均迁移量为4.7km（围垦增加面积/三角洲前沿宽度）（88.9km²/19km），平均向海推移156m/a，迅速

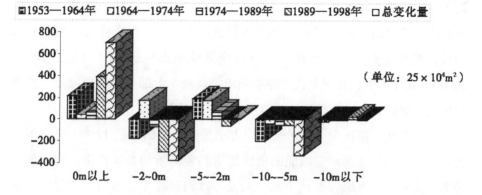

图 4 - 10　伶仃洋滩槽面积不同时期平均变化比较

注：数据来自闻平（2003）。

增长加大入海水道的长度（刘岳峰等，1998）。30 年间洪奇沥入海水道由于万顷沙垦区的迅速推进而延伸 10km；蕉门入海水道由于鸡婆沙垦区与孖仔沙垦区的兴建而延伸 13km。同时引起水系分叉，入海水道的分流与合流势必引起口门的水量与输沙量的重新分配，如蕉门和横门由于分流，水沙量将有所减小，虎门和洪奇沥的水沙量则由于合流将有所增加。分流和合流的变化导致水沙重新分配，动力改变带动新一轮滩槽力量对比的变动，从而影响下一次生态景观格局的演化。

有人预测伶仃洋收缩变窄后会变成"伶仃河"。但李春初（2000）认为，淤积延伸后形成的水道槽容积不可能被径流占据，而只能仍由外海进入的潮水来充填，受潮汐作用控制，潮流的往返运动使之能够保持良好的水深条件，因此即使伶仃洋淤积变窄后也不会变成河口。

4.5.3　植被更替

根据野外实地考察，南沙区人工植被占大部分。湿地植被如农田植被、路旁和堤岸防护林均为人工种植，红树林也大部分为人工种植。自然生长的多为灌木和草本植物。南沙区陆域湿地主要为三角洲冲积平原，其余全部为农田植被区，除水产养殖塘外，其余全部为农田植被分布区，而且适合植物生长的其他区域如淤泥滩的面积也较少。因此，在分布面积上农田植被占绝对优势，农田植被的比重占全部陆地面积的74%（陈桂珠等，2006）。农作物生长有季节性，冬季稻田、藕塘、大部分甘蔗地以及一些菜地闲置，导致一年中冬季植被覆盖度最低，夏秋最高。

南沙自然林植被少。森林面积约占全区陆地总面积的12%，分布不均衡，主要分布于凫洲水道以北的南沙街道和黄阁镇的丘陵地带，在南部仅分布于龙穴岛、万顷沙湿地生态公园及一些河涌堤岸、道路两侧等。在上横沥和凫洲水道以南，林木植被分布更少，主要有龙穴岛铜鼓山以及堤岸防护林、农田果树、道路与庭院绿化林木和很少的红树林。

得益于良好的水热条件，南沙区湿地高等植物种类较多。根据陈桂珠（2006）的分析，南沙区湿地高等植物种类占广东省湿地植物总物种数的70.5%和总科数的63.8%。红树植物生长良好，真红树占我国真红树林植物总科数的67%和总物种数的36%。大多数镇街均有分布红树植物，但由于长期人为活动的影响，造成红树植物分布面积小，植被破碎。全区只有62.98hm^2，许多分布地段仅见破坏后残存的红树植物零星生长。

图4-11显示，1986年以来南沙区的植被景观面积变大。在人类活动作用下的农田植被增长较多，利用湿地景观和热带环境发展热带滨海农业（以果、菜为主）（徐颂军、保继刚，2001），果园和菜地面积增加迅速。从图4-6和4-11看出，植被景观最大斑块和平均斑块面积是原来的2倍，最小斑块面积退为原来的1/2，斑块的分维值和斑块面积变异系数变小，反映斑块形状比原来规则。表4-3从植被面积、斑块间断（>2km）分布等状况反映了1986—2005年植被景观的动态变化。从表4-3、图4-6和图4-11可以看出，斑块之间形态变化差异明显，每千米植被面积增加了206hm^2，表明植被景观仍大量形成。植被的空白带（断裂点）明显增多，植被分布间断（>2km）的斑块数增加了11块，面积增大12.4%，植被景观处于不稳定的状态，不利于植被景观的整体性和连通性发挥。

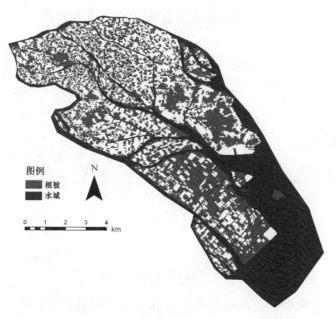

（a）1985 年

（b）2005 年

图 4 - 11　南沙区植被景观变化

表 4–3　　　　　　　1986—2005 年植被景观的动态变化

植被	总面积/hm²	每千米植被面积/hm²	植被分布间断（>2km）的斑块数/块	植被分布间断（>2km）的面积/hm²	间断面积所占比例/%	占总面积比例/%
1986 年	48719.7983	1231	4	3145	6.5	69.5
2005 年	56853.8420	1437	15	10699	18.9	81.2
转移量	8134.0437	206	11	7554	12.4	11.7

4.5.4　水系简繁变动

珠江千年来极少分汊或游荡，并且弱支不断被堵塞，河系趋于简单。早在北宋，西江和北江三角洲上游堤围就已基本定型。联围筑闸使河水沿固定的水道下拽，上游带来的泥沙大部集中于口门附近堆积，可加速海滩的发展。河道固定使得河流失去了在三角洲平原上分汊和游荡的机会，河流所带的泥沙不再在三角洲平原上加积，而是直接引向河口，加速河口淤积，促进新沙洲的形成，加快三角洲陆地的扩展，有利于缓解用地紧张的矛盾。

水域景观的改变带来一些负面的生态效应。首先过多地堵涌筑闸，使洪水向两旁河涌宣泄量减少，因而在堵口或闸口以上的局部河段，水位有所壅高。大规模的无序河道采沙同时加剧局部河段洪水位异常壅高，这种影响在三角洲中部较为明显，例如北江顺德水道和潭州水道，在联围以后，水位提高 0.22~0.44m，引起上游淤积，下游冲刷。在临近口门的地区，由于联围后堵塞上游支流，造成会潮点上移，影响灌溉，如番顺联围完成以后，会潮点上移了 6.8km，由灵山之下转到灵山之上（任美锷，1965）。经过长期控支强干的整治，南沙区珠江广州河段的主干出海水道为北江干流—潭州水道—沙湾水道—虎门和蕉门，北江干流—顺德水道—李家沙水道

—洪奇门水道。河系简化的过程，使得河网密度从下游向上游变小，由口门万顷沙地区的 $1.10km/km^2$ 递减为佛山地区的 $0.68km/km^2$（黄镇国等，2004）。同时过多堵塞一些河汊，造成行洪不畅，反而使得分洪、蓄洪能力减弱。

4.5.5　水色变化

珠江河口及其相邻海岸带水域是非常重要而又极其复杂的海域。河网、河口湾过渡带涵盖了大面积的淤积浅滩与冲刷深槽，是咸淡水混合、最大浑浊带活动的重要场所（朱小鸽等，2001）。以水色变化为载体传递珠江口水体景观的演变信息，反映出珠江三角洲的水体环境及整体环境质量的变化（陈晓玲等，2005）。

1973 年珠江河口及香港周围海域的海水较清，较混浊的水域仅有珠江口西岸的较小部分，位于淇澳岛以北，靠近横门、洪奇沥、蕉门三个口门一线。这主要与蕉门、横门和洪奇门的围垦造成的悬沙活动旺盛有关。1992 年混浊水域的范围向东扩展已达到珠江东岸，向南的延伸已越过淇澳岛到达澳门东部海域，全部覆盖伶仃洋西部海域。在南沙区严重污浊带北移的同时，污浊程度也有较大的加深。截至 1998 年整个珠江河口区，从虎门往南到澳门海域，再折向西南到磨刀门海域，鸡啼门、黄茅海、广海湾甚至更远的海域，混浊范围向东迅速扩大，混浊程度急剧加深（朱小鸽，2001；逄勇，2003）。改革开放以来广州的人口数量激增，生活污水大量增加。用地需求倍增驱使南沙（主要是蕉门、横门和洪奇门）附近海域的围垦速度仍在加快。口门延伸迅速增长加大入海水道的长度，狭窄的水道延长污染物质向外海排泄的过程。蕉门、横门和洪奇门净泄流量及陆源污染物入海通量值较大（仅次于虎门），因而南沙区周围海域的水色变化剧烈。

4.5.6 港口建设

目前港区周围的河系和泥沙发生的变化，有利于南沙港建设，包括以下几点（李春初，2001）。一是蕉门出口决口分汊，成一主（凫洲水道）一支（蕉门南水道）的格局。南沙港区的泥沙来源于蕉门分流河口。河流泥沙进入河口后，潮汐动力对泥沙进行再分配，使得蕉门来的泥沙沉积发生分异。悬移质泥沙主要沉积在港区以南的区域，推移质泥沙则主要沉积在该区北段（蕉门南水道及鸡抱沙东北角），港区泥沙淤积量相对较小。二是蕉门格局对减轻南沙港区的泥沙淤积有利。若人为地控制凫洲水道的分流比，加大蕉门南水道的径流量，大量细颗粒泥沙随径流下泄至鸡抱沙南端。在涨潮时，这些泥沙将在涨潮流的作用下，带至港区的沉积会加大南沙港区细颗粒泥沙的淤积。三是以细沙为主的底沙搬运影响可达现南沙港址以北的沿岸带。但凫洲水道没有大量的底沙输运现象，这一不利影响的程度较为有限（李春初等，2001）。

4.6 人类活动加速作用下的三角洲河口海岸景观演变

以广州南沙区为典型研究区，分析华南三角洲河口海岸景观演变对气候变化和人类活动的响应，主要结论如下。

一是由广州南沙红树林分布和三角洲河口景观格局，推断中国热带中部全新世海侵边界和海平面波动，印证了南沙三角洲河口的景观格局是在中全新世海退过程中逐步发展起来的。气候变化及其环境效应体现为7750aB. P. 时海侵最盛，6000aB. P. 和2000aB. P. 中全新世和晚全新世海平面出现波动。根据东涌 PD 孔红树孢粉和硅藻测定分析，全新世中期

（6000aB. P.）以来，红树林由衰到盛，再到衰，即红树林最为繁盛的晚全新世气候最热。尽管植被在中全新世出现较多热带成分，晚全新世的气候波动不足以改变其热带北部常绿阔叶林的地带性。新冰期Ⅱ、Ⅲ表现为有埋没林分布。

二是南沙三角洲河口景观对气候变化的响应集中体现为三角洲景观是在中全新世（6000aB. P.）逐渐发展起来的，在6000—2500aB. P. 期间基本上仅限于湾顶区域发生淤积充填。近1000年来珠江三角洲平原的伸展速度为 $13 \sim 35 \text{m} \cdot \text{a}^{-1}$，近100a来由于人工围垦，伸展速度为 $63 \sim 120 \text{m} \cdot \text{a}^{-1}$。1966—2005 年间，南沙平原景观向海步步推进，南沙围垦的速度应人类用地需求增大而迅猛增长，人工围垦造地和海岸线变迁速率越来越快。遥感影像的分析结果表明，20 世纪 90 年代以来，最大推进距离约为 $5000 \sim 6000 \text{m}$，口门导治后平均推进距离在 2000 年后有所下降。与此同时，从1986 年起，平原由鸡抱沙筑围开始也向东南向扩展，呈双 ES 向的景观扩展。1990 年起围龙穴岛，1992 年围至孖仔岛，分别在 1997 年和 2005 年达到最大围垦距离，小虎岛也从 2000 年开始起围。

三是广州南沙三角洲河口海岸景观演变对人类活动的响应主要体现在湿地退缩、地貌变迁、植被更替、水系简繁变动、水色变化等方面。1966—2005 年联围筑闸、河道采沙、口门围垦、口门导治等导致南沙河控型三角洲河口的景观格局发生重大改变，三角洲河口呈扇环状向四周淤进和扩展，由以湿地景观为基质的滨海小镇，逐步发展成为热带三角洲河口海岸的滨海新城区。

四是南沙的人类活动处于以农业活动为主的中干扰阶段，但强干扰景观型和中干扰景观型的对比态势明显减弱，前者的迅速增强会在较短时间剧烈改变现今景观格局。1986—2005 年南沙湿地景观（占33.6%）的优势地位被植被景观（以农田植被为主，占43.1%）和城市景观（占18.9%）所取代，城市景观面积增长近5倍，最大斑块面积和平均斑块面积均有所增加，由以湿地景观为基质的滨海小镇发展成为热带三角洲河口滨海新城区。围海造地（田）是南沙向海推进的重要原因之一，1966 年以来，南沙景观格局向海步步推进，人工围垦和海岸线变迁速率越来越快。

第 5 章

海岸带城市景观演变对气候变化和
人类活动的响应

　　城市属于一种人工创造的、以街区和街道为基质的特殊人类文明景观。城市景观被自然廊道（自然廊道以水系、植被带为主）和人工廊道（交通干线为主）分割成相对独立而形状各异的景观单元。这些景观单元形成空间配置相异的城市景观镶嵌体，体现了城市不同的发展形态和阶段。

　　气候变化和城市化过程影响海岸带城市景观格局的形成和变迁，导致自然生境、物种组成化和沿海水文等发生改变，从而在此基础上形成城市系统特有的景观格局和物流、能流过程。与此同时，城市景观以其强大的辐射和渗透能力不但决定着自身的结构和格局特征，还对周围其他景观类型的结构有显著的约束作用（曾辉，2003）。海岸带城市景观的演变已引起国内外学者的广泛关注，集中体现在不同尺度的海岸带土地利用和土地覆被变化，引起景观格局的巨大改变。广州是华南沿海的中心城市和改革开放的前沿阵地，中全新世以来的海平面变化和改革开放的海岸带开发使得广州的城市景观发生了深刻的变化。因此本章以广州市中心城区为典型研究区，剖析全球气候变化（主要指 6000aB. P. 以来，全新世中期的气候变化及其环境效应）和人类活动（主要指改革开放以来，40 多年的经济和社会建设）作用下华南海岸带城市景观的演变，以及城市景观演变对气候变化和人类活动的响应。着重将城市景观格局演化与廊道效应结合起来探究，以展现城市景观的扩展轨迹和成长机制，从而由海岸带城市景观演变的规律映射出城市的发展轨迹，以期对未来的城市规划建设和战略布局起到导向作用。

5.1　研究区概况及研究方法

5.1.1　范围界定

广州市位于西江、北江、东江三江汇合处，珠江从中心城区穿流而过。

中心城区地势平坦，河涌密布，间有小丘，以丘陵和冲积平原为景观基质。

中华人民共和国成立以来，广州的城市面貌发生了巨大变化。1979 年中心城区的城市景观面积（24.9km^2）约为 1966 年城市景观面积（12.9km^2）的 2 倍，人工廊道增长 1.6 倍。改革开放后，广州城市景观和人工廊道变化更为剧烈。1979 年城市景观面积（24.9km^2）仅为 2005 年城市景观面积（144.9km^2）的 1/6，人工廊道长度增加 4 倍。市区人工廊道密度在 1986—2000 年间增加 4 倍（黄镇国，2007）。中心城区的城市景观剧增和非城市景观（包括河系、湿地、森林和耕地等）退缩，两类景观面积的对比变化明显。

中华人民共和国成立后，广州市行政区划设置有过几次较大的变动和调整，但从总体上来看中心城区的范围划定变化不大。考虑历史资料一致性的问题，本文仍采用 2005 年以前的行政分区方案。同时研究区以 1966 年中心城区的范围作为城区扩展的基准边界。参照广州市交通规划和广东省地图集，将环城高速包括的区域作为当前中心城区的最大边界。

5.1.2　数据来源和研究方法

（1）数据获取

选用广东省地图出版社发行的 6 个时期——1966 年、1979 年、1988 年、1999 年、2002 年和 2005 年（1∶25000）的广州市中心城区地图，同时裁取各时期城市景观和人工廊道共同的最大边界和各自的最大边界。以 2000 年 1∶50000 地形图为基准，辅以 2003 年广州市土地利用规划现状图（1∶2000）作为重要参照。分别对各时期的地图进行几何校正、坐标配准，并经矢量化处理，提取各时期人工廊道长度和城市景观面积数据，作为本次研究的主要数据来源。图像处理软件是 ENVI4.2 和 Arc/info9.2。

（2）研究方法

采用 GIS 的空间分析方法对广州中心城区城市景观和人工廊道进行测定，

包括扩展速率、形状紧凑系数和分维数 3 个指数指示变化的规模，环行系统法和等扇面分析法 2 个指数综合反映变化方向和幅度上的差异，即梯度分异。

①变化规模的测定

A. 扩展速率

U_v 表示城市景观或人工廊道在不同研究阶段的扩展速率。

$$U_v = \frac{DU_c}{D_t \times U_a} \times 100\% \qquad (5-1)$$

式（5-1）中（李加林等，2007；李晓文等，2003）：U_v 为扩展速率，DU_c 为某一时间的变化量，U_a 为某一时间初期的城市景观面积或人工廊道的长度。D_t 为时间段，一般以年为单位。

B. 形状紧凑系数

$$C = 2\sqrt{\pi A/P} \qquad (5-2)$$

式（5-2）中（王新生等，2005）：C 为城市的紧凑度，A 为城市面积，P 为城市轮廓周长。紧凑度值越大，其形状越有紧凑性；反之，形状的紧凑性越差。圆是一种形状最紧凑的图形，圆内各部分空间高度压缩，其紧凑度为 1，若为狭长形状，其值远远小于 1。

C. 分维数

分维数用来测定斑块形状的复杂程度，D 值的理论范围为 1.0 ~ 2.0。对于单个斑块而言：

$$D_i = 2\log_2(P_i/4)/\log_2(A_i) \qquad (5-3)$$

式（5-3）中（骆灿鹏，1996）：D_i 为分维数，A_i 指城市面积，P_i 指城市轮廓周长。分维数值越大，表示斑块的形状越复杂。

②综合测定

廊道系统自身的演化引起城市景观发生改变，城市景观的变动又促进廊道系统新一轮的演化，加剧廊道效应与城市景观演变研究的复杂性。但是由于围绕人工廊道在一定影响范围内存在效应场，效应大小由中心轴线向外逐步递减，并遵循距离衰减率（宗跃光，1998）。理论上可以用对数衰减函数表示：

$$D = f(e) = a \ln \frac{a \pm \sqrt{a^2 - e^2}}{e} \mp \sqrt{a^2 - e^2} \qquad (5-4)$$

式（5-4）中：e 表示廊道效应，D 表示距离，a 是常数，表示最大廊道效应。廊道效应的实质在于它的梯度变化，与从城市的中心到城郊边缘带之间存在着明显的景观梯度差异的变化趋势相一致。据此可采用环行系统分析法和等扇面分析法，对廊道效应和城市景观演变影响差异进行研究。根据廊道效应的实质和前人的研究发现，中心城区人工廊道效应约以 1km 为效应分界点（汪成刚等，2007），即本文研究采用廊道效应对城市景观的影响以 1km 的倍数为半径。

A. 环行系统（缓冲区）分析模型

缓冲区分析法是选定研究区域的一个中心，并以廊道的影响范围作为半径（半径成等差序列），对此中心作多重圆形缓冲区，最终使其覆盖整个研究区域；运用 GIS 的叠置分析功能，对各时期城市景观和人工廊道进行切割和叠加处理，统计不同年份各缓冲带城市景观面积和道路长度。缓冲区可由式（5-5）定义：

$$B_i = \{x : d(x, U_i) \leq R\} \qquad (5-5)$$

式（5-5）中（李加林等，2007）：$i = 1, 2, 3, \cdots, n$，B_i 为缓冲区，x 为点位，U_i 为城市，d 为 x 到 U_i 的距离，R 为半径。

B. 等扇面分析法

以研究区域的中心为圆心，选取以廊道的影响范围作为半径（同时包括研究区各时期城市景观共同的最大边界范围），将研究区划分成若干扇形区域，并与各时期研究区人工廊道叠加；运用 GIS 的叠置分析功能，得到不同时期各扇区的面积，分析并计算不同时段各扇区的扩展强度指数 U_i：

$$U_i = \frac{DU_c \times 100}{D_i \times L_a} \qquad (5-6)$$

式（5-6）中（李飞雪等，2007）：U_i 为城市景观的扩展强度，DU_c 为某一时间段城市景观的扩展数量，D_t 为时间段，一般以年为单位，L_a 为研究区城市景观总面积。当 U_i 满足式（5-7），即确定为最大扩展强度指数 LL_j：

$$LL_j = \text{Max}\{U_1, U_2, \cdots, U_n\}(i \geq n) \qquad (5-7)$$

式（5-7）中：U_n 为城市景观在某个方向上的扩展强度指数。LL_j 为城市景观在某个方向上的最大扩展强度指数。由5-8可计算出各方位的平均扩展强度 ML_k：

$$ML_k = \sum_{i=1}^{n} U_n/n(i \geq n) \qquad (5-8)$$

式（5-8）中：U_n 为城市景观在某个方向上的扩展强度指数。ML_k 为城市景观在某个方向上的平均扩展强度指数。根据（5-6）、（5-7）、（5-8）式，确定城市景观某个时期的最大扩展强度 LL_j 和平均扩展强度 ML_k，用以定量分析不同时段各方位城市景观的扩展速度分异。廊道扩展速度方向上差异的计算方向与城市景观扩展强度的相同。

5.2　气候变化及其环境效应 ◀◀

5.2.1　气候变化

据广州黄沙 H24 孔剖面、番禺菱塘 GG81 孔（中全新世部分）、珠江三角洲 23 个钻孔的样品孢粉结果分析（李平日，1991），表明广州中心城区中全新世的气候出现多次波动。罗传秀（2005）对广州中心城区江村 ZK2 钻孔作粒度分析结果也反映出中心城区气候变化的 4 个千年尺度的气候波动。其中全新世中期以来，约在 7500—5000aB. P. 之间（第三阶段）为升温期，在此期间各有一次干湿交替；5000aB. P. 至今（第四阶段）为降温期，这是一个波动性较大的时期，也各有一次干湿交替。其中在大约 4000aB. P. 左右时间段内出现了短期的升温事件。

由此可见，广州中全新世气候变化幅度不大，大约从 7500aB. P. 起已属于南亚热带海洋性季风气候，其间有过几次波动性变化，比较显著的是 5000—4500aB. P. 的变凉和 4500—3400aB. P. 的炎热。近 3000 年以来有多次小波动。

5.2.2　环境效应

海平面多次波动。广州中全新世气候变化和海平面变化曲线总体呈上升趋势相一致（李平日，1991）。中全新世晚期前段（5000—4500aB. P.）广州气候暖湿。这时期，海平面也发生缓慢下降。中全新世晚期中段（4500—3400aB. P.），气候炎热潮湿，海平面则缓慢上升。中全新世晚期后段（3400—2000aB. P.）气候转为略热略湿，而在 3200—2800aB. P. 时期内，海平面迅速上升，这种快速上升可能与晚期中段气候炎热潮湿的滞后效应有关。中全新世晚期末段（2900—2500aB. P.）气候热湿，海平面也较高，在 0～1.5m 之间。晚全新世时期，广州约在 2300aB. P.、1900aB. P.、1700aB. P.、1300aB. P.、1100aB. P. 和 800aB. P. 气温较高，海平面变化曲线也呈现相应的变化。

汉代广州江面宽阔，北岸在今之西湖路至番山脚下。在大南路等处曾钻遇牡蛎壳，^{14}C 年龄为 2320±90aB. P. 和 2120±90aB. P. 。袁家义等在广州北郊石龙西社 ^{14}C 年龄为 1960aB. P. 的沉积物中发现马鞍藻未定种、五块虫、棒网虫、篮规等海相或海陆交互相的古生物。西社在广州市区北面约 24km，虽然这是潮水沿径流较弱的小河谷上溯的沉积，并非当时的海岸线，但也足以说明汉代海平面较高，海进沉积才能如此深入。汉末步骘说广州"负山（越秀山）带海，博敞渺目，……睹巨海之浩茫，观原蔽之殷阜"。"巨海之浩茫"，是当时海平面高、水域宽阔的真实写照。与海平面曲线所反映的 2000aB. P. 前后的高海面一致。

南沙东涌镇 PD 孔的三角洲沉积物的碳氮记录也旁证广州中全新世以来

的海平面波动。钻孔埋深（4.53～7.46m），此时约为3790—2880aB. P.，岩性上部以灰黑、灰褐色的粗粉砂沉积为主，夹有灰黑色黏土，含贝壳碎片，下部为灰黑色黏土夹粉砂质黏土，含贝壳碎片。随着海侵作用的进一步发生，有机质、陆源有机碳含量和比重逐渐减少，但陆源和内源的比例基本处于平衡状态，此阶段以海侵为主，为海平面上升但波动较小的海陆相互作用过程。钻孔埋深（0.82～4.53m），此时约为2880aB. P.，晚全新世以来的沉积，上部以灰黑色黏土为主，下部为粉细砂、粉砂、黏土质粉砂，含少量贝壳碎屑。这反映了海水再次退出三角洲，气候热湿，主要为受河流控制作用、海洋影响较小的陆相沉积。此沉积阶段，揭示了广州中全新世海侵—海退的旋回变化过程。

文化遗存。珠江三角洲文化遗址的分布及史料记载，可佐证气候变化与海平面波动具有较好的一致性。新石器中期（6500—5200a. B. P.）的古文化遗存以海湾型和河潮型贝丘为主，反映该时期海平面上升，水域扩大，先民陆续进入珠江三角洲地区，以水上捕捞为主要生产方式。新石器晚期前段（5200—4200aB. P.）的贝丘遗址数量显著减少，沙丘、山岗和台地遗址明显增多，遗址主要分布在五桂山麓和三角洲外缘岛丘，表明由于海平面下降使得三角洲外缘水域面积急剧减少，水生生物锐减，原先依靠捕捞和水上采集为生的先民不得不离开原地区迁到别处谋生。一部分人迁入河口和海岛（相当于现今中山、珠海、深圳一带），继续从事捕捞和水上采集活动。新石器晚期末段（4200—3500aB. P.）的遗址明显比前段时期增多，并以贝丘遗址为主，许多遗址直接叠覆于新石器中期遗址之上，表明海平面再次上升。青铜时期（3500—2500aB. P.）的贝壳遗址减少，主要分布于广州和番禺一带的山丘和台地之上，反映海平面继续上升，先民被迫再次离开平原进入丘陵和台地等地形较高的地区从事陆上经济。汉代遗址大量分布在江门—容奇—市桥一线以北的三角洲中部，一改以前只分布在九江—佛山—广州一线西北的格局，表明海平面下降，陆地广露，三角洲迅速推进。

5.3　城市景观演变对气候变化的响应

5.3.1　城市景观格局在海退的过程中形成

广州市区近 1000 个钻孔剖面的研究表明（黄镇国，2007），广州市区曾受到中全新世（Q_4^2）和晚全新世（Q_4^3）两度海侵。从图 5 - 1 和 5 - 2 看出，Q_4^2 海相层一般厚 2～5m，为淤泥层，其下为河流相沙砾层，其上为 0.1～5m 厚的中粗砂，亦属河流相堆积。中全新世海侵范围主要为大德断裂以南、广州—从化断裂以西地区。Q_4^2 海相层仅分布在市区西部的荔湾区、石围塘、罗村等地，曾两度受到海侵，淤泥层厚 10～20m。此外，海水还曾从荔湾湖向东侵入海珠广场。Q_4^3 海相层厚 2～4m，淤泥层，样品年龄 2320 ±85aB. P.（延安一路）和 2120±90aB. P.（宝源路）。晚全新世海侵曾经

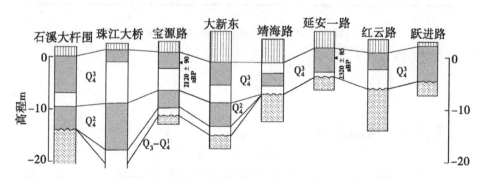

Q₃-Q₄¹：晚更新世至早全新世　Q₄²：中全新世　Q₄³：晚全新世

▦填土　☐陆相层　▨海相层　▨基岩（红层）

图 5 - 1　广州中心城区钻孔剖面

注：据罗子声（1983）。

一直到达越秀山下，以清泉街断裂为其北界，市区西部中全新世海侵区再次被海水淹没。而市区的东部因基底较高，主要接受 Q_4^3 的海侵。

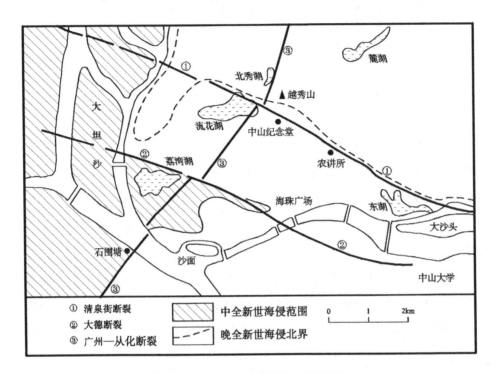

图5－2　广州市区断裂与海侵范围

注：据黄镇国（2007）。

5.3.2　海面遗迹

根据已测年的海平面标志物沉积深度和构造升降校正结果（李平日等，1986），广州8000—6000aB. P. 以约1. 1mm/a速度上升，6000aB. P. 前后出现全新世第一次高海面，比现今海平面约高出1m；其后出现多次波动，5000aB. P.、3000—2600aB. P.、2000—1800aB. P. 出现波峰，尤以3000—2600aB. P. 和2000—1800aB. P. 最为显著，高出现今海平面约1.5m。

　　滨岸沙坝是海浪作用的产物，可以作为中全新世海岸线的依据。表5-1列举了分布在广州中全新世的海面遗迹。从表5-1看出，黄埔白沙市沙堤（5244±105aB. P.）、番禺石楼5680±100aB. P.（下部）及4710±90aB. P.（上部）分布着中全新世的沉积物。东郊莲溪、北郊大朗平原、开发区墩头基和中山五路百货商店的沉积物样品年龄为8000—6000aB. P.；中山五路百货商店孔14C测定，6340±130aB. P.淤泥中仍见海相贝壳及圆筛藻；北郊新市葵涌近年发现贝丘，约为新石器晚期，含少量咸淡水的蚶、螺等贝壳，故中全新世海侵波及越秀山麓和新市一带。2019年越秀区解放中路考古遗址剖面的环境变异分析，也证实了广州古城演变与珠江三角洲地区中晚全新世的海侵—海退，以及平原淤积和发展过程密切相关（李嘉欣等，2021）。

表 5-1　　　　　　　　　广州中全新世海平面的标志物

地点	样品	距今年数	高程/m	沉积深度校正值/m	构造升降校正值/m	海面高度/m
东郊莲溪	粉砂淤泥	7440±150	-3.40	0.0	-3.72	-7.12
北郊大朗平原	腐木淤泥	6630±160	-3.90	2.0	-3.32	-5.22
开发区墩头基	腐木淤泥	6550±130	-3.94	2.0	0.00	-1.94
中山五路百货商店	贝壳淤泥	6340±130	-3.00	2.0	-3.17	-4.17
黄埔白沙市沙堤	石英砂	5244±105	0.20	-2.0	0.00	-1.80
黄沙桥头	石英砂	3180±30	-4.30	2.0	-1.59	-3.89
河南小洲	粉砂淤泥	2220±123	-5.25	2.0	0.00	-3.25
中山四路文化局	木头	2126±90	0.00	0.0	-1.06	-1.06
宝源路	淤泥	2120±90	-2.72	2.0	-1.06	-1.78
北郊石龙西社	腐木	1960±85	2.00	0.0	-0.98	1.02
海珠南路市桥街	淤泥	1880±75	-2.80	2.0	0.94	-1.74
河南赤沙沙堤	蚝壳	1870±60	3.50	-2.0	0.00	1.50

注：数据来自李平日等（1986），有整理。

海平面曾出现多次波动，但从整体上看逐步向南退离中心城区，中心城区即在海退过程中逐渐出露。全新世晚期海平面退到珠江南岸，河南赤沙沙堤（成分为蚝壳；1870±60aB.P.）表明浅海为沉积环境，代表当时岸线的位置。其他海平面标志物的钻孔河南小洲、中山四路文化局、海珠南路市桥街、宝源路和北郊石龙西社沉积物样品时代约在3000—2000aB.P.；花县渔民村孔3110±100aB.P.的淤泥见较丰富的爱氏辐环藻、硬刺马鞍藻等咸水种化石硅藻，北郊石龙西社1960±85aB.P.的沉积物中见五块虫、棒网虫等海相生物化石；花县龙口、黄先庄、炭步鸭湖新村等处也发现少量的海洋浮游型有孔虫泡抢球虫等，这些海相生物仅能反映中、晚全新世海进的影响在局部地区较为深入，但不足以说明海岸线曾达花县（现今花都区）（李平日等，1991）。

5.4　人类活动对城市景观的影响　◀◀

广州中心城区的建设过程，是改造自然生态景观的过程。这个过程也同时使人与自然之间的关系恶化，带来景观演变的负效应，包括水域生态、湿地生态、植被生态等的恶化。

5.4.1　水道变窄的灾害效应与河涌综合整治

5.4.1.1　河系简化

改革开放40多年来广州中心城区的扩展，使沿河两岸的湿地面积退缩。以中心城区的西部最为突出，白沙海和沙贝海变为白沙河和沙贝河，增埗河也缩为小河道，白鹅潭的水域面积遭到逼迫。城区的滘、涌、塘也在这个过程中逐渐减少。

珠江广州河段在古代相当宽阔。元代以前黄埔南海神庙前的黄木湾有
"大海"之称（梁国昭，2001；黄镇国，2007）。隋唐以前广州城下江宽逾
千米，宋时珠江前航道仍被称为"小海"。江面宽度晋代为 1500m，唐代
1400m，宋代 900m，明代 700m，清代 500m。鸦片战争以后，多次进行填江
造地，珠江淤积速度加快，清末珠江已由"小海"改称"省河"。

中华人民共和国成立后至 20 世纪 80 年代，城市建设大量占用河道，珠
江水面的缩窄明显。珠江北岸于 20 世纪 50 年代建大沙头客运站，向江心推
进 120~140m。20 世纪 80 年代建"珠江帆影"（后改为江湾新城），向江推
进 40~100m；沙面白天鹅宾馆一带，向江推进 60~90m（梁国昭，2001）。
与此同时，珠江南岸也向江心推进（李春初，1998）。20 世纪 50 年代修建
滨江路和 80 年代修建海印公园时，均占用部分河道。珠江南北两岸城市扩
张，陆地向江心推进，珠江变得越来越窄。目前海珠桥附近江面宽度约为
180m，仅为汉代珠江宽度的 1/10（梁国昭，2001）。

5.4.1.2　河渠淤塞

随着城市建设的发展，不透水地面面积扩大，地表径流量增加，水土
流失、工程淤泥处理不当等因素造成河涌淤塞和下水道淤塞严重。如市区
西北部的驷马涌—澳口涌，源出越秀山，流经越秀区和荔湾区，注入珠江，
全长约 5km，有 19 条支涌。1984 年以来，河床平均淤高超过 1.2m，暴雨时
难以迅速泄洪排涝。表 5-2 说明河渠淤积，接纳河涌的人工湖因淤积而缩
小。从表 5-2 看出，2000 年与 1987 年的原有面积比较，东山湖缩小
21.6%，荔湾湖缩小 33.4%，流花湖缩小 26.5%。表 5-3 反映老四区排水
涌渠包括道路渠道、沉沙井和濠涌的清淤量变化。表 5-3 中老四区排水涌
渠的清淤量成倍增长从侧面反映出河道的淤塞。老城区的排水系统大多是
20 世纪 50 年代铺设的，与地面建设不相协调，下水道淤塞严重。

表5-2		广州市人工湖面积	
湖名	1987 年面积/亩	2000 年面积/亩	缩小率/%
东山湖	607.5	476.6	21.6
荔湾湖	311.3	207.2	33.4
流花湖	666.0	489.9	26.4

表5-3		老四区排水涌渠的清淤量	

（单位：m^3）

年份	道路渠道	沉沙井	濠涌
1981 年	5113	12562	5183
1989 年	16270	41556	51348

注：数据来自黄镇国（2007）。

5.4.1.3　引发的灾害效应

由于广州水道属于"潮道"而不是"河道"，必须使其维持较大的过水断面，以保证足够的进潮量。但屡见不鲜的侵占潮滩现象，使河面被束（李春初，1998）。

人为因素使河涌的调蓄面积大量缩减，引起广州最高水位连年抬升。20 世纪 50 年代以后水位抬升最明显的时期与河涌过水断面面积显著减少的时期相对应。20 世纪 70 年代与 90 年代对比，由于联围筑闸、堵塞河涌、占用河滩的结果，黄埔以上河段河涌的水面面积大为缩减。按珠江基 1.0m 计算（黄镇国，2007），水面面积 20 世纪 50 年代有 58.9km^2，70 年代为 45.83km^2，减少 13.07km^2。按珠江基 2.0m 计算，水面面积 20 世纪 50 年代有 77.81km^2，70 年代为 52.68km^2，减少 25.13km^2。上述这一变化，引起浮标厂最高水位抬升 0.08～0.22m，其中主要河道的影响占变化量的 10%～20%，支汊河涌的影响占变化量的 80%～90%。

　　图5-3反映了广州9个水文站的水位长期呈上升趋势。图中广州最高高潮位的上升速率除个别站外，大多比最低低潮位的上升速率大，导致潮差增大。沿珠江干流的6个水文站，除上游的鸦岗水位上升速率较小外，上游的浮标厂和黄埔水位上升速率较大，分别为8.6mm/a和8.9mm/a，下游的站较小，三沙口为2.9mm/a，南沙和万顷沙为4.7mm/a。由此可见，潮流对广州水位上升的贡献较小。珠江水位异常壅高主要来自人为活动对江面的束窄。江河水位逐步升高，易诱发洪灾，从而加大广州市防洪的压力。

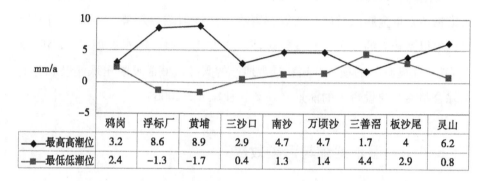

	鸦岗	浮标厂	黄埔	三沙口	南沙	万顷沙	三善滘	板沙尾	灵山
◆—最高高潮位	3.2	8.6	8.9	2.9	4.7	4.7	1.7	4	6.2
■—最低低潮位	2.4	-1.3	-1.7	0.4	1.3	1.4	4.4	2.9	0.8

图 5-3　广州地区水文站1950—1990年水位变化速率

注：据黄镇国（2007），略有修改。

5.4.1.4　城区水网的生态整治与建设

　　在反思城市化过程对水域生态的破坏后，广州利用河涌和人工湖等水体强化水域景观的连通性和整体性。从20世纪80年代开始以防洪排涝为主的河涌整治，目前河涌的综合整治包括截污、清淤、补水、堤岸维护、复绿等五个方面，并将市内河涌整治作为标志性水利工程之一。自1997年以来，整治河涌堤岸165km。新一轮的河涌整治是从2003年开始的，集中对城区内的22条河涌进行截污。作为污水处理厂的配套工程，河涌截污有利于珠江广州河段水质的保护。流花湖、荔湾湖、东山湖、麓湖等湖水因数十年来发展养鱼等原因受到不同程度的污染。黄镇国（2007）著文指出，

1990 年广州的情况，按污染指数从大到小排序，为荔湾湖（29.7）、流花湖（15.8）、东山湖（8.6）、麓湖（7.1）。2003 年以来，新河浦涌的截污改善东山湖的水质；司马涌的截污改善流花湖的水质。在荔湾湖和流花湖采用生物技术治污，已初见成效，湖水的能见度，荔湾湖从 40cm 提高到 60 ~ 80cm，流花湖从 15 ~ 20cm 提高到 60cm（叶恒朋，2006）。

通过减污和搬迁等措施，有效减少了对水域景观的污染。尤其是过去工业较密集的海珠区、芳村区、天河区逐步由工业区转型为商住区，环境污染逐渐减少，环境质量逐步改善。另外，广州市工业废水中无论是有机污染物还是重金属以及酚、氰等有害物均呈逐渐减少趋势。2006 年河涌黑臭现象得到较大的改善，水变得更清，岸变得更绿，污水处理率为 95% 以上。"珠江夜游"的项目开拓和景观地产的兴旺从侧面反映出珠江景观廊道的综合整治和建设带来的前景（翁毅、杜家元，2006）。

5.4.2 湿地退缩与污染效应

5.4.2.1 密集的水网湿地形成广州古城风貌

广州位于东、西、北三江汇合之地，占尽河海交通之利。历史上广州城内分布着纵横交错的水网，有西濠、东濠、南濠、玉带濠、清水濠、新河浦、杨基涌、猎德涌、海珠涌等大小河涌 100 多条。古时还有人工开凿的六脉渠，是广州 6 条排水大渠。这些濠、涌、渠贯穿城中，既可通舟楫，又利于排水和减轻水患，渠通于濠，濠通于江海。有些涌边濠畔，店铺如林，商业繁茂，船艇往来如梭，人称"濠畔风情"（梁国昭，2001）。城内外湖泊众多，大北一带有兰湖，小北有菊湖，城中有西湖（在今西湖路一带），西关有泮塘沼泽（黄镇国，2007）。湿地确立起古代广州的重要形象，美化城市景观、调节生态环境，孕育出特点鲜明的广州水乡文化。

5.4.2.2　湿地文化的淡化

富水环境决定了广州的生产、生活方式，2000 多年来涌现大量的人工湿地。古代广州城郊的农业生产是在利用河滩湿地的基础上发展起来的，以明代中叶为界，前期为稻作景观，"穗城"则为稻作景观的缩影，后期为基塘景观（曾新，2006）。改革开放以来人工湿地迅速减少，人工湿地在乡镇企业迅速发展的过程中受到强烈冲击，使得农田和基塘景观面积迅速萎缩，逐渐衰落呈破碎状，由原来的镶嵌格局向散点格局演变，如今大部分基塘农田景观已演替为城镇景观或工业景观。

历经 2000 多年，广州老城区的湿地环境变迁显著，面积广大的古湖泊及沼泽均已湮没。城中许多濠涌由于水质污染严重，先后被改建为地下排污暗渠。西濠、东濠、南濠及广州旧城的护城河被盖为暗渠，东濠上建为高架路。在海珠区由于城市的扩大，许多河涌被蚕食，有些甚至已被填埋。中华人民共和国成立后建设了东山湖公园、流花湖（为古兰湖的一部分）公园、荔湾湖公园、北秀湖公园、麓湖公园等公园。但近 20 年来，上述各大公园的水面面积都有不同程度的减少。据统计（梁国昭，2001），1960 年市区公园水面面积有 164hm^2，至 1995 年，减少 15.6%，为 135hm^2。沼泽地消失。"白荷红荔泮塘西，一湾溪水绿，两岸荔枝红"的岭南特色的风情美景为城市街区所替代，城市近郊石牌高校周围的大面积水稻田均已变成街区。

广州水域景观退缩，不仅使得其"水城"特色丧失，还使湿地生态功能弱化，生态环境污染、恶化成为广州城市化过程的负效应。根据监测资料（叶恒朋，2006），2002 年市域内 231 条河涌多为超 V 类水体，多数河涌水体黑臭。2004 年猎德涌和沙河涌的水质调查表明，广州城区的这两条河涌的水质属于劣 V 类，有机污染严重。沙河涌 COD_{cr} 最大超标 4 倍，BOD_5 最大超标 12.6 倍；猎德涌 COD_{cr} 最大超标 5 倍，BOD 最大超标 17.1 倍（金腊华等，2005）。

5.4.3 植被碎裂与净化效应

广州城区绿地景观因长期受人为影响，破碎化程度高，斑块形状规则。表5-4以景观多样性等7个指数分析广州城市绿地景观异性。从表中看出，广州绿地斑块密度和绿廊道密度分别为11.8和1.87km·km^{-2}，在中心城区绿地具有斑块小，破碎度大，多样性高，以随机分布为主的高异质性空间结构（李贞等，2000）。新旧城区之间有明显的差别：东山、荔湾、越秀3个旧城区各项指数均较高，绿地景观的破碎程度比新城区明显。新城区绿地斑块大，以均匀分布为主，天河区绿地建设、管理较为理想，海珠区绿地受干扰相对较少。中心城区绿地的分布极不均匀，大于10^{4}m^{2}的绿地斑块，旧城区荔湾区和越秀区分别只有15块和14块，而新城区的天河区为115块。

区域	不同面积（m^2）斑块数/个						总个数	面积/m^2				
	<100	100~10^3	10^3~10^4	10^4~10^5	10^5~10^6	>10^6		最小值	最大值	中值	平均值	标准差
荔湾区	186	98	49	14	1	0	348	1	27800	89	2265	15978
越秀区	135	62	34	12	2	0	245	1	750000	67	7399	59442
东山区	185	252	118	25	5	0	585	1	433200	225	4566	26482
海珠区	38	85	112	61	7	6	309	4	3260000	1560	61318	333381
天河区	25	116	152	78	28	9	408	7	14787390	2442	114646	855718

表5-4　　　　广州各区绿地景观生态格局分析

绿地景观的碎裂与中心城区城市景观的建设过程关系密切。以1990年、1999年、2000年和2005年的道路廊道延伸对绿地景观的影响，作为中心城区绿地景观格局变化趋势的研究例证。分别对1990年、1999年和2000年道路廊道取100m的样带，计算当年减少绿地景观格局的质心和被道路廊道穿过减少的绿地景观面积，得到城市拓展对绿地景观的影响分异组图。

表 5－5 和图 5－4 反映了道路廊道对植被景观退缩的影响。

表 5－5　以道路廊道为典型的对植被景观（农田和绿地）退缩的影响

道路穿过减少的植被	面积/m²	周长/km	穿过的最大斑块面积/m²	相对应地理位置	减少植被中心位置
1990 年	6304890	226272.42	821447	天河体育中心：广州大桥、广州大道	东山湖公园
1999 年	7314609	258242.72	3415953.8	珠江新城和潭村南面：华南大桥、海风路和海乐路	二沙岛
2000 年	29003988	738537.34	8172392.50	棠下：琶洲大桥、东圃大桥、车陂路、中山大道西部	磨碟沙
2005 年	14909678	298706.13	921266.50	白水塘：汇景南、北路和沐陂路	棠下

注：数据来自 1990 年、1999 年、2000 年、2005 年广州遥感影像和中心城区地图。

1990 年广州大桥和广州大道的通过性增加，绿地景观集中于东北部的天河村（今天河体育中心）、减少绿地景观为村落周边的农田植被为主，最大农田植被为 821447m²。西南部（坑口）和东南部（客村、琶洲）有零散退缩 ［图 5－4（a）］。

1999 年绿地景观在 1990 年减少的位置上继续蚕食周围的农田，集中减少的区域向南到达珠江新城一带，向东扩到潭村一带 ［图 5－4（b）］。

2000 年绿地景观的减少迅速增加，天河村、潭村、棠下和员村的农田植被片状的大面积减少。南部的瑞宝村（万亩果园）周围的绿地景观明显减少。适应房地产开发的需要，江海大道等道路廊道体系的完善，也引起万亩果园面积至少 2039756m² 的退缩。与 1999 年相比，2000 年绿地景观呈"跳跃式"递减，面积减少的中心位置向东南推移超过 2km，由原东山区东山湖—二沙岛跳移至海珠区的磨碟沙［图5-4（c）］。

2005年城区绿地景观的面积退缩较不明显。零散地分布在城区的白水塘、潭村等。绿地景观减小的最大面积仅为2000年的1/9。公园绿地如麓湖公园和燕岭公园被侵占［图5-4（d）］。

非建成区向建成区的转变过程中，中心城区的扩展主要造成绿地景观中农田植被的减少，2000年前后的减少速度明显加快。与前人的研究结果相近，娄全胜（2006）也认为，广州非建成区向建成区的转变，除与人口的异速增长呈99.7%的高正相关外，建成区占用耕地的相关系数高达94.5%。这表明，广州长期以来注重中心城区的城市绿地建设，城市化进程中只是大量的农田景观转化为城市景观，对城市北面山地的森林植被景观影响较小。

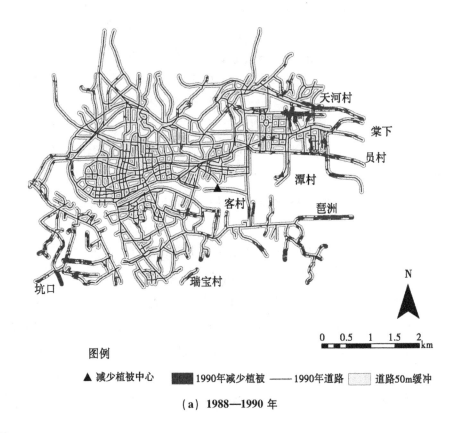

（a）1988—1990年

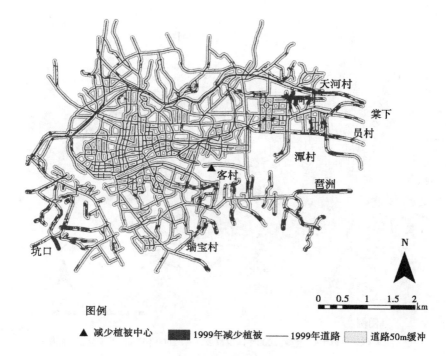

（b）1990—1999 年

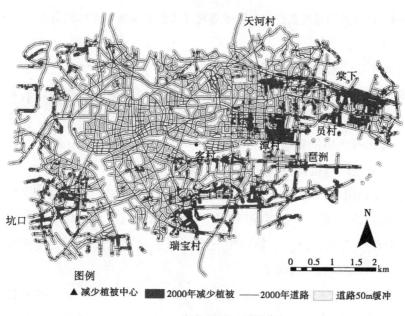

（c）1999—2000 年

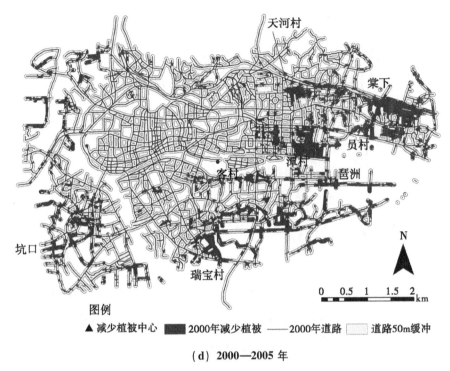

图例
▲ 减少植被中心　■ 2000年减少植被　—— 2000年道路　□ 道路50m缓冲

(d) 2000—2005 年

图 5-4　以道路廊道为典型的对植被景观（农田和绿地）退缩的影响

建成区的扩展，导致城区下垫面性质发生改变，植被生物量、净生产量和固碳放氧量的变化，削弱绿地景观的净化能力。根据对广州城区的调查（陈玉娟，2006），由郊区变为城区，其固碳放氧能力将降低 2/3。南亚热带常绿阔叶林的生物量和净生产量可达 357.97t/hm^2 和 29.61t/（hm^2/a），相当于广州建成区绿地植物生物量和净生产量的 12 倍和 2.7 倍（管东生等，1998）。同时绿化树木对环境大气 SO_2 的净化作用也很明显，植物对烟尘粉尘具有良好的阻挡、过滤、吸附作用。越秀公园林下的降尘量仅为闹市区的 1/5。大叶榕、石栗、白兰等使降尘减少 50%，是净化降尘的优良树种（郑芷青，1995；黄镇国，2007）。

从广州中心城区整体的绿地景观来看，绿地景观生态系统功能经过1990 年以来的恢复与建设，景观系统功能发挥正常。中心城区的森林覆盖率由 1978 年的 26% 变为 2005 年的 33.2%。1990—2005 年城市园林绿地面积从 14262km^2 增为 103678km^2，市区人均公共绿地从 3.88m^2 增为 11.32m^2，建成区绿化覆盖率从 19.5% 提高到 36.38%。表 5-6 说明，2000 年以来，园林绿地面积、人均公共绿地面积和建成区绿化覆盖率这 3 项指标同步显著提高，绿化取得显著成就，但人均公共绿地面积距离广州市的长远规划目标（20m^2）还较远。

表5-6　　　　　2000 年以来建成区的绿地建设

项目	2000	2001	2002	2003	2004	2005
绿化覆盖面积/hm^2	49088	106111	108815	110405	113970	118832
建成区	9400	16550	18068	20786	23487	26741
建成区绿化覆盖率/%	31.60	31.44	32.64	34.19	35.03	36.38
园林绿地面积/hm^2	45473	99144	103678	105158	109014	111931
建成区	8797	14677	15870	18397	21871	24403
建成区绿地率/%	29.57	27.88	28.67	30.26	32.62	33.2
公共绿地面积/hm^2	2705	4646	5015	5554	6202	6988
人均公共绿地面积/m^2	7.87	8.05	8.59	9.44	10.34	11.32
公园个数/个	72	125	144	156	173	191
公园面积/hm^2	1883	2797	2883	2980	3033	3230
建成区面积/km^2	297.50	526.42	553.50	607.97	670.48	734.99
游人量/万人次	10390	10813	11078	12065	12036	13256

注：数据来自广州市统计局。

5.5 城市景观演变对人类活动的响应

5.5.1 人工廊道效应与城市景观演变的关系

图5-5简单展示了道路延伸与城市扩展的相互作用。广州城市景观的
演化过程如下。

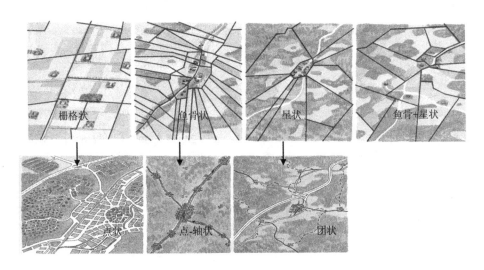

图5-5 廊道景观与城市的相互作用及其演化过程

注：据（英）斯蒂芬·马歇尔（2014），有修改。

1900年前城市路网呈栅格状，城市景观呈散点状格局。这样的廊道格
局人们所能达到的地域范围十分有限，经济活动高度集中于北京路一带。

1900—1954年广州城市道路廊道呈鱼骨状，以明显主导方向延伸。随
着广三、广九及粤汉铁路通车，铁路成为重要的交通方式，并与珠江一起

形成两条城市拓展轴。沿着铁路和珠江轴线向外扩展，广州城市空间格局逐渐过渡到点 – 轴状城市。近代交通路网改善了城区交通条件，使商贸办公、文化休闲等活动迅速向外发展，但由于 CBD 的服务内容及服务半径有限，各种经济活动仍集中分布于北京路一带。

1955—1980 年星状路网引导城市空间格局向呈分散团状城市演化。顺应现代路网形成居民区、工业区、商业区等城市功能分区，地域结构分化日趋明显。

20 世纪 80 年代以来，"鱼骨状 + 星状"的复合路网促进广州城市景观格局发展为典型的带状组团式城市，整个城市由旧城区组团、天河组团、员村东圃组团、黄埔组团等沿珠江轴线呈带状铺开的四个组团共同组成，促进了对交通路网格局的选择。

2000 年以来，"放射状 + 棋盘式"的复合路网使得城市景观格局更为复杂。路网 ES 方向的延伸，促进带状组团式的城市景观向 E、S 双向推进，出现明显的扩展轴。

广州整体景观格局对于其特殊地理区位、经济政策以及不同行政区的响应各不相同。由于城市扩展会造成城市质心发生变化，故以城市主干道解放路和中山路作为研究区固定的中心位置。

以 1000m 间距作为城市景观样带范围，分析 1966—2005 年广州道路廊道与城市扩展的关系，从中可以获得道路长度（L）与城市面积（S）的变化数据。

5.5.2　廊道效应对城市景观格局的影响

5.5.2.1　人工廊道与城市景观整体关系的分析

本章利用公式（5 – 1）、（5 – 2）、（5 – 3）分别计算了 1966—1979 年、1979—1988 年、1988—1999 年、1999—2002 年、2002—2005 年城市景观扩

展速率和人工廊道增长速率，以及 1996 年、1979 年、1988 年、1999 年、2002 年和 2005 年的城市景观紧凑度和城市景观的分维数。

图 5-6 展示 1966—2005 年中心城区人工廊道和城市景观变化引起城市景观格局的变动。1966 年以来城市景观扩展速率和人工廊道增长速率变化较大，导致城市紧凑度明显降低，城市形状趋于松散、狭长。同时城市景观的分维数明显增加，城市形状变得更复杂。

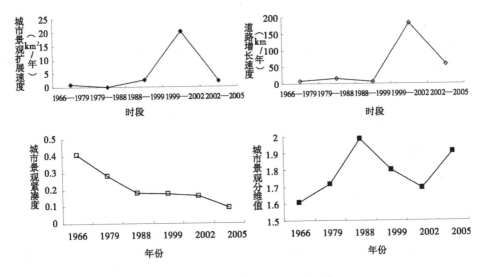

图 5-6　中心城区城市景观格局变化

从图 5-6 看出，1966—2005 年城市景观和人工廊道的变化速率呈两种变化趋势。一方面是变化时间的非同步性。体现两者在最小变化速度的出现阶段有差异。城市景观最小扩展速率 0.04km²/a 出现在 1979—1988 年间，而人工廊道最小增长速率 5.33km/a 出现在 1988—1999 年期间，两者在时间上呈不同步变化。另一方面是变化幅度的一致性，体现在两者在 1988—2005 年的变化曲线相近。城市景观最大扩展速率为 20.29km²/a，人工廊道最大增长速率为 182.29km/a，两者最快速率均出现在 1999—2002 年间。2002 年后两者的增长速率分别迅速减少为 2.01km²/a 和 57.33km/a。城市景观的两个增长极值 0.04km²/a 和 20.29km²/a，与道路廊道的两个增长极值 5.33km/a 和 182.29km/a，两组极值相距甚远，反映出改革开放 40 多年来中心城区的人工廊道和城市景观变化十分剧烈。

1966—2005 年城市景观紧凑度由 0.41 降至 0.09，中心城区向外扩展明显，城市景观格局变得更为狭长。1966—1988 年紧凑度最为剧烈，减少了 0.226，在此期间分维数达到最大值 1.984。这说明城市景观迅速向外拓展，结构改变使得城市形状更为复杂。其次是 2002—2005 年，紧凑度减少了 0.012，在此期间分维数由 2002 年的 1.69 增加到 1.91。这反映了紧凑度和分维数存在明显的负相关的关系。

5.5.2.2　人工廊道与城市景观整体关系的测定

根据前面的分析可知，人工廊道与城市景观的变化具有非同步性和一致性，人工廊道和城市景观数量上的变化引起城市景观格局发生变化（翁毅等，2009）。

本章以广州建市以来的主干道——解放路（NS 方向）和中山路（WE 方向）的交汇处（即地铁换乘中心公园前站）作为研究区固定的中心位置。根据式（5-4）、式（5-5），建立围绕研究中心向外等距（以 1km 的倍数作为半径）的样带，2005 年城市景观包括 11 个样带，即从研究中心到相应的城市景观边界的最大距离为 11km。其他年份作为样带的方法与 2005 年相同。

表 5-7 和图 5-7 说明道路增加与城市扩展呈二次曲线关系，根据表 5-7 获得人工廊道效应和城市景观定量关系的拟合方程为：

$$Y = -0.000333x^2 + 0.129x - 0.356$$

分析 1966—2005 年广州人工廊道与城市扩展的关系，以完全覆盖城市景观和廊道的样带集与 1996 年、1979 年、1988 年、1999 年、2002 年和 2005 年城市景观和人工廊道切割，获得 1966—2005 年以 1km 为宽度的城市景观面积（S）和人工廊道长度（L）的 55 组变化数据。分别统计和计算每一样带上的城市景观面积和人工廊道的长度。计算样带上的人工廊道与城市景观面积分维数，其数值在 -3 ~ 3 之间，表明道路增加与城市扩展之间不呈线性关系。

表 5 - 7 道路增长与面积扩展关系的参数

方程式	未标准化参数		标准化参数 β	t	Sig.
	B	Std. Error			
常数项	-0.356	0.470		-0.757	0.452
道路长度	0.129	0.0158	1.524	8.184	1.699e - 011
道路长度平方	-0.000333	9.506e - 005	-0.652	-3.505	0.0008
二次方程式	R^2	F	df_1	df_2	Sig.
	0.835	159.809	2	63	0.000

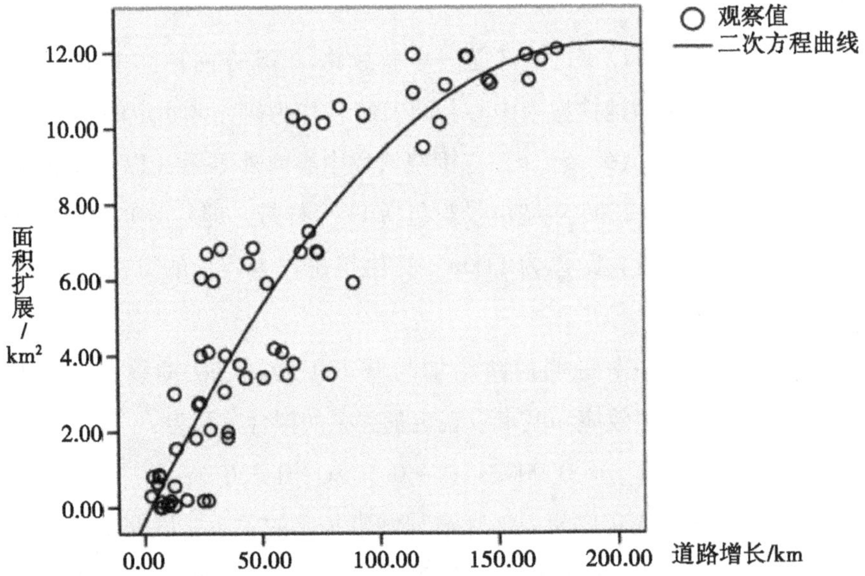

图 5 - 7 道路增长与面积扩展的数量关系

根据每个样带景观面积和道路长度的形态数据描绘其散点图，运用 SPSS 统计软件进行曲线拟合，以揭示它们之间的数量关系（表 5 - 7、图 5 - 7）。

表 5 - 7 说明道路增长与面积扩展的模型和参数分别通过 F 检验和 t 检验，R^2 为 0.835，表明拟合结果与实际情况较符合。根据拟合方程，计算得出两个极值。城市景观（Y）的最小值表明，当道路长度（L）扩展到 2.766km 时将引起城市景观的扩张，两者在时间上存在不同步。城市景观的最大值表明，当道路增加到一定程度时，出现增长的最大值，两者在变化幅度上存在一致性。此时城市景观面积达到最大值，城市景观扩展到样带的边界范围，道路长度与面积变化的关系不再存在，此时道路的长度约为 194.336km，城市面积为 12.137km^2。据此认为，利用道路长度和景观面积关系反映了道路增加和城市拓展之间的关系，较符合中心城区的廊道效应与城市景观的变化规律。

5.5.3　廊道效应对城市景观梯度分异的影响

廊道效应与城市景观格局演变呈二次曲线关系，道路增长引起城市景观的扩展。廊道效应和城市景观的拓展均存在梯度变化，廊道效应影响着城市景观的梯度分异。

根据式（5 - 6）、式（5 - 7）、式（5 - 8），分别计算 1966—2005 年中心城区人工廊道等扇面法截取的八个扩展方向的扩展强度指数、平均扩展强度指数和最大扩展强度指数。将各年份的平均强度指数累加得到 1966—2005 年中心城区廊道效应对城市景观梯度差异的综合影响，如图 5 - 8 所示。同时将各时期城市景观在各方向的最大扩展强度指数绘成城市扩展玫瑰图（图 5 - 9），获得中心城区的扩展主轴。

图 5 - 8 和图 5 - 9 分别说明 1966—2005 年中心城区人工廊道和城市景观在各方向上存在明显的扩展差异。从图 5 - 9 中可以看出在城市化的 40 年间，人工廊道在 ES 方向（向沿海）扩展最为迅速，各时期均有一定的扩展

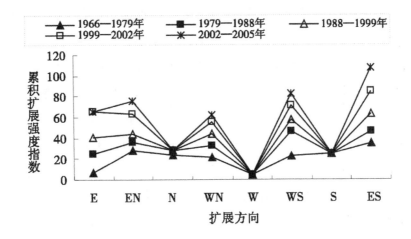

图 5-8　1966—2005 年中心城区道路廊道在各方向上扩展的综合分异

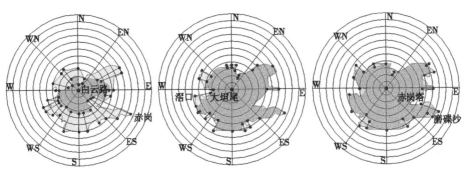

(a)1966—1979年中心城区扩展　(b)1979—1988年中心城区扩展　(c)1988—1999年中心城区扩展

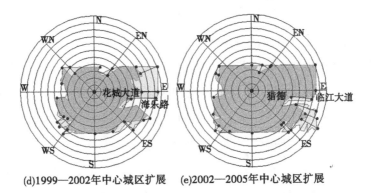

(d)1999—2002年中心城区扩展　(e)2002—2005年中心城区扩展

图 5-9　广州中心城区动态扩展图谱

量。其次为 EN 和 WS 方向，EN 方向在 1966—1979 年间扩展最快
（27.86），WS 方向在 1979—1988 年间扩展最快（24.01）。E 方向 1966—
2002 年道路扩展指数由 6.73 增至 24.86。WS 方向上的扩展幅度小，除
1966—1979 年分别扩展 5.05 和 25.27，其余年份人工廊道延伸甚少。

从图 5－9、图 5－10 中可以看出与人工廊道延伸相对应的城市景观的
拓展。1966—1979 年扩展最快，扩展指数为 35.08，此时城市景观相对应的
扩展也出现在 ES 方向，由江北的白云路跨过珠江［图 5－9（a）］，延伸到
江南的赤岗塔。人工廊道在 8 个方向上的拓展使得此时的城市景观呈面状铺
开，主要是在老城区周围拓展。一系列渡江大桥的建成，使得城市景观受
限于珠江等自然条件的约束减少，向 ES 扩展最盛。

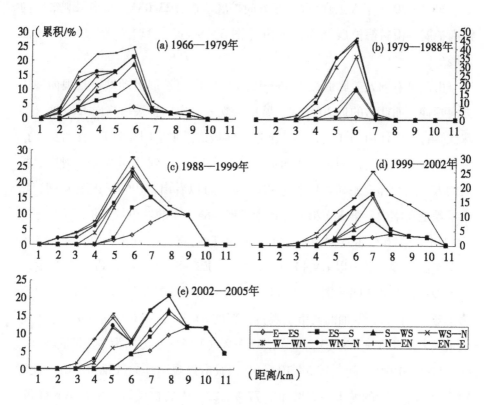

图 5－10　由选定中心至共同城市景观边界 11 个样带的扩展差异

1979—1988 年人工廊道在 WS 扩展的速度最快,与之相对应的城市景观由大坦尾拓展至滘口 [图 5 - 9 (b)],也向西扩展至江南。城市景观向外铺开的速度减慢,集中于 WS 和 WN 方向的延伸。这可能与改革开放开始后,加快与广州西部邻市——佛山的发展有关。

1988—1999 年人工廊道在 ES 和 E 方向延伸最快,扩展指数分别为 16.96 和 16.41,相对应的城市景观在江南的赤岗塔至磨碟沙扩展最盛 [图 5 - 9 (c)]。城市景观向四周的扩展相对较慢。

1999—2002 年地铁和 E、ES 和 EN 方向的人工廊道建成迅速带动 E 和 ES 方向的城市景观呈定向扩展趋势,最突出的表现为花城大道至海乐路 [图 5 - 9 (d)],临江(江北)的珠江新城附近城市景观的扩展。

2002—2005 年人工廊道在 ES 方向扩展最快(23.05),城市景观继续向江南扩展,由猎德扩展至临江大道 [图 5 - 9 (e)],转为 ES 方向的定向扩展。

由此可看到人工廊道在 1966—1988 年间向西扩展带动城市景观向佛山方向延伸,而此后的近 20 年间,城市景观一直定向扩展——向 E 双轴(与珠江平行,在江南和江北)逐渐推进,使城市景观呈明显向 E 凸出的格局。

图 5 - 10 则具体刻画了从选定中心(公园前)到共同城市景观边界扩展的方向性和梯度差异。从图 5 - 10 (a)可以看出,1966—1979 年间,城市景观主要集中于第 3 至第 6 样带中扩展,84.8% 的城市景观扩展集中于这 4 个样带,第 6 样带(24.4%)扩展最为剧烈。8 个方向上的城市景观均有一定量的扩展,其中以 EN—E(21.7%)、ES—S(19.3%)扩展轴为主。

1979—1988 年间 [图 5 - 10 (b)],城市景观扩展向外推进 1km,集中于第 4 至第 6 样带,增加的城市景观占全部的 84.3%,第 6 样带(45.9%)扩展量最大。以 W—WN(31.4%)、WS—W(28.3%)方向为主要扩展轴。

1988—1999 年间 [图 5 - 10 (c)],城市景观继续向外推进 1km,此时第 5 至第 8 样带的城市景观增加了 77%,27.8% 的扩展量集中在第 6 样带,以 E—ES(32.1%)、S—WS(19.2%)方向为主拓展轴。

1999—2002 年间［图 5 - 10 (d)］，城市景观向外扩展的同时，拓展范围增大 2km，集中于第 5 至第 10 样带，第 5 至第 10 样带城市景观超过 10%，增加占全部增加量的 94.4%，第 7 样带（25.4%）扩展最为剧烈。EN—E、E—ES 方向分别占全部扩展量的 45.3% 和 18%。

2002—2005 年间［图 5 - 10 (e)］，第 5、第 7 至第 10 样带城市景观均增加超过 10%，77% 集中于此样带，在第 5 样带（15.6%）、第 8 样带（20.8%）出现扩展高峰。以 ES—S 方向扩展最盛，占全部扩展量的 47.6%。

由此可以看到中心城区的城市景观向外逐渐推进，1966—1999 年期间，以 1km 为单位向外推进。1999 年后城市景观扩展的范围大约增加 1km，最大扩展样带也由第 6 样带向外推进，可认为是城市景观增加的速度变快，出现城市景观的绵延带。2000 年前城市景观集中于第 6 样带的扩展，是城市景观的"生长点"，已形成新的城市景观中心。2002 年以来城市景观继续向外推进，城市景观的增长较为复杂，可能会出现多个增长中心。

广州市的老城区主体在市区西部。1966—2005 年中心城区以珠江作为景观扩展轴向东（杨箕—天河—石牌—东圃，沙溪—鹭江—新滘）、南（客村—瑞宝—沥滘，2000 年城区拓展突破珠江南航道），中心城区的重要功能分区（CBD、居住区、文教区等），通过道路和水系廊道相连呈岛状镶嵌，形成城市景观分布最为集中的区域。广州的城市空间结构在 20 世纪 60 年代尚比较稳定，70 年代开始向各个方向延伸，80 年代以后向 E、ES 方向"东进""南拓"，城市扩展由原来的无序状态转向有序变化。1999—2002 年城市扩展出现跳跃，即城市景观出现蔓延地带，2002 以来已恢复正常。这反映出人为活动已在城市景观演变中起到主导作用。

广州的城市化兼有多种方式而形成奇特的局面。第一种方式是常规的城市化，即城市范围的扩展与城市文明的推进协调发展。第二种方式是"假城市化"，即城市建成区迅速扩大，但居住的是大批还没有城市化的人，"城中村"就是这种城市化留下的后遗症。第三种方式是"跳跃式"的城市化，即不伴随城市建成区的连片扩张，只是在外围出现一些不连续的城市组团，如 20 世纪 90 年代以来，广州城市外围开发建设了一批高品质配套的住宅区（李文翎等，2002）。

5.5.4 城市扩展的规模效应

5.5.4.1 城区中心的变化（CBD）与"多极—多核心效应"

广州老城是以正南门—广州府衙—越秀山一带为城市中心区（周霞，2002）。1928—1936 年，在原城市政治中心区陆续修建中山纪念堂等建筑，形成以越秀山中山纪念碑—中山纪念堂—市府合署—中央公园为轴线的新的城市政治行政中心区。随着广州长堤、太平路、惠爱中路、上下九路、永汉路等廊道的拓宽、拉直和打通，逐步形成以西关上下九路为中心的 CBD。20 世纪 20—30 年代，由于城市经济的复苏，城市人口增多，政府参照西方国家在战后改良住宅的做法，在东山区进行大规模的高级住宅区的建设。东山区布局疏散的花园洋房和西关区密集多荫的合院大屋形成鲜明对比，故有"东山少爷，西关小姐"的说法。同时这也是广州城区历史上最早的一次大规模东扩，也为广州中心城区的 CBD 发生东移埋下伏笔。

中华人民共和国成立后，广州采取工业化的城市发展道路，重生产轻消费，忽视第三产业的发展。在计划经济体制下，土地实行无偿分配制，不少行政机关"无偿"占用市中心区 CBD 的大片宝贵空间。改革开放以来，市中心区的商业重新活跃起来，第三产业的其他行业也迅速发展，逐步形成真正的 CBD，不再是改革开放前的"城市中心零售区"（叶浩军，2013）。"六运会"和"九运会"的举办，使广州的空间结构突破广州大道向东发展，尔后又带动了珠江新城的开发，城市基础设施新建和改造进展迅速。由此拉开天河新区建设的序幕，并进一步成为广州空间大规模扩展的主骨架，并逐渐成为新的城市中心区和城市中轴线。巨型城市的 CBD 由单中心向多中心变化，形成新的城市化核体系，继续推进城市景观的演进

（潘卫华等，2004）。2000 年"南拓"后，南沙区成为广州发展的"第三极"并迅速地拓展，多极多核心的变化趋势得到进一步强化。

5.5.4.2　城市热岛效应

城市热岛效应是指城区温度高于郊区、乡村。热岛效应叠加在区域高温的背景上，形成城市高温环境，这是一种公害。广州城市热岛效应的发展与稠密的人口、集中的工业、繁忙的交通、密集的建筑密切相关。城市作为一种特殊的下垫面，消耗着大量的能量，能量的消耗量随着城市的发展而呈指数增长。这些能量绝大部分消耗在城市的环境空间之中。人为因素会增强城市的热岛效应（张红等，2004）。

广州市城市热环境的总体特征表现为城镇区域的地表温度高于农区，农区的地表温度高于地形起伏较强烈、高大树木覆盖度较高的山区（范绍佳，2005）。整体上，广州市的热岛效应主要分布在城镇的工业集中区、建筑密集区、高等级公路密集地段，以及广州市北部山地丘陵区域中向阳坡的旱地、裸地集中带；在广州市番禺区南都的平原农区，热环境相对均衡，一般来说热岛效应并不明显。

广州的热岛效应。20 世纪 80 年代热岛的中心区或高温区位于荔湾区和越秀区，以中山七路与荔湾路交界处至中山五路与北京路交界处为直径的近似于圆形的区域，温度等值线几乎是以西部的荔湾区为圆心向四周逐渐降低的同心圆分布（张红等，2004；汤超莲等，2014）。1992—1999 年热岛效应分布图表明中心城区周围是热岛效应最集中分布的地区，且随着城市扩展向东移。20 世纪 90 年代以来，广州城区热岛效应的空间分布表现为"两线四区"的特征。两线主要是沿珠江北岸从黄埔开发区到东山区广州港客运站东西向热岛强度"最强带"，以及从广州火车站自西向东经天河区、黄埔区到新塘镇的广深铁路沿线的热岛强度"次强线"；四区是指热岛效应集中、强度十分明显的地区，主要指黄埔区的黄埔新港地区、黄埔区的广州石化总厂地区、海珠区昌岗中路、工业大道中、江南大道南的工业集中区，以及芳村区白鹤沿广钢集团地区。广州城区热岛效应严重程度从强至弱的顺序为黄埔区—天河区—海珠区—芳村区，与广州城区的工业布局状况相吻合。导致广州城区产生热岛效应的首要原因是工业、运输业集中地的生产热量排放（张红等，2004）。

5.6　人类活动引导下的滨海城市景观演变

以广州中心城区为典型研究区，分析华南海岸带城市景观演变对气候变化和人类活动的响应，主要结论如下。

一是广州中心城区的城市景观在中全新世海退的过程中逐步形成。根据广州中全新世的滨岸沙坝等海面遗迹，中心城区在海退过程中逐渐出露，曾受到中全新世（Q_4^2）和晚全新世（Q_4^3）两度海侵，但从整体上逐步向南退离中心城区。约在 2300aB. P.、1900aB. P.、1700aB. P.、1300aB. P.、1100aB. P. 和 800aB. P. 出现高海面。番禺东涌镇 PD 孔的三角洲沉积物的碳氮记录旁证了广州中全新世以来的多次海平面波动。

二是广州一带的贝丘和沙丘等文化遗存表明气候变化与海平面波动具有较好的一致性，广州中全新世气候变化幅度不大，曾出现波动性变化，比较显著的是，5000—4500aB. P. 的变凉和 4500—3400aB. P. 的炎热，近3000 年以来有多次小波动。海平面曾出现多次波动，广州市区曾受到中全新世（Q_4^2）和晚全新世（Q_4^3）两度海侵，但从整体上逐步向南退离中心城区，中心城区在海退过程中逐渐出露。

三是随着热带滨海城市化进程加快，广州中心城区人工廊道和城市景观等强干扰景观占绝对优势，快速地改变了城市景观基质和景观格局。1988—2005 年人工廊道与植被退缩的关系表明，广州非建成区向建成区转变、中心城区扩展，引发植被景观（农田植被）锐减，2000 年后减少速度有所减缓。广州大桥和广州大道的通达性增加,植被景观整体呈"绵延式"退缩,集中于棠下、天河村、潭村、白水塘、瑞宝村、赤岗及琶洲等区域。这些改革开放后集中建设发展的新城区,在以损失植被景观及湿地景观等透水面为代价的"东进"过程中,引发滨江城区内涝水害等诸多环境问题。

　　四是廊道效应明显影响着城市景观的梯度分异,城市景观常常呈定向扩展。城市景观演化则由四周扩展的无序状态按规划方向延伸转变,经历"假城市化"和城市蔓延阶段,景观格局顺应地由点状格局向具有明显优势拓展轴的面状格局转变,反映出人为活动开始引导滨海城市景观演变。1966—2005 年广州中心城区人工廊道效应与城市景观演变关系研究表明:人工廊道与城市景观在数量上呈二次曲线关系,人工廊道与城市景观的变化具有非同步性和一致性。道路的延伸是城市化进程的第一站,道路扩展带来城市空间向外拓展;人工廊道效应影响着城市景观的梯度分异,建成区景观的梯度推进,带动新城的发展,又再一次推动新的廊道中心建立。

第 6 章

生物海岸景观演变对气候变化和人类活动的响应

生物海岸景观包括红树林和珊瑚礁景观，是热（亚热）带海岸的标志性景观。红树林受惠于黑潮，天然分布的北界福鼎（27°20′N）有耐寒而广生的秋茄（1种）。造礁石生珊瑚（6种）仅分布至福建东山岛。本研究选定华南海岸范围的北界至福建东山岛（24°N），属于中国热带海岸的范畴，为红树林景观和珊瑚礁景观分布最为集中的区域。

红树林、珊瑚礁、上升流与海滨沼泽湿地并称为生产力最高的四大海洋自然生态系统，红树林和珊瑚礁景观系统历来是周边居民的"天然粮仓"，因此华南生物海岸景观受到人类的索取压力大，保持景观系统正常功能的难度也随之加大。表6-1反映出华南沿海已先后建立6个国家级红树林保护区和珊瑚礁保护区，保护热带海岸典型景观的天然生境。其中北海山口因英罗港、丹兜海的红树林种类多、面积大和群落类型齐全，发育好，是1990年国内最早建立的红树林自然保护区之一，在华南海岸的红树林景观中具有一定的代表性。徐闻珊瑚礁景观是中国大陆沿岸唯一发育和保存的珊瑚岸礁，集中反映了华南海岸热带北缘的珊瑚礁景观的发育和演变，具有典型的代表性。

表6-1　　　　　　　　华南生物海岸景观保护区概况

保护区名称	位置	保护面积/hm²	保护对象	主管部门
东寨港红树林自然保护区	海南琼山	5200	红树林生态系	林业部
福田红树林鸟类自然保护区	广东深圳	405	红树林生态系	林业部
山口红树林生态自然保护区	广西合浦	8000	红树林生态系	国家海洋局
清澜港红树林自然保护区	海南文昌	3333	红树林生态系	林业部
三亚鹿回头珊瑚礁保护区	海南三亚	4000	珊瑚礁生态系统	国家海洋局
徐闻珊瑚礁自然保护区	广东湛江	4378	珊瑚礁生态系统	国家海洋局

注：资料来自赵焕庭（1999）、恽才兴（2002）。

　　本章以广西北海山口国家级红树林自然保护区和广东湛江徐闻国家级
珊瑚礁自然保护区为典型研究区域，分析气候变化（主要指 6000aB. P. 以
来，全新世中期的气候变化及其环境效应）和人类活动（主要指改革开放
以来，40 多年的经济和社会建设）对华南生物海岸景观演变的自然压力和
人为干扰，重点分析建区前后人类活动强度的变化，探讨人为正向干预对
华南生物海岸景观的影响。

6.1　研究区概况　◂◂

　　山口国家级红树林自然保护区由广西合浦县东南部沙田半岛东（英罗
港）西（丹兜海）海岸及海域组成，东与广东省湛江红树林保护区接壤，
地跨合浦县的山口、沙田、和白沙三镇。

　　红树林景观的基本特征是在潮间带上部生长着红树林的耐盐常绿乔木
或灌木（赵焕庭等，1999）。由于山口英罗港、丹兜海的红树林种类多、面
积大和群落类型齐全，发育最好，1990 年被首批划分为国家级海洋自然保
护区（梁文、黎广钊，2002；范航清，2005），也是国内最早建立的红树林
自然保护区。保护区的功能区划分为核心区、缓冲区和过渡区。

　　核心区（Core zone）：主要分布在英罗港海域，面积为 824hm^2。以保护
珍贵濒危的红海榄和木榄重要种源地为主，群落高大，林冠整齐，景观优
美，生物多样性丰富。区内实行封闭式管理，严禁毁林开发。

　　缓冲区（Buffer zone）：主要位于丹兜海，面积为 3600hm^2。以连片面积
最大、植株矮小的桐花树和白骨壤群落为主。区内进行恢复造林、次生林
改造及生态养殖试验，探索红树林资源可持续利用的方法和模式。

　　过渡区（Transition zone）：为海岸高潮线以上 1km 以内的陆域和林区外
围的海域滩涂，过渡区面积为 3576hm^2。这里是当地村民渔业生产和耕作

区。主要限制、防止人为活动和自然因素对红树林及海岸环境的不良影响。

山口红树林保护区海岸线长50km，管辖范围总面积8000hm^2，其中海域和陆地面积各占一半。该区域属南亚热带季风型海洋性气候，年均日照时数为1796~1800h，≥10℃积温7708~8261℃，1月均温为14.2~14.5℃。年平均气温23.4℃，极端最高气温38.2℃，极端最低气温2.0℃。年平均降水量1573.4mm，其中80%~85%集中在4~9月。蒸发量1000~1400mm，平均相对湿度为80%，主要灾害性天气为台风（年均2~3次，多在7~8月发生）和暴雨（中国海湾志编纂委员会，1993）。潮汐类型为非正规全日潮。在一年中约有60%的时间为一天一次潮，其余时间为一天两次潮。平均潮差2.52m，最大潮差6.25m。当地海平面比黄海基面高0.37m，水的年平均温度23.5℃，盐度约20~23，平均海水盐度28.9，pH值7.6~7.8。保护区东面的英罗港有武留江、洗米河和湛江的大坝河三条小河流入，西面的丹兜海有那郊河注入，但径流淡水注入量很少。

气候温和，光热充足，干湿季分明等气候特点十分有利于红树林植物的生长发育。主要的群落类型按照其分布的潮位有木榄群落、红海榄群落、秋茄群落、海漆群落、桐花树群落和白骨壤群落等（范航清，1996）。2001年国家林业局组织开展全国红树林调查（采用1:50000TM和SPOT卫星数据结合1:10000地形图），山口国家级红树林保护区红树林各地类面积合计为1085.9hm^2，其中红树林有林地面积806.2hm^2，未成林造林面积18.2hm^2，天然更新林地面积24.4hm^2，宜林地面积237.1hm^2。红树林有林地面积按起源计：天然林723hm^2，人工林83.2hm^2。

徐闻珊瑚礁保护区作为国家级自然保护区，源自1999年8月成立徐闻县级珊瑚礁保护区，2003年6月晋级为省级保护区，2005年晋级为国家级保护区。保护面积共14378.5hm^2，其中核心区4376.6hm^2，缓冲区5748.7hm^2，试验区4253.2hm^2。近10年来，在全球气候变暖和海平面上升的总体背景下，该珊瑚礁景观处于自然恢复之中。保护区内珊瑚礁有腔肠动物门的珊瑚18科65种，尚还有未被发现的种类；礁栖无脊椎动物包括软体动物门、节肢动物门、棘皮动物门、环节动物门、腔肠动物门和海绵动物门的 55 科 115 种（赵焕庭，2006）。

　　灯楼角珊瑚礁景观属于雷州半岛礁区，是分布在中国大陆海岸珊瑚礁最北的典型热带海岸景观。它位于广东雷州半岛西南部，分布在徐闻县角尾、西连两乡西海岸一带的浅海区。宽 200～1500m，呈南北走向的狭长带状分布。海区的海水温度、盐度、透明度和环境质量，均适合造礁石珊瑚生长。北热带季风气候特点鲜明，据附近 4 个气象观测站观测，1950 年以来的徐闻年平均气温为 23.46℃，年平均雨量为 1372.6mm，年平均热带气旋为 2.56 个。1960 年以来该区春、夏、秋、冬的季平均海水表层温度（SST）分别为 23.86℃、29.67℃、26.49℃和 19.47℃，年平均 SST 为 24.87℃（余克服等，2002）。该区为不规则半日潮，各月平均潮差 1m 左右。风暴潮对本区的影响主要是增水，据附近流沙港、海安等地的潮汐站资料估计（赵焕庭，2006），研究礁区的最大台风增水值为 1.5～2m。据流沙港海洋观测站 1960—1967 年观测（1967 年后该站取消），该区年平均表层盐度在 31.5～33.0 之间，年平均盐度为 32.3，6～11 月盐度较低，12 月至次年 5 月盐度较高（32.5～33.0），最高盐度为 34～35。综上所述，该自然保护区自然环境条件较适宜珊瑚礁景观的形成和发育。

6.2　红树林景观的气候变迁及其环境效应

　　中全新世大暖期以来，山口红树林景观的格局基本形成。据广西北海外沙 CK10 剖面（莫永杰，1996），深 7.5m，分 6 个孢粉带。从图 6-1 中看出，其中全新世以来的 3 个带约 8000aB. P.（样品年龄 7912aB. P.）红树林开始复兴，但早全新世红树植物孢粉仅占孢粉总数的 0.68%～0.93%。中全新世（样品年龄 5998aB. P.）红树林繁盛，尤其是桐花树，红树植物孢粉占 1.35% ~ 2.11%，尔后降为 0.59% ~ 0.83%，但晚全新世回升至 1.48%。气候仍有波动，引起红树林景观边界变迁。

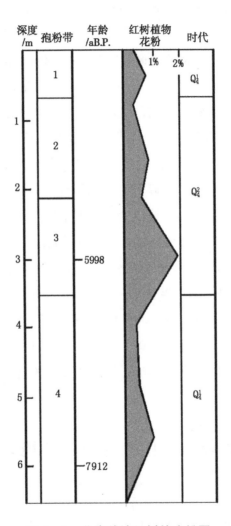

图 6-1　北海外沙红树林孢粉图

注：据黄镇国（2002），经简化。

全新世暖期带来红树林复兴。北起福州，南至北海，8 个地点的剖面表明，末次冰期红树林衰落之后，早全新世 9656—7912aB. P. 红树林重新开始发展起来。其间约 7000aB. P. 为盛期，反映全新世大暖期的盛期。深圳湾剖面 7080aB. P. 左右还出现过海桑和红树。香港深湾剖面全新世不见海桑，但有海莲。因此在大陆沿岸，以海桑和海莲为代表的典型红树林在中全新世尚可见到，中全新世之后才完全消失。典型红树林的北界，末次间冰期曾达 23°40′N 的韩江三角洲，而中全新世也曾达 22°20′N 的珠江口。

气候大暖期引起海平面波动，表现为红树林景观向内陆扩展。东海陆架的全新世红树植物花粉是黑潮和台湾暖流从南方携带而来的。中全新世以来海桑科在 19°30′N 以北已不复出现，但是台湾岛以东日本的西表岛现今仍有杯萼海桑，这是受黑潮的影响，耐寒的秋茄最北还分布到日本的鹿儿岛湾。水深约 50m 和 20m 海底表层样品中较多的红树植物花粉，反映全新世海平面回升过程中有过两次停顿。中全新世最大海侵时期，红树林分布的内界距离现今海岸约 40km（韩江三角洲）或 80km（珠江三角洲）（黄镇国等，2002）。

6.3　红树林景观演变对气候变化的响应

红树林景观演变对气候变暖和海平面相对上升的响应显著。第四纪以来，中国热带气候环境相对稳定。根据 40 多个有关气候波动的实例分析（黄镇国，2006），中国热带第四纪几个特征时段比今升温的幅度为 1.0 ~ 3.0℃，降温幅度较大者为 3.0 ~ 7.0℃，较小者为 1.0 ~ 3.0℃，气候波动不明显。中国热带地区现代理论雪线高度约为 4300m，中国热带除台湾岛（主要是玉山）外，第四纪不具备形成冰川或冰缘现象的气候条件。据此在较长时期内山口红树林景观格局的大势基本趋向稳定。

红树林景观的扩展与后退还取决于红树林潮滩沉积速率与海平面上升速率之间的差值。红树林捕沙促淤的生物地貌功能可在一定程度上抵消海平面上升增加浸淹强度的负面影响。当红树林潮滩沉积速率大于或等于海平面上升速率,红树林生长带将保持稳定甚至向海推进。例如全新世中、晚期全球海平面处于比较稳定的时期,包括近百年来呈现4000年来最快的海平面上升速率仅为1~2mm/a,大部分红树林潮滩淤积速率超过海平面上升速率,因而红树林长期以来处于稳定或扩展状态。只有当海平面上升速率大于红树林潮滩淤积速率时,红树林才会受到侵害而难以维持其生存。正因为如此,在海平面以较大速率(通常为10~15mm/a)升降占据大部分时间的晚更新世和全新世早期,世界上大部分地区的红树林生态系曾一度中断(谭晓林等,1997)。

　　未来海平面因温室效应影响而加速上升,对红树林景观威胁最大的是外来泥沙供应极少的小潮差碳酸盐环境。华南红树林滩的淤积速率较大,粤西廉江为6.2mm/a.,海南岛清澜港为15mm/a,福建云霄为18~40mm/a(黄镇国,2002)。根据72年(1925—1996年)来的理论海平面上升速率,同时考虑地形变地面沉降速率以及海平面的异常高波动等因素预测,1990—2030年广西相对海平面上升的速率为1~3mm/a(黄镇国,2004b)。因此未来海平面上升不至于淹没山口海岸现有的红树林,全球气候变暖倒有利于红树林的发展,为红树林景观整体格局提供有利、稳定的自然环境背景。

　　在受到短周期自然驱动力作用时,破坏性干扰如风暴潮、台风及海啸等引起海岸侵退甚至断裂,也会引起红树林景观的退缩。红树一般生长于泥滩或潟湖之中,当滨外沙坝侵蚀后退时,潟湖中的红树因被沙坝埋藏而死亡。死亡的红树根系出现在沙坝的向海一侧,北海白虎头村以东可见到这种现象(范航清,1996)。由于保护区内第四纪松散沉积物占陆域面积的80%以上,若地被物稀少,松散土层在自重力及地下水和地表水的综合作用下,崩塌形成的崩沟在台地边缘广泛发育,风暴潮、台风及暴雨等破坏性的自然干扰也会造成严重的水土流失和海岸侵蚀。

　　红树林景观不仅能对气候变化和海平面相对上升长周期性自然驱动力

作出响应，同时也能主动回应短周期性自然驱动力。红树林具有防风、消浪、缓流、促淤等多方面的生态防护功能。红树林带的防风范围，在迎风面为树高的 5 ~ 10 倍，背风面为 15 ~ 30 倍。50m 宽的红树林可使波高由 lm 减至 30cm 以下。宽度大于 100m、树高 2 ~ 4m 的红树林带，其消波系数可达 80%。1996 年和 2003 年的强台风，也只是折断英罗港核心区稀疏的木榄植株。深圳红树林保护区曾研究过台风对红树林的影响（陈玉军等，2000），得出的结论是，只有 11 级以上的风力才会对红树造成危害。因此对于山口保护区平均宽度超过 50m，密（0.7 ~ 1.0）郁闭度为 85.6%，疏（0.2 ~ 0.39）郁闭度仅占 9.5% 的红树林景观，在全球变化极端气候事件增多的情况下，仍可对台风等自然因素的干扰作出积极的响应。

　　风力较弱、潮汐缓和的海湾湾顶有利于红树林景观的发育。英罗湾和丹兜海的海湾边缘和顶部通常岸线曲折，枝杈众多，形如鹿角（广西海岸调查组，1986），其内、外湾皆为小型构造盆地，流水沿盆地边缘的侵蚀产生鹿角湾的细节理。湾内河流规模较小，甚至缺乏常年稳定的河流，只有间歇性小河或小溪注入湾中，靠涨潮倒灌的海水来维持湾内水域。因此，源头水体仍保持着较高盐度，湾内生长红树，两侧多辟为盐田和养殖池（范航清，2005）。英罗港红海榄林外有水下沙坝发育，低潮时部分沙坝露出水面，这种地貌具有潟湖的功能，是该地红树林茂盛的重要原因。

6.4　人类活动对红树林景观的影响

6.4.1　经济建设

　　短周期人为动力，主要是各种经济活动，围垦养殖、港口建设、旅游活动及城镇建设（如道路等基建设施）等对红树林景观格局产生较大影响。

经济活动、社会建设与红树林之间的争地现象较为严重。因此山口红树林景观格局的变化集中体现为人类活动干扰下红树林景观变动的历程。

红树林景观的变化对人类活动的响应是红树林海岸陆海相互作用的重要表现之一。20世纪50年代以来，山口红树林面积急剧下降，主要原因在于各种人类海岸开发活动。60—70年代大规模围海造地，80年代以来的围塘养殖和城市建设用地，都直接毁灭大片红树林。其他人类活动如砍伐、放牧、采果、薪柴、绿肥、海产采捕、旅游等，也给红树林生态系带来巨大压力，引起生态系强烈退化（麦少芝、徐颂军，2005）。红树林毁灭和生态退化的严重后果之一是削弱或丧失红树林防浪护岸。红树林景观捕沙促淤的生物地貌功能，即海岸线生产、积聚和保持有机和无机物质的能力削弱或丧失，海岸物质平衡由净收入转为净损失，海岸动态由淤积或稳定转变为侵蚀后退，从而丧失红树林景观抗灾、减灾，防治海洋污染，保护海洋生物多样性等环境生态功能。

红树林景观形成后对人类活动也产生相应的影响。由于红树植物富含硫和单宁，在其植物残体分解氧化后，土壤呈酸性反应，在地势较高、土壤干燥的情况下，pH值可低至4.0（龚子同，1994）。虽然红树群落区再开垦为农田，往往因土地返酸而不利于植物生长（周慧杰等，2015）。但是由于红树林景观具有很强的物质生产功能，不仅能为人们提供食用、药用、化工、饲料、造船、香料、建材、纸浆和薪炭等材料，还能为鱼虾等经济动物的养殖提供场所，因此红树林景观周围常常出现大面积的养殖景观，丰富的物质来源成为红树林景观分布区居民生活的主要来源之一（范航清等，1995）。靠海水养殖和浅海挖捕为生的人口占山口保护区周边总人口的4/5（范航清，2005），红树林景观明显受到海水养殖带来的压力。

目前山口红树林景观开始发挥景观美学的功能。建区以来，生态旅游得到较快发展，已接待约20万游客，具有一定的知名度。目前利用红树林景观美学功能（主要是生态旅游业）和物质生产功能（主要是生态养殖）的发挥，促进红树林景观的整体维护和生态管理。一方面，由于红树林具有耐盐、湿生、胎生、生长呼吸根等独特的生理生态特征；另一方面，由于红树林形成的森林景观具有旅游、教育、休闲、观赏、娱乐、知识、科研等价值。保护区利用红树林的景观美学价值开发旅游，有助于把红树林湿地内从事水产养殖业、加工业、林业等的人员转化安置为保护和管理湿地的工作人员，减轻人类对红树林湿地开发、利用、污染、破坏的压力。

6.4.2　人类活动强度变化

保护区内的优势景观为红树林景观，与其形成竞争关系的主要是养殖景观，可通过计算了解红树林景观与养殖景观面积之间的对比变化。利用 ArcGIS 中的相关工具提取山口红树林景观和养殖景观 2000 年和 1991 年的景观面积和周长等数据，并运用人为干扰强度公式（1－2）计算，得到表 6－2，反映了 1991 年和 2000 年红树林景观与养殖景观的人类活动强度对比变化。从表 6－2 看出，1990 年建区以来，红树林景观得到有效保护，占总面积比例至少增加 3.9%，面积翻了 1 倍。养殖景观的面积增长超过 2 倍，所占面积比例增加 2.4% 左右。由于养殖景观增长的幅度比红树林景观的幅度快，人为干扰强度也比红树林的大。尽管 2000 年仍处于弱干扰阶段

表 6－2　1991 和 2000 年红树林景观与养殖景观人为干扰强度变化

林地	面积/m²	面积比	所占比例	干扰强度	干扰变化
1991 年	29429627	—	0.2089	2.089	—
2000 年	34853572	1.1843	0.2474	2.474	0.385
养殖	面积/m²	面积比	所占比例	干扰强度	干扰变化
1991 年	6271019	—	0.1252	5.5088	—
2000 年	20585781	3.2826	0.1494	6.5736	1.0648
					0.6798

注：数据来自 1991 和 2000 年湛江景（山口）TM 遥感影像。

（属弱干扰的水域景观占了剩下面积的绝大部分），代表弱干扰阶段的红树林景观和中干扰阶段的养殖景观间的对比差异在减少，即红树林景观受到养殖景观面积增长的压力增大。

6.5　红树林景观演变对人类活动的响应

6.5.1　建区十年红树林景观演变

保护区的岸线是取平均最高高潮位进行估算，因此根据遥感影像解译所得到的红树林面积为保护区至少拥有的森林面积。表6－3反映了建立国家级保护区以来，山口红树林景观的动态变化。从表6－3看出，十年来，山口每千米岸线的红树林面积增加0.74hm²，红树林景观斑块间的连通性得到较大的改善，没有红树林间断＞2km的岸段。间断＞1km岸段也由原来的11段降至5段，主要分布在核心区以外，红树林的总长度增加11.864km，红树林在海岸线中占的比例也提高了18.8％。

表6－3		广西山口红树林景观的动态变化				
红树	岸线长度 km	每千米岸线的 红树林面积/ hm²	红树林分布 间断（＞1km） 的岸段数	红树林分布 间断（＞1km） 的岸线长度	红树林 岸线长度/ km	红树岸 线/海 岸线长度
1991年	51.33	5.73	(2段＞2km)11	15.391	35.939	0.700
2000年	53.79	6.47	5	5.987	47.803	0.888
转移量	2.46	0.74	－6	－9.404	11.864	0.188

从景观指数具体反映人类活动影响下山口红树林景观的变迁。保护区不变的林地景观面积为242hm²。建区十年来，红树林景观总面积至少由

294hm² 增加为 348hm²。2000 年红树林景观变化量有 123hm²，除去减少量 59hm²，净增加量有 54hm²。图 6 - 2 展示了 1991—2000 年保护区及其周围红树林景观和海草景观的动态变化。从图 6 - 2 看出，红树林面积减少主要集中在两个海湾内，丹兜海减少 65.31hm²，英罗湾减少 30.20hm²。核心区的面状斑块整个转变为湾内养殖景观斑块，其面积为 95.51hm²。红树林景

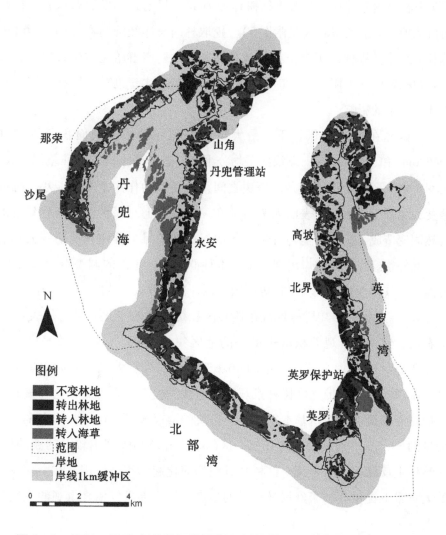

图 6 - 2　1991—2000 年保护区及周围红树林景观和海草景观的动态变化

观减少最为剧烈的区域集中于丹兜海的海湾内，潮滩上的红树林基本全部消失，核心区外则以散点的小斑块转化养殖景观或低覆盖景观。1998 年丹兜海有人砍伐红树林，围造虾塘约 2.7hm²，使丹兜海连片红树林景观遭到破坏。其次在丹兜海过渡区的沙尾和那荣红树林景观也减少得较快，区内红树林较为破碎。据保护区初步统计（范航清，2005），建区以来保护区共发生毁林修塘事件 6 起，毁灭红树林近 7hm²。目前毁林发展海水养殖仍是山口保护区的最大威胁（见附图 5）。挖取林内海洋经济动物（如广西红树林林下滩涂优势种泥丁等）是导致植株死亡，妨碍群落正常生长发育，破坏景观稳定的一大阻力。一时难以杜绝的放牧方式，也对红树林的恢复和重建有一定的影响。

红树林在有效的保护下，最大斑块面积和最小斑块面积分别增加594520m² 和 5158.53m²，斑块的平均分维值、总的分维值和标准差都变大，表明斑块的形状变得更复杂。斑块之间差异在人为作用下有所减小，标准差变大和分维值增加，表明人为活动在一定程度上对保护区红树林景观的自然演变造成干扰，可能与红树林区的居民在潮滩上养殖和捕捞等活动有关。此外曾经在广西海岸出现的角果木种群，在近年来的调查中均未发现，可能由于气候变化和人为干扰等原因，该种群已被认为从广西海岸消失。

表 6-4 反映了红树林景观在核心区和缓冲区的变化差异。从表 6-4中看出，红树林景观面积增长最快的地区集中在新、旧两个核心区（永安 a 和英罗 b），占全部增加量的 66.6%。它们以更大斑块的面积填补红树林景观间断的地带，红树林景观的连通性和生态联系得到强化。核心区保护站外围缓冲区面积基本上也以小斑块的形成缓慢地增加，约占全部增加量的 33.4%。红树林景观在核心区的减少和增加表现出较大的波动性，从整体上反映出人为干扰对红树林景观的演化起到积极作用。在全球变暖的大背景下提供有利于红树林扩展的生态环境，促进红树林景观的恢复和扩展。

| 表 6 - 4 | | | 1991—2000 年保护区功能区的景观格局变动 | | | | | | | | |

	红树 1991—2000 年 S 增加量			红树 1991—2000 年 S 减少量			养殖 1991—2000 年 S 增加量			海草 1991—2000 年 S 增加量		
	核心区 a	核心区 b	缓冲区	核心区 a	核心区 b	缓冲区	核心区 a	核心区 b	缓冲区	核心区 a	核心区 b	缓冲区
S/m^2	28.698	53.256	41.046	17.444	18.43	21.826	4.41	1.56	136.18	16.66	6.30	47.30
N 块	3	9	122	5	17	169		5	46	6	2	30
S/N	9.566	5.917	0.336	3.49	1.084	0.129	2.205	0.312	2.96	2.78	3.15	1.58
%	23.3	43.3	33.4	29.6	31.2	39.2	3.081	1.09	95.829	23.7	8.96	67.34

6.5.2　养殖景观演变

山口保护区所属的 4000hm^2 海域有着丰富的渔业资源。它也是周边村民传统渔业捕捉作业区，在红树林潮滩挖掘和捕捉经济动物的村民平均每人每年可创收 3300 元左右。因此，红树林传统渔业是当地村民日常生活费用的主要来源之一。对比建区十余年间湾内外红树林景观的变化，从 1991 年和 2001 年遥感影像和表 6 - 3 看出，2000 年养殖景观增长至 206hm^2，比 1990 年的 63hm^2 的 3 倍还要多，其中增长幅度最高的是丹兜海湾内，约为 65.31hm^2，超过 1991 年整个山口保护区全部的养殖面积，约占全部增加量的 45.7%。其次为英罗湾湾内，约为 30.20hm^2，占 21%，两个海湾共占增长面积的 66.7%。红树林海岸转化为人工海岸（养殖景观），潮滩上的红树林几乎全部消失。湾外用地宽裕地带相对增加较少，仅占 1/3。

图 6 - 3 反映了红树林保护区周围养殖景观的变动。从图 6 - 3 看出，养殖景观的平均斑块面积减小，斑块呈两极化变化，这反映出核心区以外的养殖斑块还处于主要蚕食周围的红树林景观斑块或岸滩景观的阶段，新增斑块面积较小；斑块间的差异有所增加，斑块的形状也比原来复杂。保护区核心区养殖景观增长的面积比保护区缓冲区养殖景观的增长面积要小得多，仅增长 4.89%（见表 6 - 4），除了人为保护措施的奏效以外，可能与保护区湾内红树林潮滩及周围海草提供丰富的生物来源，更有利于获得高

的养殖产量有关。养殖景观与红树林景观分布的位置大致相同，向背风或者是风力较弱的陆地扩展，因此形成红树林景观遭到养殖景观逼迫的现象。

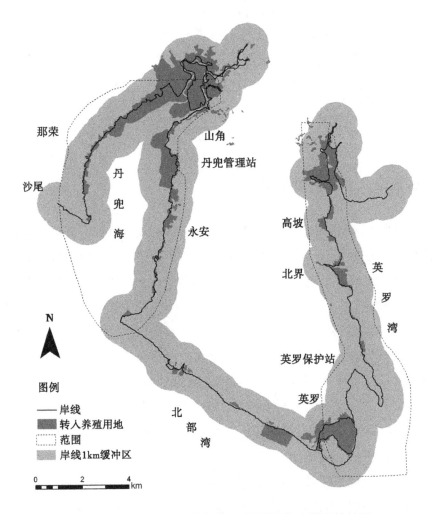

图 6 - 3　1991—2000 年保护区及周围养殖景观的扩展

6.5.3　海草景观演变

海草是生长期在低潮线以下的单子叶植物，涨潮时被海水完全淹没，极低潮时有部分海草床暴露。海草床是海洋动物十分重要的捕食地、繁殖地和幼苗场，是海洋哺乳动物儒艮的主要食物；海草在促沉积净化水体，固定海水 CO_2 方面也有重大的保护生态环境作用（范航清，2005）。

在山口保护区附近生长着 3 种海草：眼子菜科的二药藻、矮大叶藻和水鳖科的喜盐草。前两者生长在较浅的海水中，后者可生长到水深 5m 的海底（范航清，2005）。

由于核心区的红树林得到有效保护，核心区周围海草面积也随着迅速增长（见图 6 - 2）。建区十年来整个保护区的海草景观面积逐年增加，增长 70. 25hm²，丹兜海海域的海草景观由原来的 27. 2hm² 增加为 65. 7hm²，是原来的 2.4 倍，占全部转入量的 93. 5%。英罗湾周围的海草景观面积增加较少，仅为 6. 3hm²。海草景观增长迅速，海草景观斑块平均面积呈增大趋势，最大斑块面积和最小斑块面积也向两极变化，表现出海草景观在原来的基础上呈面状或点状向周围延伸或扩展，斑块的形状也趋向复杂化。据中国科学院南海海洋研究所（2002）调查，合浦县近海有海草 540hm²，盖度 85%。山口红树林保护区附近海域的海草是国家儒艮自然保护区的保护对象。与山口保护区密切相关的有两个海草场，即英罗港及英罗港门外的两个海草床。由于人为破坏和自然环境的变化，这两个海草床的面积已从 1994 年的 267hm² 减少到 2000 年的 32hm²、2001 年的 0. 1hm²，面临着完全消失的危险（范航清，2005）。

6.6　珊瑚礁景观的气候变迁及其环境效应

徐闻灯楼角珊瑚礁景观为中国大陆沿岸唯一发育和保存良好的珊瑚岸礁，因此它也是研究南海北部和华南地区全新世环境变化的重要基地。徐闻珊瑚礁位于热带北缘，附近人口密集，它的发育受自然因素和人类活动的双重制约。气候方面，温度总体上升有利于本区珊瑚礁的发育，台风活动对本区珊瑚礁可能有负面的影响；人类活动对本区珊瑚礁的影响表现为旅游业的快速发展与保护行动滞后威胁珊瑚礁、渔业和养殖业影响珊瑚礁、作为建筑材料使用而破坏珊瑚礁等3个方面。

徐闻地处热带中部，冰后期演变是从热湿变为热干。图6-4说明自中全新世（约6000aB.P.）以来徐闻气候已无"三段论"的明显区别。雷州半岛田洋火山湖盆地钻孔剖面（9m），根据孢粉分析结果，从图6-4看出，其中以6.0m以上，为热带常绿季雨林和稀树草原植被，木本以松属、常绿栎类为主，草本以禾本科和蒿属为主，气候热干。由此可见，雷州半岛南部徐闻目前的植被和气候是在全新世形成的，末次盛冰期时，气候较热湿，

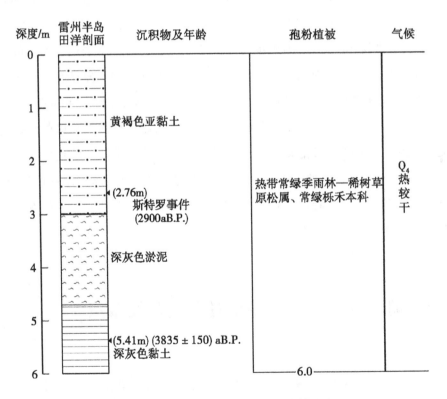

图6-4　雷州半岛田洋火山湖盆地钻孔剖面

注：据黄镇国等（2012），经简化。

尚未形成稀树草原，冰后期气温回升，反而造成热干气候。

　　图 6-5 反映出徐闻海域的气候变动较小。雷州半岛西南海域剖面（灯楼角岸外）也反映，约 5000aB. P. 以来徐闻的气候波动很小。从图 6-5 看出，该剖面的有孔虫和硅藻化石表明海水深度逐渐变小，但孢粉组合比较稳定，都是桦、栎、红树木本植物，仅蕨类（水龙骨科、鳞盖属等）的含量有差别，有逐渐增多的趋势。

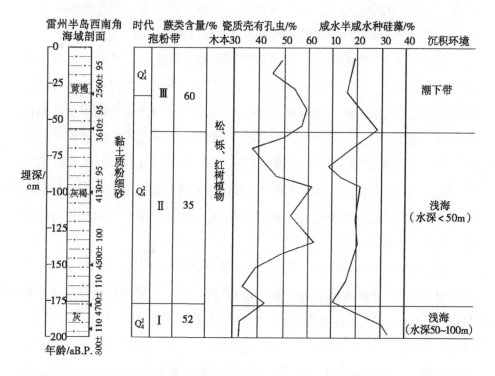

图 6-5　雷州半岛西南海域剖面（灯楼角岸外）中全新世以来的环境变化

注：据黄镇国等（2002），经简化。

　　全新世中期的气候暖期也是相对高海面时期。据黄镇国对海南岛和雷州半岛 50 个原生礁样品的包络线范围看，6000—5000aB. P. 亦为相对高海面期，其中雷州半岛灯楼角和水尾村为 1.6~2.6m（5950—5300aB. P. ），加上其他因素，当时的相对海平面比今高 3~4m。

6.7 珊瑚礁景观演变对气候变化的响应 ◀◀

　　珊瑚礁以其沉积的改变（繁盛或衰落，转变生长方向等，成分变化）直接对气候变化产生响应，成为重要的记录被保存下来。据此珊瑚礁景观是反映第四纪以来的环境变迁和气候波动轮廓的重要依据。

　　大陆珊瑚礁景观的形成。徐闻保护区的珊瑚礁是大陆沿岸的死珊瑚堆积、胶结的礁体，主体是 8～4kaB. P. 的全新世中期桂州海侵、现代海岸轮廓基本奠定以后发育的（赵焕庭，2006）。在距今 1 万多年前的末次冰期低海面时，雷州半岛、琼州海峡、北部湾乃至整个南海北部大陆架均出露成陆。全新世早期，全球气候逐渐回暖，海平面上升，古地磁年龄不足 12kaB. P. 或 ^{14}C 年龄大于 10.5kaB. P. 时，北部湾开始海进，一直持续到现在。这次海侵奠定该区海陆分布的基本轮廓，形成雷州半岛和琼州海峡区域海陆分布大格局。

　　距今 7200～6200 年时，该区已为热带气候，年平均水温 25.55℃，冬季水温 21.63℃（比现代水温分别高 2.3℃和 0.7℃）。冬季最冷月平均水温为 20.9℃，很适宜造石珊瑚生长。保护区的沿岸和潟湖中珊瑚普遍繁生，以角孔珊瑚为优势种，群落中同时有滨珊瑚、蜂巢珊瑚和牡丹珊瑚等造礁格架生物，构成了本区岸礁礁坪的生物学基础。距今 7200～6200 年时，即是全新世高温期的鼎盛期，每过 30～50 年时就突然出现一次对造礁石珊瑚致命的大幅度降温事件，水温低于 13℃，珊瑚大面积死亡。当水温回暖，珊瑚重新附着丛生。

　　随着海平面上升至最高，高出现今海平面 2～3m 之后逐渐回落到现今水面，虽还有些微小起伏，但是可看作海平面相对稳定，珊瑚不能在礁坪上继续向上生长，转向海丛生。外礁坪上的珊瑚礁遗骸的年龄较新，多为

距今 200 年以内的，体现了岸礁向海发育，通过岸礁向海坡珊瑚丛生带各种
造礁石珊瑚生长扎堆和死亡堆积，可见岸礁发育并未停止。海南岛鹿回头
珊瑚礁繁盛期出现在 7300—6000aB. P. 。这一时期 ^{14}C 珊瑚礁测年数据，数
据密集并且呈连续的分布，约 77.78% 的样品年龄分布于 7300—
6000cal. aB. P. 之间，表明这一时期是鹿回头珊瑚礁在全新世时期发育的繁
盛期，在这个时间段已经基本上形成了现代珊瑚礁的地貌格局，这与雷州
半岛珊瑚礁记录的全新世珊瑚礁发育是一致的（黄德银等，2004）。

　　雷州半岛角孔珊瑚礁剖面的形成是地壳和海平面变化综合作用的结果。
验潮资料反映，近 30 多年来本区地壳以 4~5mm/a 的速率下沉，现代海平
面以约 1.8mm/a 的速率上升（余克服等，2002）。徐闻珊瑚礁的 ^{14}C 年龄主
要为 7120—4040aB. P. 。在全球变化引起表层海水温度增高和海平面上升的
条件下，由于大陆架深层水的影响，琼州海峡的沿岸水受到调节。该区造
礁石珊瑚仍能生长和繁殖，珊瑚礁仍存在和发展。全球变暖引起海平面缓
慢上升，广东沿岸近几十年的海平面上升率为 2.0~2.5mm/a，预测 40 年
的相对上升幅度为 10~30cm。其中，雷州半岛西岸为 10cm（黄镇国等，
2002）。当海平面长期稳定时，珊瑚先纵向生长达到其生长上限低潮面时，
便转向横向生长为主，因而形成宽阔而平坦的礁坪。当海平面急剧下降时，
水下斜坡上部珊瑚生长带上的珊瑚迅速向上生长，直到珊瑚生长到低潮面
下因暴露而大量死亡，形成新的礁坪。当海平面持续而急剧上升，上升幅
度大于珊瑚生长速度时，因水深加大而光线条件减弱，珊瑚的生长也将受
到抑制。该区的珊瑚生长率超过预测的海平面上升率，珊瑚和礁体随着海
平面上升而生长和加积，现在珊瑚只在礁前斜坡即潮下带生长，随着海平
面的上升，外礁坪有部分将沦为潮下带，珊瑚则趁机移入"殖民"，礁坪恢
复垂直向上增长。

　　潮汐水位严格控制珊瑚礁景观分布格局并形成重要的分布界限。造礁
石珊瑚的生长方向也影响珊瑚礁景观的整体格局。据余克服等（2002），对
于当时长势极好的角孔珊瑚在极短的时间内大量死亡的现象，可能最好的

解释是突发性的低温和相对低海平面（角孔珊瑚顶面出露）事件。生长率分析表明，角孔珊瑚死亡于冬季；在6、7、8层的层与层之间存在角孔珊瑚顶部伸过间断面到上一层的现象，没有磨蚀面，表明当时的珊瑚顶面并没有完全暴露于海平面之上，因而冬季低温是导致这几层角孔珊瑚大量死亡的主要原因。而3、4、5层粗矮，侧向生长明显，可能是受到海平面的制约，导致珊瑚无法快速向上生长，且各层的顶部都存在严重的磨蚀现象，表明当时的角孔珊瑚顶面超出海平面，珊瑚礁因暴露而遭到严重磨蚀。此时海平面相对下降，角孔珊瑚层由活着时处的潮下带变为死亡后的潮间带。

温度异常（升高或降低）使得珊瑚病害也愈来愈严重。徐闻珊瑚礁景观在全新世高温期存在至少9次高频率、大幅度的气候突然变冷事件，导致珊瑚死亡的"雷州事件"，至少在徐闻珊瑚礁景观上形成9个清晰的分层，这在全球范围内是相当一致的（余克服等，2002）。位于热带北缘的徐闻珊瑚礁景观，温度特别是冬季温度，是影响本区珊瑚生长和珊瑚礁生态系统发育的一个十分重要的因素，余克服等人曾提出"冷白化"（Cold bleaching）。本区常常受冷空气和寒潮等的影响而产生异常低的温度并直接影响珊瑚礁的发育，因此理论上讲，冬季低温的变化对本区珊瑚礁发育的影响是很大的，如中全新世本区珊瑚礁发育的最适宜期即多次被低温影响而导致珊瑚礁发育中断；目前本区内现代珊瑚礁由原来的纵向生长转变为横向生长；以及当前造礁石珊瑚在北部离岸很近，在南部则较远些，反映出近岸海水下限（20℃）温度已不能满足其生长。

从总体上来说，本区的年平均温度和月平均最低温度对珊瑚礁发育有利，在近20年来都呈显著上升趋势，对那些位于表层海水温度较低的珊瑚生长北界边缘的珊瑚礁来说，气候变暖可能反而有利于其生长和发育。从采集到20多种珊瑚样品的X射线分析表明（赵焕庭，2006；黄晖，2005），珊瑚年龄多为15年左右，滨珊瑚生长率为0.8~1.5cm。冬季升温对于地处北热带的本区珊瑚生长有利无害。因此从温度变化的角度来看，本区珊瑚礁正处于比较理想的恢复发育时期。此外，新近研究还发现因基因型不同，与珊瑚共生的虫黄藻耐受高温的能力有明显不同，基因 D 型虫黄藻比 C 型虫黄藻更能耐受高温。在经历过严重白化事件后的珊瑚礁区，基因 D 型虫黄藻所占比例增高，有明显优势（赵美霞等，2006），这对徐闻珊瑚礁景观适应全球气候变化有重要意义。

珊瑚礁景观的发育及变迁与新构造活动关系密切。火山活动对珊瑚礁的发育具有明显的控制作用。在新构造运动研究中，根据珊瑚因抬升而死亡的时间，可以后报过去发生的地震，建立过去地震活动的历史。对同一个小区域来说，这些死亡的珊瑚基本上处于同一高程，结合其具有相同的死亡年代，就可以推测它们为一次地震事件抬升所致。雷州半岛历史上地震活动也较频繁。1994 年 12 月 31 日和 1995 年 1 月 10 日在雷州半岛西南部海域发生了 6.1 级和 6.2 级地震。这两次地震对该区珊瑚礁的发育有较大的影响，除去海平面上升影响因素之外，因受这两次地震影响而使珊瑚礁下降的幅度为 10~20cm，为同震抬升。按以上构造升降速率计算，雷州半岛西南部全新世构造升降量不大于 0.2m，远低于该区珊瑚礁的抬升量。所以珊瑚礁的抬升是以受海平面变化影响的水动型作用为主。按灯楼角地区现在的温度条件，不能满足珊瑚大量生长的需要，说明全新世中期气温比现在要高（约 23℃），全新世中期高温期相当于全新世的一个大间冰期，海平面达到全新世最高位置（詹文欢等，2002）。由此证明在该区珊瑚礁形成时期即全新世中期存在高海面，当时平均海面比现今海平面至少高出 34m。

水沙运动（沉积物）及水动力影响礁体景观的分布。雷州半岛西南部现代珊瑚在近年来已有所恢复。通过对东西两岸进行对比，西岸水质清澈透明，现代珊瑚生长相对较好，珊瑚种属数量及生长密度均明显优于东岸，并且西岸有枝状珊瑚发育；东岸只见块状珊瑚。造成两岸现代珊瑚礁生长发育差异的主要原因，可能是水体的透明度及底质状况不同。水动力的强弱也影响珊瑚礁的景观生态过程，导致在东西景观轴上有明显差异。保护区西部岬角处水动力较强，营养丰富，便于珊瑚附着生长，对珊瑚生长有利。

徐闻频繁发生的强烈台风事件对珊瑚礁景观具有比较明显的扰动，使得珊瑚礁受损，短期内得不到很好恢复。台风尤其是灾害性的风暴，对珊瑚礁的影响至少可反映在以下 3 个方面。一是对现代活珊瑚的直接破坏作用，主要表现在台风折断和破坏枝状珊瑚，并且被折断和破坏的珊瑚枝又覆盖于其他的珊瑚之上，使珊瑚礁景观出现碎裂化，整体景观格局发生变动；二是对珊瑚礁体的破坏作用，主要表现为台风过后相当长的一段时间内（至少 4 个月），海滩沉积物明显变粗，使珊瑚礁在景观尺度上发生改变；三是大面积的泥沙堆积作用，主要表现为台风过后珊瑚礁坪上沙席的面积急剧扩大，这一方面直接减少现代珊瑚赖以附着生长的基底，另一方面也导致海水混浊、海水中悬浮物增加，破坏珊瑚礁正常发育所要求的水体清澈的生态环境（余克服，2005）。

一般波浪和海流有利于造礁珊瑚生长，大浪会折断珊瑚的躯干和肢体，或将生长珊瑚的砾石翻动，使珊瑚体被碾碎或反扣砾下，或被碎屑物覆盖而死亡。自然灾害如淡水的突然大量涌入导致盐度降低、珊瑚天敌的捕食（如长棘海星等）、珊瑚疾病暴发等也会导致珊瑚礁景观的变动。其他气候、水文因素，如降雨、潮汐和盐度变化等对徐闻珊瑚礁的影响不明显。

6.8　人类活动对珊瑚礁景观的影响

6.8.1　经济建设

人为因素对珊瑚礁景观变动的扰动常常是不可逆的，相比于自然因素对珊瑚礁的扰动和破坏，人类活动的破坏对珊瑚礁的发育来说可能是不可修复的。人类活动的突出影响包括以下几个方面。

（1）养殖业和捕捞业迅速发展等是珊瑚礁景观格局稳定的重要威胁

养殖是保护区内居民的重要生活来源，珊瑚礁一直是当地居民食和住的"天然仓库"。当地居民的生活仍然依靠海,他们所使用的生产工具和劳作的范围也就直接影响了珊瑚礁的健康状况。珊瑚礁是各种鱼、虾、蟹、贝和螺类的理想隐蔽场所,蕴藏着丰富的海产资源,因此每逢退潮,总有大量的渔民、农妇到珊瑚礁坪上抓贝、抓螺。炸鱼、毒鱼、炸礁、渔船抛锚、渔船油污等影响到珊瑚礁的生态环境,对珊瑚礁产生了直接的破坏。

(2) 旅游业的快速发展激化与珊瑚礁景观保护之间的矛盾

随着旅游业的发展,日益增多的直接潜水和船体抛锚对礁体和生态系的破坏也越来越突出。每年约有 10 万人次(其中以黄金周假期游人蚁集)慕名而来(赵焕庭,2002)。一些村民驾牛车送游客过礁坪,驾摩托艇将游客送到珊瑚丛生带,船体碰撞、竹篙触底、船锚起落,甚至游客下水采摘时有发生。观光客的船艇频繁进出保护区,船体和撑杆撞毁不少脆弱的活珊瑚,尤其是鹿角珊瑚属。这些都对活珊瑚和礁坪造成了不断的破坏,也影响了其他礁栖生物良好的栖息场所。虽然广东省徐闻县政府于 1999 年成立了"灯楼角珊瑚自然保护区"和"石马角珊瑚自然保护区",但关于珊瑚礁保护的具体工作还没有完全开展起来,珊瑚礁的破坏、扰动等仍比较严重。

(3) 珊瑚礁作为建筑材料的破坏性利用

珊瑚礁石曾经是该区居民建筑的主要材料(见附图6),如用来作为垒墙铺路的砖石、烧制石灰的原料等。20 世纪 80 年代后期以来这些方面的利用已经明显减少,但用来作为虾塘围墙等方面的需求还十分旺盛。挖掘珊瑚礁石,一方面破坏珊瑚礁赖以生长的基底,使珊瑚礁生态系统退化;另一方面也导致海水混浊、海水中悬浮物增加,破坏珊瑚礁正常发育所要求的生态环境。采掘珊瑚礁烧制石灰、建筑房屋、制作纪念品和工艺品等行为,也对珊瑚礁造成破坏。

(4) 珊瑚礁区内环境污染

海岸建设、土地利用和珊瑚礁区的直接挖掘导致浅海水域沉积物的增加，进而降低海水的透光度，使珊瑚得不到充足的光照而生长受限。环境污染主要来自未经处理的排污和油气污染等，特别是徐闻的城镇污水和农业用水未经处理而直接排放入海导致浅海水域富营养化，造成大藻类繁茂生长，珊瑚礁区转变成由大藻占主导地位的"大藻状态"。

6.8.2　人类活动强度变化

考虑到 TM 遥感影像对珊瑚礁景观分析的局限性，本研究只对植被（包括农田）景观和养殖景观的对比变化来反映当前珊瑚礁景观的压力状态。利用 ArcGIS 中的相关工具提取徐闻珊瑚礁 2001 年和 1991 年景观面积和周长等数据，并运用人为干扰强度公式（1-2）计算，得到表 6-5。通过植被景观与养殖景观，受到的干扰对比变化趋势来反映人类活动变化。图 6-6 和表 6-5 展示了 1991 年和 2001 年徐闻保护区珊瑚礁景观的人为干扰强度变化。从图 6-6 和表 6-5 看出，建区前后植被所占的比重增加了4.6%，面积增加了 19% 左右。养殖景观所占的比重增加 13%，面积增长近2 倍，其增长幅度远远比植被景观增加得快。当前保护区仍处于弱干扰阶段，林地的干扰强度比养殖景观要大些。但养殖景观的迅速增加，与森林景观之间的对比差异越来越小（水域景观占了剩下景观格局绝大部分），养殖密度过大，将会带来一系列环境问题，不利于珊瑚礁景观格局的稳定。

表 6-5　1991 年和 2001 年保护区植被景观与养殖景观人为干扰变化比较

植被	面积/m²	面积比	所占比例	干扰强度	干扰变化
1991 年	17639113	—	0.2390	2.390	—
2001 年	21050984	1.19	0.2853	2.853	0.463
养殖	面积/m²	面积比	所占比例	干扰强度	干扰变化
1991 年	3310509	—	0.0449	0.449	—
2001 年	12739507	2.9661	0.1727	1.727	1.278

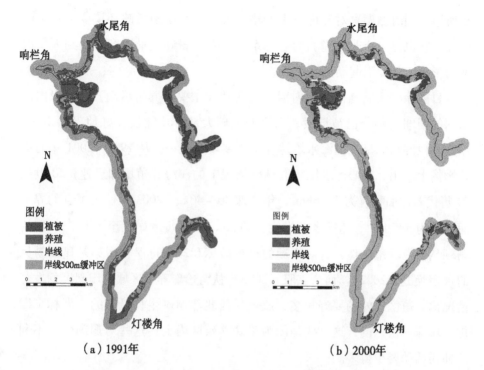

（a）1991年　　　　　　　　　　　（b）2000年

图 6 - 6　1991 年和 2000 年养殖景观与植被景观的对比变化

注：数据来自 1991 年和 2001 年海口景（徐闻）TM 遥感影像。

6.9　珊瑚礁景观演变对人类活动的响应

　　珊瑚礁景观的演变可反映珊瑚礁生态系统与社会、经济、人文系统的关系及其可持续发展等领域的信息（Huang 和 Zhang，2006；赵美霞，2006；黄德银，2006）。

　　随着人海关系进一步紧密，珊瑚礁景观与人类社会的耦合也将更为剧烈。如珊瑚礁的高生产力为海洋渔业和海洋制药所用，珊瑚礁景观美学功能为旅游开发所用，珊瑚礁的生物固氮和微生物的分解作用为礁区生物修复所用。同时珊瑚礁对环境要求严格，可高分辨率地反映环境变动，正因如此，它也是一个非常脆弱的生态系统。因此珊瑚礁景观容易受到人文因素的影响，从而引起动态性变迁。

目前徐闻珊瑚礁保护区内因人类活动（主要是养殖活动），2m以内浅水深的珊瑚大部分已被摧毁，离岸的珊瑚大部分才能被较好地保存下来。徐闻县西部沿海是我国海水珍珠养殖重要基地之一。从1991—2001年的遥感影像上看出，核心区水尾角珊瑚礁景观上的浅海养殖增加迅速。20世纪70年代养珠面积仅为 4～6hm²，年产珠 30～40kg。2003年仅角尾乡的养殖面积已为585 hm²，角尾乡海岸线长约23km，即每米岸段至少有25m宽的珊瑚丛生带养殖珍珠，这对珊瑚的机械破坏和珍珠排泄物污染是显而易见的（赵焕庭，2002）。而余克服（2005）认为珍珠养殖区域内珊瑚礁的发育情况比养殖区以外的要好得多，放坡村西北部珊瑚生长最好的珊瑚林带即位于珍珠养殖区内，这主要是因为珍珠养殖区内上述这些对珊瑚生长不利的捕捞活动要少得多。

尽管珍珠养殖是否加剧珊瑚礁景观的破坏仍存在分歧，但这一现象也从旁证实，本区人类活动尤其是养殖活动对珊瑚礁造成影响。应尽快加大管理的力度，尽早将海水养殖业转移到珊瑚礁景观较少的东岸。

目前对保护区珊瑚礁的直接破坏已杜绝。野外调查表明（黄晖，2005），石珊瑚死亡的时间都在两年以上，采取珊瑚礁保护管理措施是十分有效和必要的，也在较大程度上约束居民和游客对珊瑚礁景观的直接破坏行为。在保护区及附近礁区，通常鱼产量保持稳定并有显著提高。建立保护区，保护珊瑚礁生态环境和生物多样性。珊瑚礁保护还可以带动生态旅游的发展，为渔民提供许多就业机会，实际上也是对渔民保护珊瑚礁的生态补偿（刘金祥，2006）。

对珊瑚礁景观间接的压力还来自渔业资源的"过度捕捞"，这是造成珊瑚礁景观退化与失衡的重要隐患，使徐闻珊瑚礁景观即将面临巨大的威胁。保护区将面临前所未有的人类捕捞压力。由于环境污染和酷渔滥捕，我国整个南海正面临着以个体小型化、低龄化为主要特征的渔业资源的严重衰退。中越北部湾划界和渔业合作协定于 2010 年生效后，广东在北部湾减少 3.2 万平方千米高产优质渔场，有 6600 艘大功率渔船退出传统作业海域（黄晖，2005）。除部分渔民转产转业，更多渔民转入近岸。处于较高营养级的鱼类的减少，会进一步减少对珊瑚的竞争生物（如海藻、长棘海星等）的压力，引起海藻的过度生长或长棘海星的爆发。灯楼角珊瑚礁自然保护区所属区域居民的文化程度普遍较低，使其谋生手段集中在对珊瑚礁资源的低级索取上，社会经济发展严重依赖珊瑚礁，造成了对珊瑚礁的破坏，加深了资源衰退的状况（王丽荣等，2004）。

6.10　受气候变化和人类活动影响的生物海岸景观

　　以北海山口国家级红树林自然保护区和湛江徐闻国家级珊瑚礁自然保护区为典型研究区域，分析华南生物海岸景观演变对气候变化和人类活动的响应，主要结论如下。

　　一是热带南端的北海山口红树林和湛江徐闻珊瑚礁，在中全新世大暖期后景观格局基本形成。全新世暖期（样品年龄 5998aB. P.）带来红树林繁盛，全新世中期的气候暖期也是相对高海面时期，此时红树林潮滩沉积速率大于海平面上升速率，气候变暖的大背景下海平面上升、冬季升温是红树林景观和珊瑚礁景观理想的自然恢复时期。但是珊瑚礁景观格局对气候的冷波动亦有响应，即"雷州事件"，徐闻珊瑚礁上的 9 个清晰景观分层，对应着全新世高温期（6700—6200aB. P.）曾出现的 9 次高频率、大幅度气候突然变冷导致珊瑚死亡的"冷白化"现象。

　　二是热带南部生物海岸景观分布的区域大多已辟为自然保护区，其人类活动的影响处于弱干扰阶段。目前生物海岸景观受益于人类的有效保护，景观呈线形淤进的带状格局，受到的干扰主要来自海水养殖。弱干扰与中干扰之间的对比差异不如保护区建设之前明显。在比较经济利益驱动下保护成本有所增加，给生物海岸景观的稳定性造成一定的压力。1991—2000年北海山口每千米岸线的红树林面积增加0.74hm²，红树林景观斑块间的连通性得到较大的改善，红树林景观间断没有超过2km的岸段。红树林景观间断超过1km的岸段也由11段降至5段，主要分布在核心区以外，红树林岸线总长度增加了11.864km，所占岸线比例提高18.8%。但亦有研究表明，毁林发展海水养殖、挖取林内海洋经济动物（如广西红树林林下滩涂优势种泥丁等），以及修筑海提阻挡红树林向陆岸扩展，是红树林景观演变应对气候变化和人类活动的最大威胁。

三是人为因素对珊瑚礁景观变动的扰动往往是不可逆的。1991—2001年徐闻保护区珊瑚礁景观的人为干扰强度仍处于弱干扰阶段。建区前后植被景观所占比例增加4.6%，面积增加19%；养殖景观所占比例增加13%，面积增长近2倍，其增长幅度远远超过了植被景观的增长幅度。养殖景观增长迅速，与森林景观之间的对比差异越来越小（水域景观占了剩下景观格局的绝大部分），养殖密度过大会带来一系列环境问题，不利于珊瑚礁景观格局的稳定。但是亦有学者认为，珍珠养殖区域内珊瑚礁的发育情况比养殖区以外的要好得多，这主要是因为珍珠养殖区内对珊瑚生长不利的捕捞活动要少得多。总体而言，生物海岸景观受到的干扰主要来自海水养殖为主的农业经济活动。

第7章

沙坝—潟湖景观演变对气候变化和人类活动的响应

　　沙质海岸是华南海岸的主要类型之一，占岸线总长度的 1/3 以上（广西海岸带调查组，1986；蔡锋等，2004）。沙质海岸从景观上可分为岬湾型、沙坝—潟湖型、夷直型等类型。华南海岸沙坝—潟湖景观发育广泛，涵盖粤东和粤西岬湾、沙坝—潟湖景观，雷州半岛、桂东南和琼北台地溺谷、沙坝—潟湖景观，琼东珊瑚礁、岬湾、沙坝—潟湖景观和三角洲河口、沙坝—潟湖景观等组合类型。

　　沙坝—潟湖景观是由沙坝、潟湖和潮汐通道三大地貌单元组成的一个有机整体。沙坝—潟湖景观按沙坝或沙嘴发育阶段和潟湖的封闭程度，可将沙坝—潟湖景观分为开阔型、半封闭型、封闭型。尽管沙坝—潟湖景观的形成还没有统一的理论，但多数沙坝源于冰后期海侵向陆地转运形成，即横向说，可以用滨面转移理论来解释。随着海平面上升，滨面向陆地后退，"沙坝海侵层序在全新世海侵过程形成"（何为等，2001）。潟湖形成的基本条件是具有构成沙坝的物质。对于海面相对稳定以来潟湖的演化模式，Luck（1934）提出潟湖的充填模式，认为潟湖起初是一个中等深度的亚潮盆地，由于加积作用产生了浅滩，浅滩进一步发展为沼泽并形成潮汐水道（Guzman，2003；Holland，2005）。因此，在全新世海侵向海退，海平面相对较为平稳的过程中，华南海岸的沙坝—潟湖景观得以形成和发育。

　　作为一种重要的沿海景观类型，沙坝—潟湖在港口航道（潮汐通道）、水产养殖（潟湖）、矿产资源（沙坝）、海滨旅游（沙坝）、环境生态（整体）等方面有很大的开发利用价值。世界上许多沿岸沙坝已被开发为旅游胜地，如美国得克萨斯州 Padre 沙坝、加拿大新布伦斯威的沙坝等（徐海鹏，1999）。随着沿海经济的发展，沙坝—潟湖景观受到的人类干扰逐渐增强。国内外学者对其地貌和动力过程的研究表明（戴志军等，2001），沙坝—潟湖是一个独特而脆弱的景观体系，易受自然和人类活动的影响而导致毁灭。目前对沙坝—潟湖景观开发利用后的动态变化及环境效应的研究相对薄弱，这显然不利于引导沙坝—潟湖景观的合理开发和有效利用。

　　华南海岸沙坝—潟湖景观常常作为旅游资源来开发，潟湖用于养殖或渔港。其中以分布着复合型（两组）沙坝—潟湖景观的北海银滩旅游度假区与兼有沙坝—潟湖景观和三角洲河口景观的博鳌旅游度假区的旅游开发最具代表性，这两个旅游度假区的开发和建设，分别反映了改革开放以来正在扩张和建设之中的华南海滨旅游开发过程。因此本章以银滩和博鳌旅游度假区为典型，分析气候变化（主要指 6000aB. P. 以来，全新世中期的气候变化及其环境效应）和人类活动（主要指改革开放以来，40 多年的经济和社会建设）对复合型（开阔和半封闭的类型）和组合型（沙坝—潟湖和三角洲河口）沙坝—潟湖景观稳定性的影响，着重比较两个旅游度假区开发和建设过程，剖析人类活动对沙坝—潟湖景观演变过程的作用，探讨沙坝—潟湖景观稳定性的影响因素和沙岸维护及管理的对策。

7.1　研究区概况

　　银滩位于广西北海市东南部沿海，是典型的沙质平原海岸。根据地势地貌和物质组成，银滩分为三个地貌带：台地、潟湖和沙坝（徐海鹏等，1999）。台地是海岸带与陆地连接的部分，地势较平坦。沙坝是平行岸线分布的长条形沙堆积体。潟湖是隔开台地与沙坝的封闭或半封闭海域。银滩分布着两组沙坝—潟湖景观体系，银滩公园正门（半封闭型）、电白寮潟湖（开阔型）分别平行和垂直岸线分布。两组沙坝—潟湖体系是银滩旅游度假区（总面积 $34km^2$）的核心旅游景观，亦即是当前旅游开发活动最集中的区域——中区（侨港镇至冯家江，$7.7km^2$），其中又以银滩正门沙坝—潟湖景观的开发强度最大（中国环境科学研究院，1999）。

　　银滩旅游度假区的开发以 1984 年沙坝（白虎头）用于海滨浴场为起点，以 1990 年银滩公园的开发为正式起步，是首批六个国家级海滨旅游度假区之一。目前银滩旅游度假区规划利用岸线 5km，已开发利用 3km，其中银滩公园近0.9km（吴宇华，1998），包括银滩公园、海滩公园和恒利海洋运动度假中心三大景观亚区。1990年正式开发之前，银滩沙坝—潟湖景观主要受构造运动、气候波动等自然动力作用的影响，处于动态稳定的状态。但是近20年来，随着海滨旅游的兴盛，沙坝—潟湖景观格局在人类活动的影响下发生了快速的变动。

博鳌位于海南岛东部琼海市东南沿海，图7－1展示了度假区是典型的组合型沙坝—潟湖（沙坝—潟湖、三角洲河口）景观。从图7－1看出它集

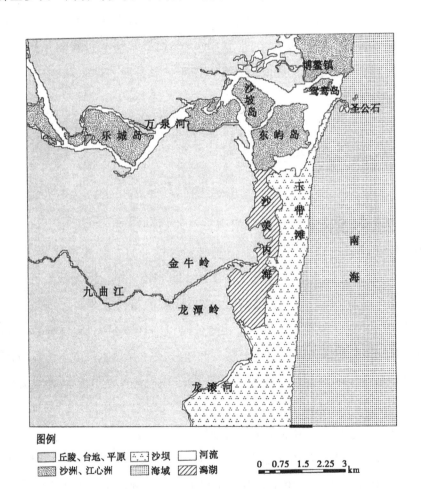

图例

- ▨ 丘陵、台地、平原
- ⬚ 沙坝
- ▢ 河流
- ▨ 沙洲、江心洲
- ▤ 海域
- ▨ 潟湖

0 0.75 1.5 2.25 3
km

图7－1 博鳌旅游度假区景观组成

三河（万泉河、九曲河、龙滚河）、三岛（东屿岛、鸳鸯岛、沙坡岛）、一港（博鳌港）于一体，景观类型丰富多样。地势自西向东倾斜，地形主要分为东部滨海平原、北部高坡、西部丘陵、南部万泉河和九曲江河流冲积平原。河口（流）、潟湖、海湾、沙坝、沙洲、丘陵和台地等地貌景观和多样的热带植被景观浑然一体，共同构成具有浓郁热带气息、原生态的河口海岸自然景观（殷勇等，2002；张振克，2003），是世界入海河流河口海岸自然景观保存最完善的区域之一。

博鳌的旅游开发始于 1992 年。2000 年起亚洲论坛带来博鳌旅游发展的契机，海滨旅游开发强度正在加大。度假区规划区总面积为 41.68km²，包括博鳌镇和九曲江镇的部分用地。博鳌旅游度假区开发之前，万泉河口人口稀少，农业生产处于自给自足的发展水平，人为扰动很小。区内现有 30 个自然村，人口约 9000 人，经济以种植业和渔业为主，仍然保持着较好的自然生态。但是博鳌是一个脆弱的快速变化的地域系统，旅游开发过程中大量建设项目对博鳌沉积物输送、底质稳定性、水体交换和风暴潮等自然环境造成不可避免的影响（陈鹏，2002；梁海燕，2003；张振克，2003；左浩，2005），人类活动对博鳌周围的扰动和影响正在加大。

7.2　复合型沙坝—潟湖景观的气候变迁与环境效应

7.2.1　气候变迁

北海银滩现今为热带气候。图 7-2 反映了北海沉积物中的孢粉分带相应的气候变化趋势。北海外沙（银滩北面）潟湖沉积 GK10 孔深 12.5m，穿透全新世地层，到达更新世沙砾层，上部 0~4.2m 为中全新世以来的地层，样品均为黏土质淤泥，年代为 5998±114aB.P.—2130±120aB.P.，古植被基本相同，都属热带常绿阔叶林，主要木本有杜英科、常绿栎、蕈树等，蕨类有水龙骨科、凤尾蕨科、桫椤、金毛狗、里白等，反映气候热湿。第Ⅲ带混有落叶阔叶树栗、落叶栎、金缕梅科、桑、栲等，反映气候热湿偏凉，表示新冰期Ⅱ在华南热带的微弱反映。据此，全新世中期以来，北海银滩的气候演变依次为炎热潮湿、热湿偏凉、热湿三个变化过程。

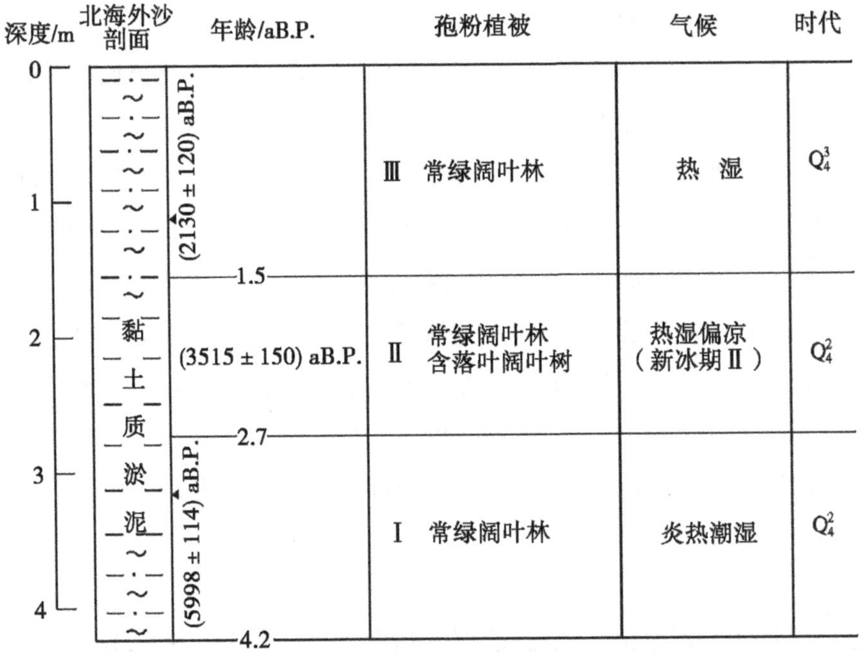

图 7-2　广西北海外沙剖面全新世孢粉气候变化

注：据黄镇国（2002），经简化。

中全新世早期（6000—4000aB.P.）孢粉组合带Ⅰ中以喜热的常绿栎、栲、杜英科、杉树、蕈树等南亚热带植物花粉占多数，且含量较高，非乔木植物花粉和蕨类孢子也以喜热湿属种居多，相反，喜凉干的孢粉所占比例甚少。该带孢粉组合的特征反映当时的植被为亚热带、热带常绿阔叶林，气候炎热且潮湿，该时期为全新世高温期。此期间，珠江三角洲气温比现今高出 1~2℃（李平日，1991），珠江口伶仃洋一带炎热多雨（陈木宏等，1994），闽江口炎热潮湿（杨焦文等，1991），长江三角洲气温比现今高 2~3℃（王开发等，1984），长江下游镇江地区气温比现今高 2℃（南京大学地理系第四纪研究小组，1984），与中国全新世大暖期（施雅风，1992）及全新世高温期（杨怀仁等，1992）基本吻合。

中全新世晚期（4000—2500aB. P.）孢粉组合带 Ⅱ 的特征反映当时的植被为混杂有中、北亚热带落叶阔叶林的亚热带季风雨林。气候比 Ⅰ 的偏凉，属偏凉的热湿气候。这与江苏建湖庆丰地区距今 4000—2100aB. P. 期间总体上为降温期（赵希涛等，1994）一致。

晚全新世（距今 2500 年至现代）孢粉组合带 Ⅲ 中乔木植物花粉以南亚热带属种居多，蕨类孢子和草本植物花粉则以喜热湿的成分含量较高，喜凉的植物花粉属种较少，含量亦较低，反映当时的植被为典型的南亚热带常绿阔叶林，气候热湿。这与珠江三角洲晚全新世热湿的气候（李平日，1991）、闽南沿海地区晚全新世湿暖的气候（陈承惠，1982）和南黄海晚全新世温湿的气候（黄镇国等，2002）相吻合。

7.2.2　环境效应

地貌变化响应气候波动。第四纪以来，中国热带气候环境相对稳定，但是气候地貌对气候波动仍有响应。北海沿海大面积分布红土砾石台地，高程 20~40m（雷）或 30~60m（琼），构成台地的沙砾层称为北海组。北海组为冲积、洪积成因，分上、下两层，隔以冲刷不整合面。层厚 3~15m，最厚 36m（雷）或厚 9~16m，最厚 79m（琼）。下层为棕黄色沙砾（砾径 0.5~3m），上层为褐红色混合沙。北海组台地下部沙砾层反映中更新世冰期（热带为多雨期）大规模的洪积冲积作用；上部 2~5m，厚的红土层反映间冰期（少雨期）气候从冷湿转为热干（黄镇国等，2006）。桂林盘龙洞石笋样品的地球化学和稳定同位素综合研究表明 7990aB. P. 之后，石笋的生长速度加快，平均为 3mm/10a，表明 8000aB. P. 左右气候明显变得暖湿，可以旁证全新世中期银滩气候为暖期。

海温变化记录气温的波动。图 7 – 3 银滩南面的涠洲岛海区剖面底栖有孔虫壳体氧同位素记录了全新世中期（6000aB. P. ）以来的气候变化。根据 $\delta^{18}O$ 测量值，假设海水中的 $\delta^{18}O$ 值为 0，按 Craig 方程计算相应的海水温度，从图 7 – 3 看出，中全新世早期（5690 ± 220—4090 ± 200aB. P. ）为明显的升温阶段，古水温为 27 ~ 29.2℃，现今为 24℃ 左右（年均气温为 23.5℃），相差 3 ~ 5℃。约 5000aB. P. 反映开始出现降温现象，降幅亦为 3 ~ 5℃，亦反映新冰期Ⅱ的影响（黄镇国等，2002）。

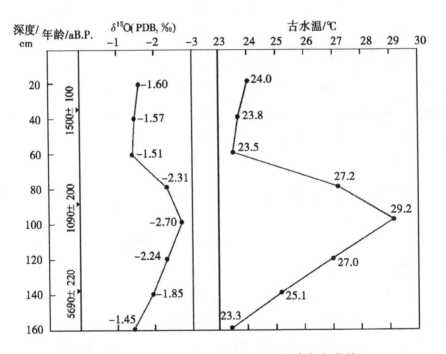

图 7 – 3　广西涠洲岛海域剖面氧同位素气候曲线

注：据黄镇国（2002）。

植被变动不大。银滩全新世植被的历史演替：混杂有落叶阔叶林的亚热带常绿阔叶林，南亚热带常绿林，亚热带、热带常绿阔叶林，混杂有中、北亚热带落叶阔叶林的亚热带季风雨林，南亚热带常绿阔叶林。全新世中期以来，气候在亚热带气候和热带气候之间变动，但在全新世大暖期后，银滩气候基本稳定在亚热带气候，植被以亚热带的典型植被为主。

红树林复兴。广西北海外沙 CK10 剖面（莫永杰，1996），深 7.5m，分 6 个孢粉带。其中第 5、第 6 带未见红树植物孢粉，地层年龄 11290aB. P.，代表末次冰期。约 8000aB. P.（样品年龄 7912aB. P.）红树林开始复兴，但早全新世红树植物仅占孢粉总数的 0.68% ~ 0.93%。中全新世（样品年龄 5998aB. P.）红树林繁盛，尤其是桐花树，红树植物孢粉占 1.35% ~ 2.11%，尔后降为 0.59% ~ 0.83%，但晚全新世回升至 1.48%。

7.3　复合型沙坝—潟湖景观演变对气候变化的响应

7.3.1　景观格局

沙坝和潟湖是成因上互相联系、互相依存的沉积单元。沙坝—潟湖的景观格局经常呈"瓶状（口朝下）"，沙坝长轴平行于海岸排列，海平面变化和沉积物的来源变化时，沙坝和潟湖的封闭程度发生相应变化，可分为海侵型、海退型、稳定型和局部海侵型等（李从先等，1984）。如图 7 - 4 所示，在沙坝—潟湖景观上的变化是开阔型、半封闭型和封闭型 3 种类型之间的变动，对应着不同发育阶段的沙坝—潟湖景观。

沙坝—潟湖常常以细沙组成的海滩沙为主。沙坝堆积体是沙坝—潟湖海岸的基干，整个系统的演变主要取决于沙坝的变化。华南沿海沙质海滩滩面为细沙为主，平均粒径为 0.22 ~ 0.80mm，泥沙的启动速度为 30 ~ 40cm/s，泥沙容易启动，受台风暴浪的侵蚀，被带到近岸，因而发育为内沙坝（吴正等，1995；蔡锋，2004）。图 7 - 4 展示了沙坝（D 处）的形成

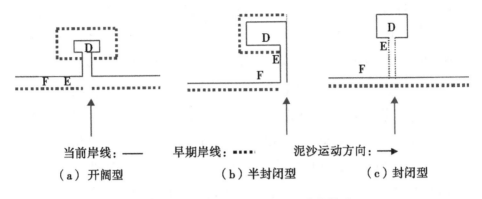

当前岸线：—— 早期岸线：••••• 泥沙运动方向：→

（a）开阔型   （b）半封闭型   （c）封闭型

图7-4 沙坝—潟湖景观格局演化模式

与演化形式直接影响到潟湖演化。从图7-4看出潟湖（E处）呈平行或垂直海洋延伸的景观格局，典型的潟湖具有一个与潟湖本身大小或沙坝长度相比小得多的潮汐（F处）通道［图7-4（a）和（b）］，因此呈咸水或半咸水状态，甚至完全封闭没有通道［图7-4（c）］。潟湖既可在完成沙坝的沉积之后完全独立，然后演变海岸成池塘、湿地、沼泽［图7-4（c）］，也可在沙坝被侵蚀后，重新成为海湾。较短的时间内发生上述演化，取决于下列因素：暴风雨影响、沉积物来源、波浪形成（包括折射类型）、海平面变动（王文介等，1999）。

根据北海外沙 CK10 剖面的硅藻（莫永杰，1996；黎广钊等，1999），将孔虫组合及沉积物特征等综合分析，可分为9层，其中第5至第9层属于中、晚全新世的变化。外沙潟湖钻孔沉积相的变化可反映自中全新世以来银滩沙坝—潟湖景观的形成。

（1）中全新早期的河口沼泽环境

埋深4.25（3.75）~3.25m，岩性为青灰色粉细砂黏土。见少量有孔虫，如毕克卷转虫变种和瘦瘪雅得虫等近岸浅水河口沼泽种。硅藻以淡水种居多，半咸水种也含有一定数量。按沉积速率推算，此层的沉积年代约为6500aB. P.，此时海平面比6000aB. P. 低，说明本区当时为受到潮汐影响的河口沼泽区，属于偏陆相的河口沼泽环境，此时银滩沙坝—潟湖景观尚未发育。

（2）中全新中期受强潮流作用的河口沼泽环境

埋深 3.25~2.50m。岩性为青灰色粉细砂黏土，含少量中粗砂，水平层理发育，粉细砂夹于厚层黏土中。有孔虫以近岸浅水种为主，也含有少量透明瓶虫、缝口虫等深水虫。硅藻以咸水种卵形菱形藻和半咸水种条纹小环藻占优势，淡水种含量较少。硅藻组合中还发现具有典型的海洋性种类，如海洋斑条藻和地美鞍形藻，反映受到潮流作用较强的河口湾沉积环境。红树科花粉较多，约占 1.35%~2.11%。在埋深 3m 处，样品年龄 5998 ± 144aB. P.，表明属于中全新世，总体环境特征为浅海—河口湾相。这个时段在全球和华南沿海，为大西洋期，气候暖湿，海平面普遍升到最高，这个剖面反映了银滩沿海高海平面的现象。在海侵向海退的海平面相对稳定过程中银滩沙坝—潟湖景观开始发育，呈海湾景观。

（3）中全新世中期受强潮流作用的半封闭潟湖沉积环境

埋深 2.50~1.75m，岩性为青灰色、灰色粉细砂质黏土，并含贝壳碎屑。有孔虫群个体小，属种单调，优势种明显，占总数的 85.1%，为毕克卷转虫变种—卡纳利拟单拦虫组合，硅藻亦为半咸水种的条纹小环藻—柱状小环藻组合。这些微体古生物群特征与杭州西湖晚全新世早期潟湖期的微体古生物群化石特征基本相似，反映了受到较强潮流作用的半封闭潟湖沉积环境（汪品先等，1979）。在海退过程中，稳定的海平面使得银滩沙坝—潟湖景观得以继续发育。

（4）晚全新早期典型的潟湖沉积环境

埋深 1.75~1.00m 层，岩性为青灰色、灰绿色细砂质黏土，含贝壳碎屑，有机质丰富，还原沉积环境，反映当时水流不畅。有孔虫组合为毕克卷转虫种—异地希望虫组合。硅藻组合中以咸水种具槽直链藻和半咸水种条纹小环藻为优势种，同时咸水种和半咸水种硅藻的种类较多，均有 10 余属种，淡水种硅藻含量较少，属种亦较少，样品年龄为 2130 ± 120aB. P. ，是典型的潟湖沉积环境。此时是银滩两组沙坝—潟湖景观格局发育完整。

（5）晚全新世后期的潟湖沉积环境

埋深 1.00 ~ 0m 层，岩性为浅灰色、青灰色砂质黏土，含小砾，见少量贝壳碎屑。有孔虫为毕克卷转虫—褐色砂粟虫组合，该组合特征与广西沿岸现代半封闭潟湖的表层沉积中的有孔虫组合特征一致。硅藻为半咸水种含量最多，优势种为柱状小环藻，咸水种也含有一定数量，淡水种含量很少，反映受到较强潮流作用的半封闭潟湖沉积环境。

图 7 - 5 广西北部湾的 4 个剖面也表明，北海的沙坝（堤）—潟湖发育阶段和沉积序列反映中全新世以来海平面的波动，与外砂 CK10 剖面反映的

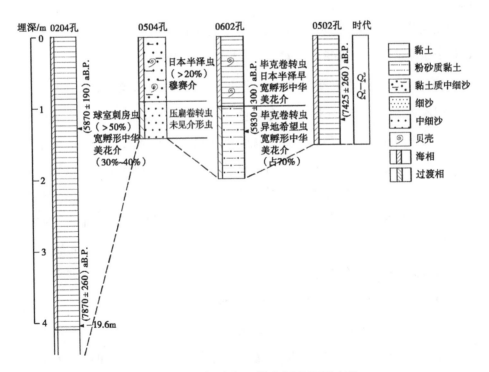

图 7 - 5　北部湾剖面的全新世环境变化

注：据黎广钊等（1988）、黄镇国（2002），经简化。

沉积过程相似。从图 7 - 5 中看出, 0502 孔海相层为 9050 ± 320aB. P. , 推测全新世下限为 10000aB. P. 左右。Q_4^1 仍以陆相为主, 约 8000aB. P. 才开始大范围海侵, 当时海平面为 - 20m 左右。0204 孔高程 - 19.6m 潮间带样品年龄为 7870 ± 260aB. P. , 0602 孔高程 - 20.7m 潮间带沼泽带样品高程年龄为 7530 ± 260aB. P. 。Q_4^2—Q_4^3 沉积环境由过渡相变为海相, 约 5800aB. P. 海侵达高潮。

7.3.2　海面遗迹

海滩岩是海岸景观演变的重要标志物。银滩南面的涠洲岛海滩岩发育典型, 可佐证银滩曾多次出现高海面。涠洲岛的上后背塘、牛角坑的海滩岩下部和中部分别形成于 6900 ± 100aB. P. (高程 5.5m), 6770 ± 110aB. P. (高程 3.9m) 和 6000 ± 100aB. P. (高程 6.0m)。它们属于中全新世早期的海滩沉积, 可代表当时的平均海面, 可认为它们形成时的海平面比现今高数米。牛角坑上部珊瑚碎屑 ^{14}C 年代为 4100 ± 70aB. P. (高程 6.5m), 亦可反映约 4000 年前后高海面的存在。下牛栏和后背塘的海滩岩 ^{14}C 年代分别为 3290 ± 80aB. P. (高程 6.0m) 和 3150 ± 100aB. P. (高程 5.0m), 反映 3000 余年前后曾有高海面。横岭的海滩岩 ^{14}C 年代为 2295 ± 170aB. P. (高程 3m), 另一处为 2060 ± 85aB. P. (高程 3.5m)。两者均代表 2000 余年前海平面比现今高。公山背珊瑚碎屑 ^{14}C 年代为 1470 ± 150aB. P. (高程 1m), 竹蔗寮的珊瑚碎屑海滩岩的 ^{14}C 年代为 1420 ± 70aB. P. (高程 3m), 反映距今 1400 ~ 1500 年前后也有略高于现今的海面。

与海滩岩相对应形成的多处海蚀遗迹, 也是海岸景观演变的证据之一。海蚀遗迹大多高出现今海平面数米, 银滩南面的涠洲岛南湾火山岩峭壁上最下层的海蚀洞高程 4 ~ 5m, 与其相对应的大体同高的北港海滩岩 ^{14}C 年代为 1850 ± 90aB. P. 。据此可推断晚全新世初期海平面比现今高。涠洲岛已发现海蚀洞 35 处, 这些洞的各个洞口底板高程并不一致, 反映有多期高海面。

北海邻区沙堤等海面遗迹印证全新世海平面变化和沉积环境变迁。波浪动力变化、海平面变化以及海岸线的推移影响着海岸沙堤的发育。例如钦州湾至大风江沿岸（银滩西面）有4列沙堤，据5个剖面观察（黄镇国，2002），沙层厚度仅为3~7m，按ZK3剖面，其中第2层为中粗沙，有较多贝壳碎屑，富含有孔虫化石，主要有异地希望虫（占40%）、毕克卷转虫，代表滨海至浅海环境，反映中全新世海侵，形成滨外沙堤。第3层为砂质黏土，含大量植物碎屑，有个别异地希望虫，代表潟湖环境。江平沥尾岛潟湖泥炭层年龄1800±90aB.P.，故此潟湖环境代表晚全新世海退（2000aB.P.高海为平面之后）。第4层为中粗沙，含砾，未见海相生物化石，代表现代滨岸沙堤堆积。

富含贝壳碎屑的沙堤（贝壳堤）在一定程度上反映气候的变化，海岸贝壳堤反映中全新世风暴潮增强的气候波动，风暴潮随温度升高而增强。贝壳堤为风暴潮沉积。华南海岸气候特别热湿，有利于贝类生长。一个可以佐证的例子：广东沿海17个验潮站，近20~40年在全球变暖的背景下，最高潮位明显升高，有8个站的最高潮位从50年一遇提高到100~200年一遇。

参照60多处考古遗址的资料，史前时期古人类的活动及热带动物群的断续繁衍反映出中国热带自然地理环境的相对稳定，但有波动（张伟强等，2003）。据此可认为，中全新世中期以来，银滩沙坝—潟湖景观格局发育形成，并长期处于相对稳定的状态。

7.4　人类活动对复合型沙坝—潟湖景观的影响

长期以来，在构造运动、气候波动等自然动力作用下，银滩沙坝—潟湖景观处于动态稳定的状态。但随着近20年来海滨旅游的兴盛，人类活动对沙坝—潟湖稳定性的影响加大。

7.4.1　沙滩利用——三大景观亚区的形成

银滩景观格局的形成和演变与北海城市发展历程紧密联系。20 世纪 80—90 年代，特殊政策造就井喷式土地开发，城市经济呈"大跃进式"的发展（刘俊，2006），并催生银滩旅游发展史上的"鼎盛时期"。银滩旅游开发以沙坝用于海滨浴场为起点。开发 20 多年来，由原来的直接利用景观发展到当前的通过"以海造景"形成国家度假区的三大景观亚区。

银滩国家旅游度假区已建成银滩公园、海滩公园和恒利海洋运动度假中心三大景观亚区。银滩公园是游客海水浴和日光浴最主要的游憩场所。海滩公园当时号称"亚洲第一"的激光音乐喷泉和环形钢塑"潮"，成为北海远近闻名的标志性景观，其景观功能主要是游憩和休闲。恒利海洋运动度假中心规划建设海上运动娱乐区、中心别墅区、陆上运动娱乐区、国际会议中心和恒利大酒店五个功能区。该项目是广西最大的海滨旅游项目。1993 年银滩旅游度假区建成后，当年旅游人数达到历史上的最高峰，日接待游客量最高达 20000 人次以上，年接待量为 200 万人次。在首批国家级旅游度假区中，银滩的开发建设已经处于领头羊的位置，成为兄弟度假区争相学习考察的焦点。之后由于金融经济形势的急剧变化，中区的旅游业很快萎缩下来，自 1996 年起又慢慢回升起来。

7.4.2　由边陲小镇发展为滨海新城

图 7 - 6、7 - 7 展示了经过 20 多年来的经济建设和社会发展，北海已发展成为北部湾上新兴的滨海城市（北海市人民政府办公室，2019）。在改革开放前，北海的发展极其缓慢，是一座人口不到 10 万、城区面积不足 10km^2 的边陲小城。经济基础薄弱，现代工业几乎空白。1983 年全市工农业总产值仅为 2.09 亿元。从图 7 - 6 看出 1989—2005 年间以旅游为龙头的

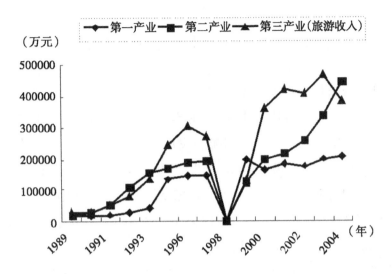

图7-6　北海三次产业产值变化

注：数据来自北海市统计局。

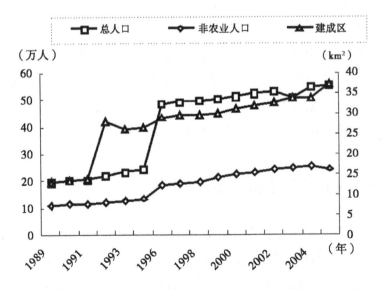

图7-7　人口、非农业人口和建成区面积变化

注：数据来自北海市统计局。

第三产业一直呈上升趋势，所占比重从 1996 年起超过第一、第二产业。自 20 世纪 90 年代初期银滩国家旅游度假区开发以来，它就成为北海乃至北部湾经济圈的重要增长极。1992—1998 年是银滩旅游的鼎盛期，银滩周围和建成区城市景观迅速倍增。从图 7 - 6 看出，1992 年建成区面积成倍增长。1990—2000 年城市建成区面积扩大 4 倍，全市生产总值增长 15.6 倍，工业总产值增长 21 倍。

北海市仍继续向现代化滨海旅游城市发展。根据城市总体规划，北海市中心区的城市性质为：集商贸、金融、旅游、科技多功能为一体的现代化港口城市（徐少辉等，1997）。2003 年起，按照国际招标美国莫里斯公司设计的"珠链"式海滨旅游景区进行大规模改造（王洪，2002）。集海鲜美食、旅游观光、休闲度假为一体的北海外沙海鲜岛一、二期工程建设已完工，涠洲岛、星岛湖、合浦古汉墓群、合浦海上丝绸之路始发港、合浦山口红树林等景区开发也正在相继完成，以银滩为核心的环北部湾旅游区渐成规模。

7.4.3　人类活动强度变化

利用 ArcGIS 中的相关工具提取北海银滩 2003 年、2000 年和 1990 年景观面积和周长等数据，并运用人为干扰强度公式（1 - 2）计算，得到表 7 - 1 反映 1990—2003 年银滩人类活动强度的变化情况。从表 7 - 1 中看出，1990 以来，4 个级别的干扰造成景观面积变化较大的依次为低覆盖景观（减少最快）、城镇景观（增加最快）和养殖景观。城镇景观的面积迅速增加，土地得到有效利用，这是旅游度假区开发的结果。同时林地面积比重由 1990—2000 年减少 2.7%，到 2003 年增加 6.36%。养殖面积则相反，1990—2000 年增长 18.8%，2003 年下降 3.6%。这反映了 2002 年以来银滩"退滩还景"工程在绿地建设方面取得初步成效。

| 表 7 - 1 | | | 1990—2003 年银滩人为干扰强度变化 | | | |

级别\n类型	未(难)干扰	弱干扰	中干扰			强干扰
	低覆盖	林地	湿地(河流)	养殖	坑塘	城镇
1990 年/m²	14996408.5	2951478.3	402053.7	832350.2	95123.7	687992.1
2000 年/m²	8247419.8	2090554.5	0	3993480.3	—	3025011.5
2003 年/m²	6700857.8	3067041.7	0	3229847.4	—	3670448.6
1990 年面积比例	0.751	0.148	0.020	0.0417	0.0048	0.0345
2000 年面积比例	0.475	0.120	0	0.230	0	0.174
2003 年面积比例	0.402	0.184	0	0.194	0	0.220
1990—2000 年	− 0.276	− 0.027	− 0.020	0.188	− 0.0048	0.134
2000—2003 年	− 0.073	0.0636	0	− 0.036	0	0.046
1990—2003 年	− 0.349	0.0362	− 0.020	0.152	− 0.0048	0.186
强度 1990 年	5.258	1.478	0.342	1.834	0.176	2.791
强度 2000 年	3.326	1.204	0	10.124	0	14.117
强度 2003 年	2.814	1.840	0	8.526	0	17.837
1990—2000 年	− 1.932	− 0.274	− 0.342	8.289	− 0.176	11.326
2000—2003 年	− 0.512	0.636	0	− 1.598	0	3.719
1990—2003 年	− 2.444	0.362	− 0.342	6.692	− 0.176	15.046
干扰比 1990 年	1	0.28	0.45	0	0	0.53
干扰比 2000 年	1	0.36	3.04	0	0	4.24
干扰比 2003 年	1	0.65	3.03	0	0	6.34

注：数据来自 1990 年和 2000 年北海景 TM 和 2003 年 QuickBird 遥感影像。

从表 7 - 1 中看出，1990 年、2000 年和 2003 年的人为干扰强度比分别为 1 : 0.28 : 0.45 : 0.53、1 : 0.36 : 3.04 : 4.24 和 1 : 0.65 : 3.03 : 6.34。开发区建设的 10 年以来，已由原来的海滨小镇发展为海滨城市，由原来大面积未开发状态，经过 2000 年前后的中干扰阶段进入人类活动开始密集的强干扰阶段。1990—2000 年银滩景观处于剧烈波动阶段，表现其人为干扰的迅速增加。但是从 2000 年特别是 2003 年以来，银滩景观的变化减缓，在旅游开发过程中开始关注并处理好绿地景观、城市景观和养殖景观的关系。人类活动在这个变化过程中由原来的加速变为减缓沙坝—潟湖景观的演化进程。

7.5　复合型沙坝—潟湖景观对人类活动的响应

7.5.1　复合型沙坝—潟湖景观稳定性的分析

目前银滩度假区的旅游功能仍以海滨浴场为主。从生态安全的角度分析，大量人工设施建在高潮线以上的沙滩上，人工建筑干扰破坏海岸的自然发育过程，造成海岸带泥沙冲、淤，失去平衡，沙丘消失，沙滩萎缩；潟湖区的人为隔断使其被逐渐填淤，部分道路廊道和人工建筑突破生态防线（岸线 200m）；养殖及生活废水的无序排放造成海域、地下水、潟湖等环境污染；生物多样性降低，景观破碎，导致生态系统的平衡失调等。在复杂的人为背景下，北海地方政府决定，从 2002 年开始实施银滩中区全面改造工程。拆除公园围墙，营造大众化的滨海浴场，免费开放。拆除 1800m 长的防波堤，恢复自然岸线。拆除建于银滩公园、海滩公园内的 39 栋建筑，"还海滩于自然"。在"退城还景"之后试图"还自然于人民"，并免费开放 4A 景区北海银滩。在这两轮大手笔的运作下，银滩国家旅游度假区的发展是否走上良性发展的轨道，是值得商榷的重要问题，但对沙坝—潟湖景观的影响巨大。

7.5.1.1　整体滩形的改变

银滩的沙源来自两个方面：一是陆相来沙，它是由沙坝坝顶经风力拖曳而形成向海运动的风吹沙；二是海相来沙，即由波浪作用而向陆向运动的海沙。这两部分来沙聚集在沙坝近海侧的沙滩上，在潮汐和波浪的综合作用下形成沿岸输沙的纵向运动和垂直海岸的横向运动，其中纵向泥沙运动不发达，以横向运动为主（何碧娟等，2002）。根据波浪的分布情况，银滩沿岸净输沙方向为自西向东。沙源主要是靠海洋动力条件作用自然填充维持。但是旅游开发过程中在银滩建造的防波堤、挡浪墙和各种建筑物，破坏了以波浪为主的自然环境动力平衡，使海滩冲刷、后退、萎缩，滩形变动较大。滩形主要发生以下改变。

（1）沙丘消亡

银滩开发中，沙丘基本被铲平，打破沙坝—潟湖景观体系内部的风沙运动平衡。防风林带退缩成为小斑块零散分布，取而代之的是车道、旅馆、商场等多种人工建筑。

（2）沙滩变陡

未进行旅游开发前，银滩的平均坡度约为 0.88～1.2（中国环境科学研究院，1999）。据 1994 年 5 月实测资料（中国环境科学研究院，1999），银滩东部沙滩平均坡度为 0.93。西部沙滩坡度逐渐变陡，平均坡度为 1.6，最大可达 1.9。

（3）岸线后退

根据 1995 年在银滩西面海滩地形勘察结果（中国环境科学研究院，1999），在 -2m 等高线上，最大冲刷深 0.45m，最大岸线后退距离 16m；在 +1m 等高线上，最大冲刷深 0.40m，最大岸线后退距离 22m。沙滩的冲刷深度与岸线的后退，使高潮线距岸边后退约 22m。

（4）滩面萎缩

表 7-2 和图 7-8 均反映了 1976—2003 年银滩两组沙坝—潟湖景观分隔的侨港东、咸田港东和白虎头（银滩正门附近）的三处滩面整体萎缩，2000—2003 年起滩面回涨较快。图 7-8 也展示了 1976—2003 年这三处沙滩滩面的动态变化，沙滩宽度的组间和组内变化较为一致。

地点	侨港东（新港）			咸田港东			白虎头		
要素	宽度/ m	变化量/ m	年变化率/ m/a	宽度/ m	变化量/ m	年变化率/ m/a	宽度/ m	变化量/ m	年变化率/ m/a
1976 年	470	—	—	300	—	—	350	—	—
1985 年	350	−120	−12	250	−50	−5	245	−105	−10.5
1990 年	335	−15	−2.5	180	−70	−11.7	220	−25	−4.2
1994 年	265	−70	−14	90	−90	−18	155	−65	−13
2000 年	190	−75	−10.7	70	−20	−2.9	60	−95	−13.6
2003 年	320	130	32.5	160	90	22.5	180	120	30

表7-2　　　　　近30年来银滩横剖面宽度动态变化比较

注：银滩剖面宽度取各岸段平均值，1976年、1985年、1994年岸滩数据引自徐海鹏（1999）。

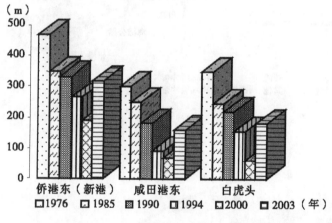

图7-8　银滩沙滩宽度动态变化

从图7-8来看，近30年来三处沙滩以咸田港东1990—1994年的蚀退率为最大，达到18m/a，主要原因是北海国际客运站的修建。1994—2000年侨港东的沙滩蚀退率最小，仅2.58m/a，这与其间旅游活动相对较弱有关。从图7-8和表7-2还可以看出，1976—1985年，由于改革开放初期的围垦用地，三处沙滩的侵蚀较明显。1990—2000年，白虎头和侨港东沙滩的年蚀退速度均超过10m/a，原因是将白虎头滩面作为银滩公园进行开发，引起了白虎头和侨港东的沙滩同步蚀退（见附图8）。而由于2000年后银滩正门高潮线上的建筑物被拆除，三处滩面同步回涨，年回涨速度均超过20m/a，至2003年，沙滩基本恢复到1990年开发初期的位置。

图7-9反映了人工建筑扩展至两组沙坝—潟湖景观高潮位附近，岸线

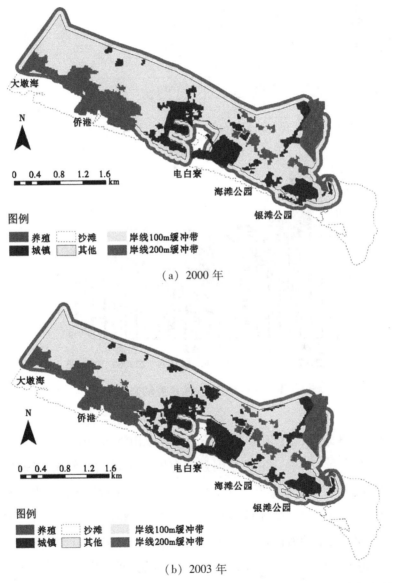

（a）2000年

（b）2003年

图7-9　2000年、2003年高潮位建筑拆除前后银滩城镇景观格局变化

100m、200m 缓冲区范围内以电白寮和银滩公园的人工建筑最为密集。1990—2003 年的遥感影像则对应着同期银滩沙坝—潟湖景观开发前后的变化。结合图 7 – 9 和 1990—2003 年的遥感影像来看，银滩公园正门的滩面萎缩和电白寮的潟湖淤浅与旅游开发活动密切相关。主要表现为银滩正门和电白寮高潮位上的人工设施密集造成沙源减少，从而引起白虎头和侨港东的沙滩岸线后退，银滩和电白寮潟湖淤塞，甚至人工陆化。

1990—2003 年两组沙坝呈同步变化，沙滩宽度由宽变窄，再由窄回涨为宽，变化幅度相近，海岸动态的物质迁移过程和活跃的生态联系，扩大了景观演变的生态效应。

7.5.1.2　潟湖淤塞

潟湖是海岸带潮汐作用动态平衡的产物，是联系海陆的活跃的生态景观。如表 7 – 3 所示，银滩潟湖和电白寮潟湖在 1990—2003 年间一直在淤浅，潟湖的形状变化较大。从表 7 – 3、图 7 – 10 和图 7 – 11 可以看出，1990—2000 年银滩潟湖出现明显淤塞，淤积面积约为原来的 54.8%；潟湖年淤积达 3197.6m²。当潟湖严重淤积和沙坝蚀退时，整个景观体系将走向衰退。

表 7 – 3　1990 年、2000 年和 2003 年银滩潟湖景观动态变化比较

	1990—2000 年变化量			2000—2003 年变化量			1990—2003 年变化量		
	$S/(m^2/a)$	$P/(m/a)$	D	$S/(m^2/a)$	P/S	D	$S/(m^2/a)$	P/S	D
正门	−3197.6	−0.13 −0.52	0.24 1.04	189.24 −628.06	−0.26 0.096	−0.11 0.16	−3081.3 443.6	−0.39 −0.53	0.13 1.20
电白寮	−6626.5	−0.35	0.37	−49683.6	0.21	−0.53	−56310.1	−0.56	−0.16

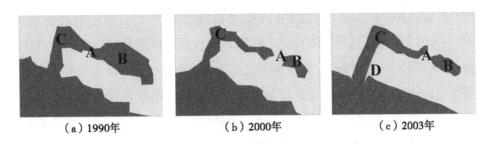

（a）1990年　　　　（b）2000年　　　　（c）2003年

图7-10　1990—2003年北海银滩公园正门潟湖的动态变化

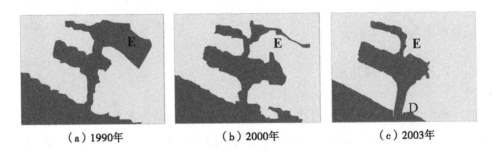

（a）1990年　　　　（b）2000年　　　　（c）2003年

图7-11　1990—2003年北海电白寮潟湖的动态变化

图7-10反映了银滩潟湖受旅游开发的影响明显，潟湖退缩，与潮汐通道之间的面积对比差异变小，潟湖的生态平衡被严重破坏，表现出极不稳定的特点。如图7-10所示，银滩公园正门的实体大桥（A）将潟湖（即咸田港潟湖）拦腰阻截一分为二，分为东部潟湖（B）和西部潟湖（C）。实体大桥破坏涨落潮流体系平稳，阻碍潟湖水体交换，尤其是东部潟湖的涨潮流不能直达湖内，淤积污染严重。1990—2003年东部潟湖年淤塞面积为3081.3m^2，占银滩潟湖面积淤积总量的96.3%。2000—2003年淤积略为减缓，面积年增加189.24m^2，但是分维值降低，表明潟湖在人为的清淤拓宽作用下，其形状变得简单。

与之相反，银滩西部潟湖面积在1990—2003年期间以每年443.58m^{2}增加，而2000—2003年淤塞速度最盛，达到628.06m^2/a。西部潟湖出现贫瘠荒芜的盐渍地；潟湖汊道淤浅阻塞，影响航运，表现为2003年与1990年比较，由于淤塞面积增长，不得不通过截曲束水维持流速，潮道变得更加平直。随着潟潮的淤积，航道加深，防波堤（D）也随之不断向海域延长，影响潟湖两侧的泥沙横向运动，带来沙坝等风沙体系新一轮的调整。同时半封闭型的银滩潟湖，平行岸线分布，与外海交换相对困难，极易引起环境污染问题。1990 年旅游开发以来，银滩潟湖因受油类污水和生活垃圾的影响，潟湖底质污染严重，受污染底质厚约 0.5 ~ 1.0m，平均 0.7m，成为银滩新的污染源（中国环境科学研究院，1999）。

从图 7 - 11 看出，电白寮潟湖的演变与银滩潟湖颇为相似。1990—2000 年淤积面积约为 10%。2003 年潟湖面积约为 1990 年的 59%，淤塞超过 41%，淤塞速度加快，湖顶（E）处至 2003 年完全被人工陆化。2000—2003 年的淤塞速度约为 1990—2000 年淤塞速度的 7 倍（表 7 - 3）。2003 年与 1990 年相比，岸线的曲折率大幅度降低，表现为潟湖的内缘比减小约 56%。潟湖人工岸线的痕迹十分明显，防波堤（D）的修建，减少潮汐通道的纳潮量，加快潟湖淤积。

7.5.1.3　植被变动

图 7 - 12 展示出银滩滨海绿地体系受到人类活动的严重干扰。1990 年开发以来开垦的荒地，将东西向宽 100 ~ 200m 的乔灌草林带砍伐殆尽，至 1998 年仅剩沿路不能蔽光的少量人工林。从图 7 - 12 看出，1990—2003 年度假区最北部在房地产开发过程中遭到蚕食，约占全部减少量的 60%。其中减少最为明显的地区集中于电白寮北面、打蓆村及侨港海滩一带，由原来以绿地景观为基质转化为以人工斑块包括酒店及房地产为基质的景观格局。新增绿地景观大部分位于减少景观的南面，主要集中在金海岸大道南面，即度假区北部的房地产开发区内，增加面积 33%，主要为人工林和草坪。绿地斑块碎裂化程度加大，景观联通性降低。银滩和海滩公园及周边绿地的少量增加，城区绿地的出现，在一定程度上对银滩的生态环境恶化具有缓冲作用。

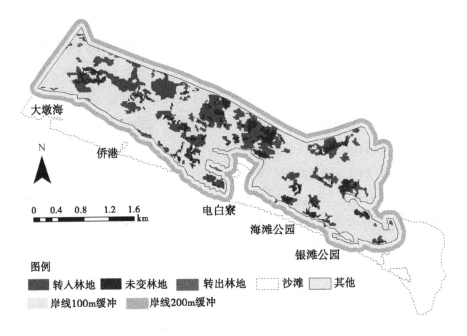

图7-12 1990—2003年北海银滩绿地动态变化（虚线为沙滩）

表7-4也反映了1990—2003年银滩的植被景观发生很大变化。由于海滨土质条件较差，因此银滩开发区内主要以森林和灌草丛景观为主。从表7-4看出，1990年开发区内平均的林地面积为59030m²，2000年减少为26802m²。最大斑块面积减少2/3。1990—2003年斑块的分维值、标准差及变异系数都呈增加趋势，表明人为干扰正在逐步加大。2000—2003年林地面积出现一定回升，面积约增加10%，表现为最大斑块面积和平均斑块面积

表7-4　　1990年、2000年和2003年银滩林地景观动态变化比较

林地	N	S/m²	P/m	P/A	D_M	D_{all}	MinS/m²	MaxS/(m²)	MS/m²	σ	C_v
1990年	50	2951478	68155	0.023	1.05	1.31	1547.8	438377	59030	97464.1	1.019
2000年	78	2090555	70989	0.034	1.07	1.34	1032.5	180142	26802	496027	1.651
2003年	89	3067042	97696	0.032	1.09	1.35	1007.3	196352	34461	65719.4	1.907

分别比 2000 年增加 16210m^2 和 7659m^2，斑块间大小差异减小。但是分维值和斑块面积变异系数仍在增加，表明银滩林地景观可能处于恢复之中，出现一定的波动。

7.5.2　沙质岸滩景观演变的环境效应

7.5.2.1　景观服务功能下降

银滩是由海滨（湾）、沙滩、阳光、绿树、蓝天、海风等组成的自然景区。目前银滩度假区尚未形成鲜明的风格，景观功能定位混杂和模糊，整体的景观格局较为零乱，未形成"梳形"（"手套型"）海滨度假区的模式（刘俊，2006）。以海滩为主要吸引物的度假区，过多的人工建筑带来景观污染，破坏了旅游氛围。度假区的公路网呈棋盘形，主干道修建在一线海景的前面，破坏海滨景观格局的自然美感，阻碍游客直接与海滩接触。高潮位的建筑物，随意排放的废水废物，隔断岸滩风沙运动，降低景观美学功能，影响自然景观系统的健康和安全。

此外，2002 年拆除银滩公园的围墙，向公众免费开放，不仅在对游客的安全管理上造成难度，还使得银滩公园岸滩正常的修缮和维护处于举步维艰的境地，在一定程度上影响景观服务功能正常发挥。

7.5.2.2　生态环境恶化

沙质变差。北海沿海有 11 个排污口（中国环境科学研究院，1999），其中 4 个排污口分布在两组沙坝—潟湖景观周围。因此银滩的沙质主要受到生活污水的严重干扰。以旅游开发较为集中的 1997 年为例，两组沙坝—潟湖景观周围最大日排放污水量约为 6000m^3，COD（化学需氧量）为 1180kg/d。如将漫流等方式排放的污水量计算在内，两组沙坝—潟湖景观周围污水排放总量可达 7000m^3/d。其中银滩正门日平均污水量达 4000m^3

（中国环境科学研究院，1999）。这些由雨水、污水合流形成的生活污水沿边沟或沿无防渗处理的水槽排入附近海域或随意排放，造成不同程度的滩面污损等环境问题。同时银滩潟湖周围出现较大面积的养殖斑块，如 2000 年沙滩上养殖面积（侨港段）剧增（图 7 - 9），在一定程度上加剧沙滩的污损。

银滩沙坝潟湖整体稳定性下降。以景观污染为主体的环境问题在两组沙坝—潟湖景观体系日益严峻。由于银滩海滩长，地势缓，流速小，海水自净能力差，加之海区潮流类型使得污染物质难于向外海扩散，使得部分海域出现污染。银滩西部的坡度大于东部，且自身坡度较小，导致污水向沙滩四周扩散、蔓延和滞留。2005 年近岸局部海域细菌变化表明（廖思明等，2005），西部大墩海站点海域处于轻污染至中污染状态。沙滩被严重冲刷或侵蚀后，长期掩埋的深层出露，使滩面变"黑"、变臭，造成沙滩景观和海域景观的污染加剧。1991 年海水质量的水质调查表明（黄鹄，2005），除潟湖局部水域受油的轻度污染外，其他水域的水质良好。底质各项环境监测指标均低于标准值，属于清洁级。表 7 - 5 反映了 1990—2003 年银滩海洋环境及污染状况（黄鹄，2005）。从表 7 - 5 看出，随着生活污水的排放加大，油类污染是最主要的污染来源，超标率高达 44%，COD 和无机氮的超标率和污染指数也在加大。旅游活动兴盛期，1995 年全部海域超过 I 类海水水质标准（中国环境科学研究院，1999），银滩整体环境恶化趋势明显。

表 7 - 5   1990—2003 年银滩海洋环境监测数据均值及污染状况

14 年均值	COD	无机氮	油类
含量范围/（mg/L）	0.08 ~ 1.80	0.030 ~ 0.530	0.02 ~ 0.25
均值	0.76	0.103	0.06
超标率	0	6	44
海区污染指数	0.36	0.51	1.20

注：数据来自黄鹄（2005）。

地下水受海水侵入，加快银滩生态环境恶化的进程。银滩生活用水主要就地取自地下水。由于对地下水的开采量逐年加大，局部区域地面出现下沉，造成海水入侵。自 1994 年底起，银滩侨港一带沿海开始出现海水从南部海岸入侵的迹象。随着地下水形成的水位降落漏斗继续向南扩展，海水在侨港一带的入侵将逐步扩大（王举平，1997；周训等，1997）。若继续过量开采，银滩附近有可能成为新的海水入侵的危险地段。由于银滩含水层上履层为松散的北海组沙砾层，属潜水型地下水，与海水贯通，下渗的生活污水及垃圾淋滤下渗的污水将严重污染地下水水质和海水水质，威胁到游客和当地居民的生活用水安全。

7.5.2.3　生物多样性减少

由于两组潟湖均出现不同程度的淤塞和污染问题，潟湖湿地的功能下降。潟湖面积潟湖湿地退化的主要表征之一为生物多样性下降。生物多样性是多种因素综合作用的结果，其中以景观面积、环境质量、干扰和斑块隔离程度对物种多样性的影响最大。物种丰富度与景观特征的一般关系可表达为：

物种丰富度（或种数）=f（景观面积，干扰，斑块隔离程度，环境质量，生境多样性，演替阶段，基底特征）

物种丰富度与生境面积关系密切一般认为，当生境面积扩大到原来的 10 倍时，生境中物种数将增加一倍；反之，当生境缩小到原来的十分之一时，物种数将减少一半。物种数量和面积的关系可表示为（谷东起，2003）：

$$m = C(1/S)^{-D_0}$$

或：

$$Log\,m = Log\,C + D_0 \cdot Log\,S$$

式中，m 是物种的数量，S 是面积，C 为常数，D_0 是 Hausdorf 分维数。据此可初步估算 1990—2003 年银滩两组潟湖的生物量至少减少了将近一半。

7.6 组合型沙坝—潟湖景观的气候变迁与环境效应

全新世中期以来，博鳌气候均为湿热的热带气候。表7-6反映了博鳌周围区域全新孢粉特征和气候变化。从表7-6看出，按照分布在海南岛北和岛南的已知年龄的样品进行孢粉分析，自老到新，第Ⅰ组三亚南虹淤泥层年龄为7280±140aB.P.，琼山铁桥黏土质砂层年龄为6750±140aB.P.，都代表Q_4^2，反映热湿气候，草本仅占16.3%，木本占54.8%，喜热的栲属、山龙眼属、陆均松属代替了全新世早期喜暖的枫香属等。第Ⅱ组崖城水南淤泥层年龄为5680±140aB.P.，也代表Q_4^2，木本增至84%，草本仅占10%，木本主要有山龙眼属、杜英科、香椿科等，反映热带常绿雨林植被，气候热湿。第Ⅲ组琼山铁桥砂质黏土层年龄为1565±130aB.P.，代表Q_4^3，仍以木本占优势，有漆树、杜英科、山龙眼属、胡椒科、榕属、波罗蜜属等，亦反映热湿气候。由上所述，博鳌仅在全新世初略有降温，此后均为热湿气候，波动很小。

表7-6　　　海南岛若干样品的全新世孢粉特征和气候

地点	样品	年龄/aBP	孢粉特征	孢粉带	气候
琼山铁桥	砂质黏土	1565±130（Q_4^3）	木本占优势 漆树、杜英科、山龙眼属、胡椒科、榕属、波罗蜜属	Ⅲ	热湿
崖城水南	淤泥	5680±140（Q_4^2）	草本占10%，木本占84% 山龙眼属、杜英科、香椿科	Ⅱ	热湿
琼山铁桥	黏土质砂	6750±140（Q_4^2）	草本占16.3%，木本占54.8%	Ⅰ	热湿
三亚南虹	淤泥	7280±140（Q_4^2）	栲属、山龙眼属、陆均松属		

全新世中期以来博鳌的气候变迁引起海温、海平面、红树林等一系列变化的环境效应。

海温波动很小。图 7 - 13 展示了海南岛西北海域全新世的海温波动，根据其中全新世中期的 3 个沉积层的沉积信息以反映博鳌的海温变化。根据硅藻温水种和热水种组合推算表层海水温度，得出硅藻温度曲线，从图 7 - 13 中看出，高温期出现在中全新世初，次高温期出现在早全新世初和晚全新世，构成 3 次气候波动，但波动幅度很小，海温均 20 ~ 30℃。

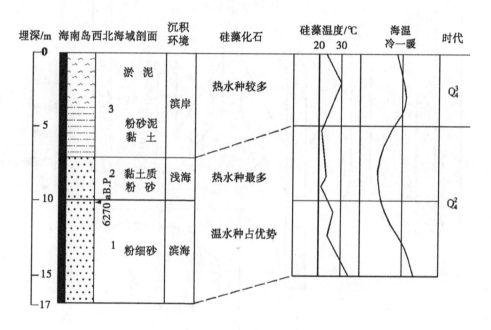

图 7 - 13　海南岛西北海域中全新世海温波动

注：据陈锡东（1988）、黄镇国（2002），经简化。

海平面多次波动。图 7 - 14 以海南岛 6 个典型剖面为例，反映了海南岛中全新世以来海平面曾多次波动，可佐证博鳌全新世中期以来的海平面变化。从图 7 - 14 中看出，海南岛自上向下由上细下粗的沉积旋回组成，下旋回由沙砾层变为淤泥层或砂质黏土层，上旋回由中粗砂层变为砂质黏土层。

中全新世海侵层分布最广，年龄为 7280±140—5680±140aB. P. ，后期局部海退，故有上部沙砾层（含海相化石）。晚全新世海相层的年龄为 1565±130—1020±90aB. P. 。故与海南鹿回头 3.0m 和 2.5m 高程出现 5000±200 和 4800±240aB. P. 的珊瑚礁，它们共同反映了约在相应的 6000—5000aB. P. 和 2000—1500aB. P. 时出现高海平面。

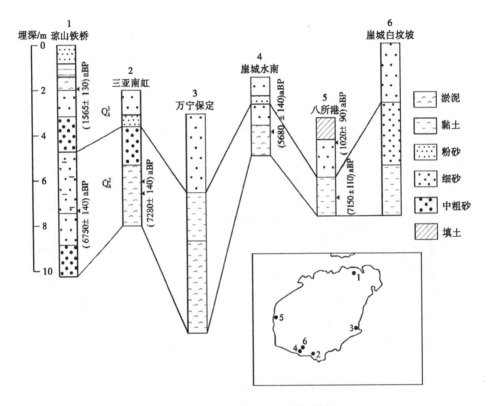

图 7-14　海南岛中全新世海侵层

注：据黄镇国（2002），经简化。

泥炭层也反映中全新世海平面的波动。琼山东寨港和琼海福田的泥炭层埋深 0.7~1.0m，有 1~2 层，单层厚 0.3~1.0m。分解度 50%~80%，年龄为 3300±95—515±115aB. P. 。泥炭中红树林植物含量高于 80%。泥炭层之下的潟湖相黏土（样品年代为 5000±180aB. P.）代表中全新世海平面上升，尔后海平面波动变化，两个泥炭层（样品年代为 3300aB. P. 和 2000—500aB. P.）反映海平面略有下降或平稳阶段。

红树林繁盛。中全新世海侵使红树林向内陆扩展，并全面复兴，但全新世的气候波动和海平面变化影响到红树林发展。海南岛东寨港 DS4 剖面，第四系剖面厚 5.8m，分 7 个孢粉带，样品年龄为 5000aB. P.。有两层红树林残体泥炭，其年龄分别为 3386aB. P. 和 515aB. P.。全剖面都有红树植物孢粉，共有 11 种，主要为海桑属、红树属、秋茄属、木榄属等。对于红树植物孢粉占孢粉总数的比例，第 7 带占 35%，反映全新世红树林的复兴。但是，第 6 带仅占 0.8%，时值约 4000aB. P. 的新冰期。第 5、第 4 带占 36.3%～59%，为红树林的繁盛期。第 3、第 2 带占比降为 26%，时值约 2500aB. P. 的新冰期Ⅲ。第 1 带占 45%。两个泥炭层下伏水深的潟湖相沉积，泥炭层反映海平面两度下降，出现红树林潮坪环境（黄镇国等，2002）。

7.7　组合型沙坝—潟湖景观演变对气候变化的响应

沙坝—潟湖体系的形成。图 7-15 反映了博鳌旅游度假区沙坝潟湖钻孔沉积层序自下而上经历：基岩侵蚀面—河流、河漫滩相—潟湖—海岸沙坝、半封闭潟湖、河口湾。由沙砾到淤泥质沉积再到中粗砂，构成粗—细—粗旋回，反映由低海面到海面上升至全新世晚期海面基本稳定，海岸沙坝得到充分发育的历史。

从图 7-15 沉积记录推断，沙坝—潟湖海岸的潟湖相沉积大部分开始于 8000aB. P. 以后。由于全新世初万泉河河口前期地形地势较低，海岸线已经到达博鳌旅游度假区现代海岸附近。当时的海岸线伸向内陆，呈河口湾景

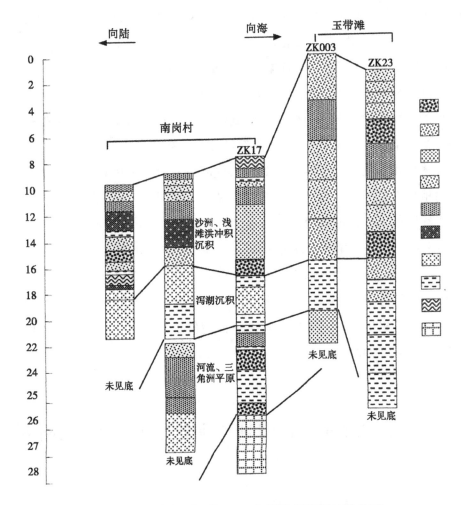

图 7 – 15　博鳌复合型河口三角洲沙坝潟湖钻孔序列

注：改自殷勇（2002）。

观，玉带滩沙坝与沙美内海潟湖的雏形开始形成，广泛发育潟湖相（殷勇，2002；彼得·马蒂尼，2004）。

现代万泉河口地貌体系和空间格局的形成在 6000aB. P. 之后。特别是5800aB. P. 全新世最高海平面阶段之后，海平面呈波动降低，有利于三角洲及河流序列发育。杂色的粗沙砾夹杂色淤泥和淤泥质粉砂层（图 7 – 15），一般厚 10m。包含 3 个由粗到细的旋回，属于典型的河流相二元结构。该旋回的特点是二元相的下部沉积多以粗的沙砾为主，缺乏由沙组成的边滩沉积，说明该河流属于源头较近、坡度较陡的辫状河类型，在河口地区发生分叉，同时还说明当时的海平面较低，海岸线远离现在的河口区域。

海南岛文昌五龙港海岸沙丘—潟湖沉积体系和鹿回头沙坝—潟湖沉积体系的年代测定表明，5000—3000aB. P. 是海南岛东部的沙坝—潟湖体系形成的主要时期。据此推断万泉河河口潟湖沙坝地貌体系形成于 3000aB. P. 左右。

3000aB. P. 以来，万泉河河口地貌体系的演变地貌格局变化不大。从沉积结构和特点来看，其属于河口浅滩和沙洲，沉积物多为河流冲积物和潟湖淤泥堆积的混合产物。现代万泉河流域人类活动特别是大型水利工程的兴建，大大减少河流向河口的泥沙输送（张振克，2003）。

海南岛西北海域剖面全新世的 4 个沉积层也旁证博鳌全新世中期景观格局的变迁，根据有孔层、介形虫、硅藻分析，沉积环境发生过浅海—滨海—浅海—近岸滨海的变迁，即博鳌的景观体系是全新世中后期发育形成的。

7.8　人类活动对组合型沙坝—潟湖景观演变的影响

在博鳌地区，开发建设活动对景观多样性有非常显著的影响。开发建设的强弱与景观的破碎化表现出一定的相关性。分区研究表明，随着开发建设活动的继续，决定该地区景观格局的因素让位于人类大规模的开发活动。利用 ArcGIS 中的相关工具提取博鳌 2000 年和 1988 年景观面积和周长等数据，并运用人为干扰强度公式（1 - 2）计算，得到表 7 - 7。从表 7 - 7 看出 1988—2000 年，博鳌的人为干扰强度增加了 5.8。4 个等级的干扰强度由 1.8 : 7.9 : 0.2 : 2.13 （1 : 4.3 : 0.9 : 1.3） 变为 0.37 : 9.12 : 2.32 : 6
（1 : 24.9 : 6.3 : 16）。可见博鳌仍处于弱干扰阶段，但是由于 2000 年博鳌受
到亚洲论坛建设项目影响，触发大规模的旅游开发，中、强干扰增加迅速，
明显逼近弱干扰。

表 7 - 7　　　　　　1988 年、2000 年博鳌人为干扰强度变化

类型	弱干扰 低覆盖	弱干扰 林地	中干扰 湿地（河流）	中干扰 养殖	中干扰 坑塘	强干扰 城镇
1988 年/m²	17347911	40367193	7527720	261925	95123.7	1771794
2000 年/m²	2675842	32873763	7251539	2597619	513578.9	3675655
1988 年面积比例	0.257	0.60	0.112	0.004	0.0014	0.0263
2000 年面积比例	0.054	0.66	0.146	0.052	0.010	0.0741
比例变化	-0.203	0.06	0.034	0.048	0.0086	0.0478
强度 1988 年	1.80	6.00	1.90	0.14	0.052	2.130
强度和	1.80	7.90	—	0.20	—	2.13
强度 2000 年	0.37	6.63	2.47	1.94	0.38	6.00
强度和	0.37	9.12	—	2.32	—	6.00
强度变化	-1.42	0.64	0.59	1.79	0.33	3.87

平均斑块面积大小说明人类活动对该地区景观的破坏程度。图 7 - 16
展示了大体上的规律是，人类作用强的地区斑块面积较小，作用弱的地区
斑块面积较大，人类活动对该地区景观的破碎化产生了明显的影响，旅游
开发伴随着城镇化过程，主要表现为城镇景观的变迁方向已向东、南
移动。

图 7 - 16　博鳌度假区城镇景观的变迁方向

注：数据来自 1988 年和 2000 年琼海景（博鳌）TM 遥感影像。

1988—2000 年博鳌城市化过程中湿地景观大量退缩。根据 1.5.1 景观演变厘定的相关公式计算斑块面积 CA（S）、斑块数量 NP（N）、平均斑块大小 MPS（MS）、最大斑块指数 LPI（$MaxS$）、最小斑块指数 SPI（$MinS$）、斑块大小标准差 PSSD（σ），斑块面积变异系数 PSCV（C_V）。图 7 – 17 则反映了 1988—2000 年博鳌的景观格局变化表现为城市景观大量增加。从表 7 – 7 中看到城市景观斑块增加近 10 倍，总面积、最大斑块面积成倍增加，最小斑块面积也相应增加，斑块的变异系数、斑块的标准差和总分维值分别增大 1.292、217114 和 0.063。这表明旅游开发以来，城市景观有扩展，且大小面积和斑块形状差异较大，斑块出现破碎化。由于分维值增加较少，反映出此时人类活动的影响程度仍较弱（图 7 – 17）。

城镇扩展明显引起河流周围的湿地减少（图 7 – 17），低丘的森林植被增加。1988—2000 年以来，湿地总面积减少了 27.6hm²，平斑块面积也减小近 20%，最大斑块和最小斑块面积都有所减少，内缘比、标准差和斑块变异系数的增大，均表明湿地景观受到人为活动影响的干扰正在加大（图 7 – 17）。

同时植被景观的变化具有与湿地景观相似的特点。植被景观就平均斑块面积来看，目前林地、防护林平均斑块面积较大，林地主要分布在低山丘陵地区，对其开发利用强度不大，受人类作用就较少，破碎化程度低。防护林分布于玉带滩沿海一侧，近几十年来对其保护增强，斑块面积也就较大，分别为 1.0284km²、0.930km²（李向军，2006）。植被景观的变化集中表现为人为活动的干扰和影响（包括高位旅游开发、养殖等）河谷周围、玉带滩和东屿岛原生植被的演替。2000 年减少的植被，在河流廊道为中心的 200m 范围内，分布在流域两旁的森林植被的面积退缩最为剧烈，占减少总面积的 10%，其中的 80% 转化为城镇。

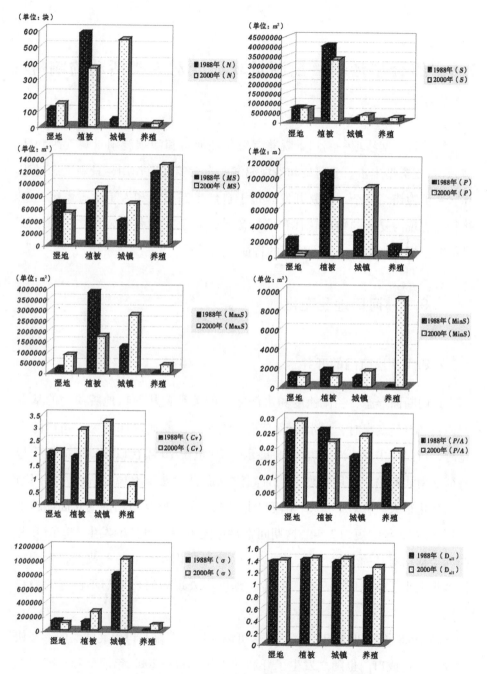

图 7-17　1988 年、2000 年博鳌景观格局指数变化

7.9　组合型沙坝—潟湖景观演变对人类活动的响应

博鳌组合型沙坝—潟湖景观兼有三角洲河口和沙坝潟湖景观（半封闭型），景观类型丰富。受河口和沙坝潟湖的自然驱动力作用，景观生态过程和联系更为错综复杂。博鳌开发区位于自然生态系统和人工生态系统的交接带，表现为复杂的物质转移和能量流动，且正在扩张和建设之中，过渡带的时空变化表现出十分不稳定的特征。

7.9.1　河口地貌变化

7.9.1.1　口门的开并

口门断面形态、径流速度和水深之间的关系遵从河口地貌演变的基本规律：当口门变窄时，过水断面变小，流速大，断面水深变大；当口门变宽时，口门多出现浅滩。表7-8展示了20世纪70年代以来口门的变化与特征。南北向输沙作用强烈，同时潮汐汊道目前处于不稳定阶段，口门断面的变化很大。从表7-8看出河口由"双—单—单"口门的变化周期越来越短，由12年缩短为2年。这期间常常伴随着突发事件的发生，口门开并与人类活动对其的干扰加大，造成沉积物的变化和水动力的改变，影响拦门沙坝大小、空间展布和口门宽度、深度，表现为河口口门不稳定的趋势加剧。

从1988年和2000年的遥感影像可以看出，石泉河口南北沙嘴的形态快速变动，造成口门也随之发生了开和并。从1988—2000年河口和岛屿岸线变化可以看出，1988年南北沙嘴分别向NS增长，口门仅宽150m。2000年

表 7 − 8		近 30 年来万泉河河口口门的周期性变化与特征			
时间/年	口门	口门特征与变化	时间/年	口门	口门特征与变化
1976	双	北口门宽 190m 南口门宽 450m 北南口门之间被浅滩分割	1989	双	北口门宽 58m 南口门宽 326m 北口门根部被冲开，玉带滩顶部沙嘴向 NE 延伸 650m
1985	单	北口门封闭 南口门宽 313m，向北延伸 北、南沙嘴向南北延伸 523m、250m	1993	单	北口门宽 123m 北沙嘴北移 236m，南沙嘴由 NE 向 N—NE 向展布
1987	单	（南）口门宽 220m	1996	单	北口门宽 314.5m 北沙嘴开始并岸，南沙嘴向北延伸 83m，顶端呈鸟嘴状
T = 12		无突发事件	T = 8		有突发事件
1998	双	口门附近南沙嘴被冲开	2000 − 5 − 10	双	南沙嘴被冲开（海上 6 ~ 7 级大风，有强降水过程）
2000 − 5 − 7	单	口门宽仅 100m	2000 − 5 − 18	单	口门狭窄 南沙嘴展布呈 WS 走向
			2001 − 11 − 14	单	口门明显变宽 口门被冲宽，沙嘴顶端变宽，呈足状伸向口门
T = 3		有突发事件	T = 2		有突发事件

注：资料来自张振克（2002），有整理和补充。

11 月南沙嘴根部被冲开后呈 WS，口门被冲宽，约 710m。玉带滩顶部是一个向两侧呈鸟嘴状突出的沙嘴。从地貌成因上看，玉带滩北部逐渐由 NNE 变为 NE 向，南部泥沙在波浪作用下由南向北输送，由于其顶部输运受阻，泥沙逐渐淤积形成一个 NW 向向海突出的沙嘴。另一侧向湾内突出的沙嘴则是在涨潮流和波浪共同作用下的泥沙顺岸进入口门形成的输沙上游侧的内弯沙嘴（高建华等，2002）。这是由于万泉河中上游及其支流修建了许多水库，向下游主要输送的大量推移质泥沙被拦截。据测算（陈国强等，2004；Gao 等，2004），每年向下游输送的悬移质约为 250000m³。由于万泉河口门出口处礁石遍布，河水以浮力射流的形式入海，粗颗粒物质在河口附近沉积形成河口水下浅滩，细颗粒物质则被河水带到较远处沉积。水下浅滩的泥沙在波浪的作用下被启动，在潮流的作用下被重新输送，成为两侧海岸发育的一个重要物质来源。

　　万泉河口门地貌的快速变化不仅对博鳌港口船舶进出航道有直接的干扰，而且对紧邻口门的东屿岛地貌产生不利的影响。尤其是口门扩宽时，口门外的波浪或涌浪在经口门段减弱之后直接影响东屿岛，面向口门的岛岸坍塌经常发生。表 7 - 9 反映了 1971—2000 年东屿岛（沙洲）东部、中部和西部因沉积物来源发生变化，造成地貌上的变化差异。从表 7 - 9 看到，1971—2000 年以来，东屿岛的地貌呈西部淤积，中部略为淤积，东部则呈现为侵蚀。这与上游建坝造成来沙量的增加有关。东屿岛周围养殖景观迅速增多，从 1988—2000 年遥感影像图看出东屿岛与旁边的沙洲围筏养殖使得东部呈略为淤进、西部侵蚀明显的分布状态，河流汊道变宽，沙洲的形态在人类活动作用下较不稳定。东屿岛位于万泉河口门内侧，多年生植被破坏严重，是万泉河及龙滚河、九曲江洪峰的必经之地，洪水灾害对未来旅游业发展造成威胁。

表 7 - 9　　　　　　　　　　1971—2000 年博鳌东屿岛的地貌变化

东屿岛（平均值）	东部	中部	西部	状态
1971 年宽度/m	573.3	323.2	811.1	—
1988 年宽度/m	461.2	350.8	935.8	—
2000 年宽度/m	533.7	361.6	965.3	—
1971—1988 年变化量/m	-112.1	27.6	124.7	东部侵蚀、中西部淤积
1988—2000 年变化量/m	72.5	10.8	29.5	淤积
1971—2000 年变化量/m	-39.6	38.4	154.2	东部侵蚀、中西部淤积

注：数据来自 1971 年地形图和 1988 年、2000 年 TM 遥感影像。

7.9.1.2　沙坝的侵蚀

玉带滩是一道分隔潟湖和近海海域的海岸沙坝。玉带滩最宽处超过1km，北端最窄处仅为50m（殷勇等，2002；张振克，2003），由于地貌景观独特，目前它是度假区旅游活动最为集中的区域。玉带滩靠海的外侧海岸，侵蚀强烈。近30年来的平均蚀退速率达到6.7m/a，远远高出世界平均砂质海岸侵蚀速率（张振克，2003）。表7-10和图7-18均反映了玉带滩南北两侧海岸稳定性有很大差异。从表7-10中看到，1971—2000年沙坝顶部侵蚀速率为416.71m/a，南港村以北为200.66m/a，南港村以南为91.8m/a，玉带滩的侵蚀由南向北逐渐增强。但是由于海岸物质迁移作用，南北部的沙坝均有一定的侵蚀量。其中1971—1988年间，改革开放初期大力发展农业经济，人类活动迅速密集造成沙坝顶部和南港村以北的侵蚀最盛。1988—2000年后，南港村以北沙坝的侵蚀仍较为明显，这与南港村的人类活动一直较为频繁有关。图7-18中A处1971年的北沙嘴至2000年基本消失，滨外沙坝呈北向生长，南沙嘴（图7-18中的B处）的平均宽度由550.4m缩至133.69m，约为原来宽度的1/4（表7-10）。C处为南港村侵蚀的分界点，此处以北的区域侵蚀明显，平均约为200.66m/a，以南侵蚀较少，平均约为91.8m/a。

表 7-10		博鳌玉带滩的地貌变化		
沙坝（平均值）	南港村以南	南港村以北	沙坝顶部	状态
1971 年宽度/m	1079.3	416.76	550.4	—
1988 年宽度/m	996.2	274.1	162.3	—
2000 年宽度/m	987.5	216.1	133.69	—
1971—1988 年变化量/m	-83.1	-142.66	-388.1	侵蚀　顶部最大
1988—2000 年变化量/m	-8.7	-58	-28.61	侵蚀　南港以北最大
1971—2000 年变化量/m	-91.8	-200.66	-416.71	侵蚀　顶部最大

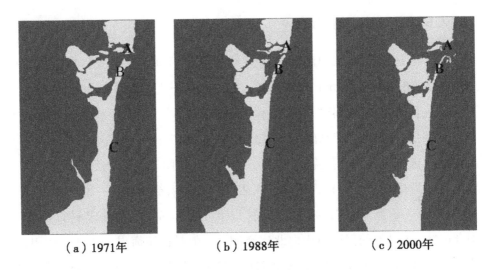

| （a）1971年 | （b）1988年 | （c）2000年 |

图 7 - 18　玉带滩（沙坝）不同部位的侵蚀差异

从图 7 - 18 看出 1971—2000 年玉带滩坝顶形态完全改变，以 1971—1988 年间变化最为剧烈，沙坝顶部极不稳定，直接表现为口门的开并。沙坝北部岸线的不稳定性，还表现在台风和洪水时曾多次被冲开缺口（高建华等，2002），2000 年南沙嘴被冲开，见图 7 - 18（c）的 B 处，使港内水域在南港村以北与外海贯通。玉带滩沙坝顶部非常年轻，只有约 0.2ka 的历史，它的变化影响到整个万泉河口生态系统的变化，因此，在博鳌旅游度假区的开发建设过程中应对玉带滩坝顶加以保护（葛晨东，2003）。

根据玉带滩泥沙粒度变化推断泥沙运动方向（高建华等，2002），在纵向上以南港村为界（表 7 - 11），南港村以北是由北向南运动，南港村以南则是由南向北运动，据此可知玉带滩中部的侵蚀应该比南部小。但是 1971—2000 年南港村附近的侵蚀是南部的数倍，其中主要原因是南港村的人类活动密集，特别是高位的养殖景观造成岸滩的蚀退。

位置	北部			中部			南部		
	μ	σ	SK	μ	σ	SK	μ	σ	SK
海滩下部	0.278	0.76	-0.4	0.478	0.746	-0.07	0.44	0.84	-0.2
海滩中部	0.26	0.82	-0.16	0.81	0.78	-0.09	0.94	0.82	-0.11
海滩上部	-0.39	0.88	-0.19	0.24	0.86	0.16	0.72	0.74	0.15
总平均	0.08	0.82	-0.26	0.61	0.77	0.08	0.7	0.8	-0.05

表 7-11　　　　　玉带滩不同部位的粒度分布特征

注：数据来自高建华（2002）。

7.9.1.3　潟湖冲淤并存

沙美内海是由玉带滩沙坝围拦河口浅海，而形成与海岸平行的半封闭型潟湖。潟湖狭长呈葫芦状，口小腹大。表 7-12、表 7-13 和图 7-19 均反映了沙美内海的顶部、中部和底部（分别为 A、B、C 处）的淤浅和侵蚀差异较大，呈现出不稳定的特征。从表 7-12 中看出，湖顶（A）和湖底（C）分别为淤塞（-52.7m）和侵蚀（59.6m）状态，而潟湖的中部基本保持不变。从表 7-13 中也看出，潟湖顶部蚀退（187.144m^2/a）和底部淤进的速度（-165.478m^2/a）较为接近，而中部变化较小，仅为 4.71m^2/a。不同部位的形状也相应发生变动，顶部的形状变化最大，顶部内缘比和分维值变化最大，分别达到 0.54 和 0.56。其次是底部，中部的内缘比和分维值变化最小，分别为 0.25 和 0.23。图 7-19 展示了 1971—2000 年沙美内海的开口（万泉河下游入海河道，其分界线就是湖口与河道的分界线）一直变宽，但幅度不大，原因可能与东屿岛西部（见表 7-9）的侵蚀有关。但潮汐汊道（图 7-19 中的 D、E 处）变动较大，由 1971 年的潮汐汊道变为 1988 年的单潮汐汊道（D 处），再变为 2000 年的双潮汐汊道（E 潮汐汊道接近闭合）。潟湖的中部（B 处）在 1988—2000 年开始出现明显的淤积，这是由龙滚河、九曲江和部分万泉河的来沙量增加引起的。潟湖的底部一直呈淤浅状态，除了与来沙量增加有关以外，潟湖周围的养殖活动也加快了淤积的速度。

表7-12 沙美内海的地貌变化

潟湖（平均值）	湖顶部	湖中部	湖底部	侵蚀或淤积
1971年宽度/m	241.6	402.0	755.6	—
1988年宽度/m	262.1	473.2	720.9	—
2000年宽度/m	301.2	301.2	702.9	—
1971—1988年变化量/m	20.5	71.1	-35.3	底部变窄，淤浅
1988—2000年变化量/m	39.1	-69.7	-18.9	中、底部变窄，淤浅
1971—2000年变化量/m	59.6	1.5	-52.7	底部变窄，淤浅

表7-13 沙美内海的景观变化

沙美内海	1971—1988年变化量			1988—2000年变化量			1971—2003年变化量		
要素	$S/(m^2/a)$	$P/(m/a)$	D	$S/(m^2/a)$	P/S	D	$S/(m^2/a)$	P/S	D
顶部	64.37	0.33	0.26	122.774	0.21	0.30	187.144	0.54	0.56
中部	223.254	0.14	0.10	-218.858	0.11	0.13	4.71	0.25	0.23
底部	-110.842	0.28	0.22	-59.346	0.17	0.25	-165.478	0.45	0.37

（a）1971年

（b）1988年

（c）2000年

图7-19 沙美内海不同部位的地貌变化

潟湖东部沉积物含有较多的中粗砂成分，主要源于玉带滩沙坝表层沉积物。海岸沙坝沉积叠置于河口沉积之上，指示海岸沙坝有向河口和潟湖推掩的趋势，潟湖逐渐萎缩与海岸沙坝向内陆堆沙有关。沙美内海的潟湖沉积连续，并呈不断淤浅和沼泽化加速发展的趋势。

沙美内海是与海岸平行的潟湖，在枯水期湾内底质活动性很弱，几乎没有活动，沉积物输运率很小。在仅考虑潮流交换的情况下，50%的水体被外海水替换所需要的时间为5d，80%的水体交换所需时间为11d，99%的水体交换所需时间也仅为32d（朱小兵等，2003）。从口门到沙美内海之间有多个沙洲，且湖内水深不大，交换水道狭窄，与外界交换通道不畅。故在一个潮周期内只有部分的外海水最终能进入沙美内海，沙美内海与外界的水交换应该比河流入海水道内的交换慢很多。由于近30年来潟湖淤浅，潟湖底部的淤浅比湖口快（见表7－20、表7－21），有可能造成潮流速度减弱，水体的交换更加不畅，影响水质安全。潟湖周围对水质化学成分进行分析表明（Zhu等，2005），潟湖的pH、COD、BOD_5、DO、NH3－N、TP和油类等标准仍达到国际的地表水交换标准（GHZB1—1999）。因潟湖受潮汐影响，CL不符合该标准，靠近外海的水质比靠近河口的水质好。而与潟湖内外水质相比较，地下水质普遍较差，东屿岛的NH3－N含量是标准值的8倍。水质变坏是影响度假区整体可持续发展的潜在威胁。

7.9.2　沉积物变化对地貌的影响

华南沿海属于热带地区，沿岸有相当数量的珊瑚礁和各种海洋生物贝壳，在波浪作用下破碎成生物碎屑，搬运富集于岸边参与泥沙堆积，也提供了部分沙源。在局部岸段，生物碎屑供沙，可成为重要的供沙方式。如海南岛东海岸的抱虎角至博鳌港分布有大规模的裙礁（岸礁），礁砰宽度多为800m以上，最宽可达2000m，其提供的生物碎屑可占琼东海岸的海滩砂和沙丘含量的30%～40%（吕炳全，1983；吴正等，1995），是不可低估的物质来源。从 1971 年的地形地貌图上看，博鳌镇北部附近仍有珊瑚礁分布，可能与大量建房使用珊瑚礁的人为破坏有关。由于沉积物的减少，1988—2000 年北面的沙嘴明显退缩约 680m。

大片的人工林和大型的水利工程使得河流的泥沙量迅速减少。从 20 世纪 70 年代起，水沙含量的减少在一定程度上影响整个流域的地貌变化。表 7-14 说明万泉河下游与海南省第一大河南渡江的变化趋势一致。从表 7-14 中看到 20 世纪 60 年代泥沙含量较大，而 70 年代以后，泥沙量整体呈下降趋势。泥沙含量剧烈减少，引起以河道变化为典型的三角洲河口地貌发生复杂多样的变化，表现为万泉河从沙坡岛开始分汊，南支的南岸冲刷，北岸淤积；北支的南北岸淤积明显。河口东屿岛江心洲向下游移动，洲头侵蚀，洲尾淤积，凹岸侵蚀，凸岸淤积。在河道宽浅处，新的心滩和边滩生长扩大，最终变成沙岛（江心洲）或高河漫滩。值得重视的是，万泉河洪水期的冲刷作用与淤积作用均十分强烈，故对万泉河河口潮汐汊道和江心洲的改造明显；当洪峰到达河口遭遇高潮位时，洪水来不及在河口宣泄，水位上涨，玉带滩的溃决将成为宣泄洪峰的必然结果。因此河道的变化带动江心洲等河口地貌的变动，沙坝潟湖景观生命线——潮汐汊道的变化，影响到沙坝—潟湖景观的变动，从而在整体上扩大了组合型沙坝—潟湖景观的变化效应。

表 7-14　　　　　　　南渡江与万泉河下游水体年含沙量分布

（单位：kg·m^{-3}）

地点	1960	1965	1970	1975	1980	1985	1990	1995	2000
万泉河	0.042	0.093	—	0.062	0.038	0.044	0.049	0.023	0.031
南渡江	0.079	0.059	0.029	0.032	0.035	0.031	0.027	0.023	0.031

注：数据来自张黎明等（2006）。

7.10　整体生态效应扩大的沙坝—潟湖景观

　　以北海银滩旅游度假区与兼有沙坝—潟湖景观和三角洲河口景观的博鳌旅游度假区为典型研究区域，分析华南沙坝—潟湖景观演变对气候变化和人类活动的响应，得到以下主要结论。

　　一是热带南端北海银滩沙坝—潟湖景观与博鳌沙坝—潟湖景观（兼有沙坝—潟湖景观和三角洲河口景观）对气候变化最突出的响应，表现为其景观格局是在全新世中期（6000—3000aB. P）海侵向海退的变化过程中逐步形成。沙坝—潟湖景观演变分别以海滩岩、沙（贝壳）堤和海蚀遗迹等海面遗迹的形式记录着气候变迁等信息。广西北部湾的 4 个剖面表明，北海的沙坝（堤）—潟湖发育阶段和沉积序列反映中全新世以来海平面的波动，Q_4^2—Q_4^3 沉积环境由过渡相变为海相，约 5800aB. P. 海侵达高潮。在全新世大暖期后，银滩植被变化不大，红树林在中全新世先出现繁盛而后衰落，晚全新世复兴。

　　二是从总体上看对气候变化的响应，博鳌的组合型沙坝—潟湖景观与银滩复合型沙坝—潟湖景观的发育特点较为相似，均形成于全新世中后期。但是根据其钻孔沉积记录和文昌五龙港海岸沙丘—潟湖沉积体系，以及鹿回头沙坝—潟湖沉积体系的年代测定，因万泉河河口前期地形地势较低，博鳌潟湖相沉积略早，大部分开始于全新世初期（约 8000aB. P. ）。而现代万泉河口地貌体系和空间格局的形成在 6000aB. P. 之后，整体复合型沙坝—潟湖景观格局约在 3000aB. P. 左右发育稳定。博鳌气候变迁及其环境效应表现为海温波动很小、海平面多次波动、红树林复兴等一系列变化。

　　三是人类活动对沙坝—潟湖景观演变的影响，主要体现在沙滩作为核心吸引物开发的旅游经济活动上，以及潟湖多作养殖或渔港使用。人类活动影响下沙坝—潟湖景观呈线形蚀退和淤进的带状格局，加速岸滩蚀退或潟湖的淤积。复合型、组合型沙坝—潟湖景观组内和组间景观呈同步变化，海岸景观生态过程与联系使得整体演变效应明显地扩大。沙坝—潟湖景观处于由中（弱）干扰向强干扰发展阶段，中干扰与强干扰之间力量对比减弱是整体稳定性下降的重要因素之一。1990—2003 年北海银滩复合型沙坝—潟湖景观体系因新建实体大门和在高潮线上修建旅游设施，岸滩蚀退和潟湖淤积快，沙坝—潟湖景观体系走向衰亡。正门沙坝—潟湖景观的旅游开发使得电白寮沙坝—潟湖景观也出现了类似的变化趋势。

四是组合型沙坝—潟湖景观受到河口和沙坝—潟湖体系等自然驱动力，与造林、大型水利工程建设等人为活动的共同作用，过渡带的快速变迁高度集聚于此，表现出十分不稳定的特征。在 1971—2000 年间玉带滩南北沙嘴的形态变动加快，口门随之开并，东屿岛面向口门的岛岸坍塌频繁。而口门开合、玉带滩（沙坝）侵蚀，潟湖南冲北淤，河道的快速变迁带动江心洲等河口地貌的变动，未来海平面上升水位上涨，玉带滩的溃决将成为宣泄洪峰的必然结果，这成为影响沙滩旅游生态安全的主要隐患之一。

第 8 章

结论与展望

本书在野外考察的基础上，从华南海岸的热带北缘向南选定具有代表性的福建东山岛、广州南沙区、广州中心城区、广西合浦山口红树林和广东徐闻灯楼角珊瑚礁国家自然保护区、广西北海银滩和海南琼海博鳌旅游度假区，相应研究了华南海岛景观、三角洲河口景观、海岸带城市景观、红树林景观、珊瑚礁景观及沙坝—潟湖景观演变与气候变化（主要指6000aB. P. 以来，全新世中期的气候变化及其环境效应）和人类活动（主要指改革开放以来，40多年的经济和社会建设）的关系。华南海岸生态景观作为亚洲东部和太平洋西岸的一个代表性区域，其对气候变化和人类活动的响应，既有类同点，又有纬向差异和经向差异。典型研究区取得的主要结论和认识兹概述如下。

一是华南现今的海岸生态景观格局自中全新世海侵后开始发育，是晚全新世（3000—2000aB. P. ）的产物。根据热带北缘福建东山岛、热带中部广州（包括南沙）、热带南端湛江徐闻（包括英罗湾）和北海（包括山口）的30余个剖面花粉分析、近10个钻孔和30余条沙（贝）堤岩等推断，华南海岸中全新世大暖期以后的气候变化和海平面波动较小，由海平面变化直接引起的生态景观格局变迁不大。而全新世中国热带大致可分为回暖期、升温期和降温期三个时期，除珠江三角洲河口地区晚全新世最暖，其他华南海岸中全新世最暖。

二是福建东山岛的形成发育和景观变迁展现了全新世中国热带北界的"北迁南返"。根据霞浦、福州、平潭岛、泉州、龙海共6个剖面花粉分析结果，早全新世回暖期的热带北界为龙海澄海镇附近，即东山岛（23°40′N）附近。全新世中期（7500—5000aB. P. ）属于升温期，热带北进，据浙江余姚河姆渡遗址出土的34个属种的热带哺乳动物化石，有亚洲象、苏门犀和爪哇犀、水鹿等，年龄为6960 ± 100aB. P. 和6570 ± 120aB. P. ，可将该地（30°N）作为热带北界，此时东山岛处于热带气候北缘。此后约4000aB. P. 之后，象和犀的南迁反映了降温，北界南返。

分布于岛南北两端（陈城镇和康美镇）的海滩岩、泥炭、贝壳（沙）

堤、沙堤岩等海面遗迹表明，4000—3000aB. P. 的海侵盛期，海水几乎覆盖整个东山岛。约在 2500aB. P. 之后，东山岛景观格局随着全新世中晚期海岸沉积环境变化和宫前连岛沙坝的形成逐步发育。根据连岛沙坝上相关村落历史资料分析，风沙成灾是 200aB. P. 之后风积加剧、潟湖消失，联合了频繁的人为活动作用所致。海岛景观格局与中全新世以来海平面的波动一致，景观格局发育历程表明海平面的波动上升；受黑潮暖流影响，高海平面出现在 4000—3500aB. P. 和 2800—2100aB. P.，较热带南部和中部迟。

三是由广州南沙红树林分布和三角洲河口景观格局，推断中国热带中部全新世海侵边界和海平面波动，印证了南沙三角洲河口的景观格局是在中全新世海退过程中逐步发展起来的。气候变化及其环境效应体现为 7750aB. P. 时海侵最盛，6000aB. P. 和 2000aB. P. 中全新世和晚全新世海平面出现波动。根据东涌 PD 孔红树孢粉和硅藻测定分析，全新世中期（6000aB. P.）以来，红树林由衰到盛，再到衰，即红树林最为繁盛的晚全新世气候最热。尽管植被在中全新世出现较多热带成分，晚全新世的气候波动不足以改变其热带北部常绿阔叶林的地带性。南沙三角洲河口景观对气候变化的响应集中体现为三角洲景观是在中全新世（6000aB. P.）逐渐发展起来的，在 6000—2500aB. P. 期间基本上仅限于湾顶区域发生淤积充填。

四是广州中心城区城市景观在中全新世海退的过程中逐步形成。根据广州中全新世的滨岸沙坝等海面遗迹，中心城区在海退过程中逐渐出露，曾受到中全新世（Q_4^2）和晚全新世（Q_4^3）两度海侵，但从整体上逐步向南退离中心城区。约在 2300aB. P.、1900aB. P.、1700aB. P.、1300aB. P.、1100aB. P. 和 800aB. P. 出现高海面。番禺东涌镇 PD 孔的三角洲沉积物的碳氮记录旁证了广州中全新世以来的多次海平面波动。广州一带的贝丘和沙丘等文化遗存表明气候变化与海平面波动具有较好的一致性，广州中全新世气候变化幅度不大，曾出现波动性变化，比较显著的是，5000—4500aB. P. 的变凉和 4500—3400aB. P. 的炎热，近 3000 年以来有多次小波动。

　　五是热带南端北海银滩和博鳌的沙坝—潟湖景观对气候变化响应显著，其景观格局是在全新世中期强潮流作用下、海侵转向海退的变化过程中逐步形成的。广西北部湾的4个剖面、海南博鳌以及另外6个剖面表明，银滩复合型沙坝—潟湖景观与博鳌组合型沙坝—潟湖景观均形成于全新世中后期，两者的发育特点较为相似，但博鳌潟湖相沉积略早。根据博鳌钻孔沉积记录和文昌五龙港海岸沙丘—潟湖沉积体系，以及鹿回头沙坝—潟湖沉积体系的年代测定，因万泉河河口前期地形地势较低，其大部分景观格局的形成始于全新世初期（约8000aB. P.）。而现代万泉河口地貌体系和空间格局在6000aB. P.之后形成，整体复合型沙坝—潟湖景观格局在3000aB. P.发育趋向稳定。

　　六是热带南端的北海山口红树林和湛江徐闻珊瑚礁，在中全新世大暖期景观格局基本形成。全新世暖期（样品年龄为5998aB. P.）带来红树林繁盛。红树林潮滩沉积速率大于海平面上升速率，以及冬季升温，气候变暖的大背景下海平面上升有利于红树林景观和珊瑚礁景观的自然恢复。但是珊瑚礁景观格局对气候的冷波动亦有响应，即"雷州事件"，徐闻珊瑚礁上的9个清晰景观分层，对应着全新世高温期（6700—6200aB. P.）曾出现9次高频率、大幅度气候突然变冷导致珊瑚死亡的"冷白化"现象。

　　七是改革开放以来，华南海岸生态景观对于人类活动的响应体现为景观的退化与恢复相伴而行，具有不均衡、不同步和不可逆的特点。位于热带北部的东山岛景观格局与其城镇用地的演化相似，景观整体变迁的经向差异较纬向突出。具体表现在西部养殖斑块密度过大导致湾内水质恶化，绿地景观破碎化引发海岸风沙隐患；东部绿地景观后退，局部沙质海滩侵蚀严重。在绿地景观平均斑块面积增大和景观连通性增强的同时，人类活动对岛内景观破坏各岸段均有表现。

　　自城镇中心迁移（1956年）和社会可持续发展示范工程（2003年）启动以来，海岛景观区域分异显著，景观多样性和破碎化加大，人为干扰强度由弱干扰向中干扰转变。如1994—2004年间，海岛东部海湾旅游开发突破生态防线，部分设施建到岸线 200m（平均高潮线）以内，位于风沙活跃地带的防护林出现不同程度的缺口，影响岛内整体生态安全。台风、风暴潮等自然驱动力，与"海洋富县"和可持续发展建设等政策驱动力并驾齐驱，在"东海绿洲"景观基质之上促成"非农化"的城镇建设与渔业"二分天下"的态势。

八是随着热带滨海城市化进程加快，广州中心城区人工廊道和城市景观等强干扰景观占绝对优势，快速地改变了城市景观基质和景观格局。1988—2005 年人工廊道与植被退缩的关系表明，广州非建成区向建成区转变、中心城区扩展，引发植被景观（农田植被）锐减，2000 年后减少速度有所减缓。广州大桥和广州大道的通达性增加，植被景观整体呈"绵延式"退缩，集中于棠下、天河村、潭村、白水塘、瑞宝村、赤岗及琶洲等区域。这些改革开放后集中建设发展的新城区，在以损失植被景观及湿地景观等透水面为代价的"东进"过程中，引发滨江城区内涝水害等诸多环境问题。

1966—2005 年广州中心城区人工廊道效应与城市景观演变关系研究表明：人工廊道与城市景观在数量上呈二次曲线关系，人工廊道与城市景观的变化具有非同步性和一致性。道路的延伸是城市化进程的第一站，道路扩展带来城市空间向外拓展；人工廊道效应影响着城市景观的梯度分异，建成区景观的梯度推进，带动新城的发展，再一次推动新的廊道中心建立。城市扩展由向四周扩展的无序状态向按规划方向延伸转变，经历"假城市化"和城市蔓延阶段，这表明人类活动开始引导滨海城市景观演变。

九是广州南沙三角洲河口海岸景观演变对人类活动的响应，主要体现在湿地退缩、地貌变迁、植被更替、水系简繁变动、水色变化等方面。南沙的人类活动处于以农业活动为主的中干扰阶段，但强干扰景观型和中干扰景观型的对比态势明显减弱，前者的迅速增强会在较短时间剧烈改变现今景观格局。1986—2005 年南沙湿地景观（占 33.6%）的优势地位被植被景观（以农田植被为主，占 43.1%）和城市景观（占 18.9%）所取代，城市景观面积增长近 5 倍，最大斑块面积和平均斑块面积均有所增加，由以湿地景观为基质的滨海小镇发展成为热带三角洲河口滨海新城。

1966—2005 年联围筑闸、河道采沙、口门围垦、口门导治等导致南沙河控型三角洲河口的景观格局发生重大改变。围海造地（田）是南沙向海推进的重要原因之一，1966 年以来，南沙景观格局向海步步推进，人工围垦和海岸线变迁速率越来越快。从 1986 年起，南沙平原由鸡抱沙筑围开始向东南向扩展。1990 年起围龙穴岛，1992 年围至孖仔岛，呈双 ES 向的景观扩展，分别在 1997 年和 2005 年达到最大围垦距离，小虎岛也于 2000 年开始起围。

十是人类活动对沙坝—潟湖景观演变的影响，主要体现在沙滩作为核心吸引物开发的旅游经济活动上。复合型、组合型沙坝—潟湖景观组内和组间景观呈同步变化，海岸景观生态过程与联系使得整体演变效应明显地扩大。沙坝—潟湖景观处于由中（弱）干扰向强干扰发展阶段，中干扰与强干扰之间力量对比减弱是整体稳定性下降的重要因素之一。1990—2003 年北海银滩复合型沙坝—潟湖景观体系因新建实体大门和在高潮线上修建旅游设施，岸滩蚀退和潟湖淤积快，沙坝—潟湖景观体系走向衰亡。正门沙坝—潟湖景观的旅游开发使得电白寮沙坝—潟湖景观也出现了类似的变化趋势。

组合型沙坝—潟湖景观受到河口和沙坝—潟湖体系等自然驱动力，与造林、大型水利工程建设等人为活动的共同作用，过渡带的快速变迁高度集聚于此，表现出十分不稳定的特征。在 1971—2000 年间玉带滩南北沙嘴的形态变动加快，口门紧随开并，东屿岛面向口门的岛岸坍塌频繁。而口门开合、玉带滩（沙坝）侵蚀，潟湖南冲北淤，河道的快速变迁带动江心洲等河口地貌的变动，未来海平面上升水位上涨，玉带滩的溃决将成为宣泄洪峰的必然结果，这成为影响沙滩旅游生态安全的主要隐患之一。

十一是热带南部生物海岸景观分布的区域大多已辟为自然保护区，其人类活动的影响处于弱干扰阶段，但弱干扰与中干扰之间的对比差异不如保护区建设前明显。1991—2000 年北海山口每千米岸线的红树林面积增加

$0.74hm^2$，红树林景观斑块间的连通性得到较大的改善，红树林景观没有间断超过 2km 岸段。红树林景观间断超过 1km 的岸段也由 11 段降至 5 段，主要分布在核心区以外，红树林岸线总长度增加了 11.864km，所占岸线比例提高 18.8%。得益于红树林景观的恢复，保护区海草景观面积逐年增加。

但亦有研究表明，由于人为破坏和自然环境的变化，英罗港及英罗港门外的两个海草床面积已从 1994 年的 $267hm^2$ 减少到 2000 年的 $32hm^2$、2001 年的 $0.1hm^2$，面临着完全消失的危险。毁林发展海水养殖、挖取林内海洋经济动物（如广西红树林林下滩涂优势种泥丁等），以及修筑海提阻挡红树林向陆岸扩展，是红树林景观演变应对气候变化和人类活动的最大威胁。

人为因素对珊瑚礁景观变动的扰动往往是不可逆的。1991—2001 年徐闻保护区珊瑚礁景观的人为干扰强度仍处于弱干扰阶段。建区前后植被景观所占比例增加 4.6%，面积增加 19%；养殖景观所占比例增加 13%，面积增长近 2 倍，其增长幅度远远超过了植被景观的增长幅度。养殖景观增长迅速，与森林景观之间的对比差异越来越小（水域景观占了剩下景观格局绝大部分），养殖密度过大会带来一系列环境问题，不利于珊瑚礁景观格局的稳定。但是亦有学者认为，珍珠养殖区域内珊瑚礁的发育情况比养殖区以外的要好得多，这主要是因为珍珠养殖区内对珊瑚生长不利的捕捞活动要少得多。总体而言，生物海岸景观受到的干扰主要来自海水养殖为主的农业经济活动。

十二是将全新世中后期和改革开放以来相对照，近 30 余年，人类活动迅速地改变了海岸生态景观格局和演变进程，这种改变在华南海岸潮上带和潮间带尤为突出。目前人类活动对海岸生态景观的影响强度从强到弱依次为珊瑚礁、城市、沙坝—潟湖、三角洲河口、海岛、红树林。不同类型的海岸生态景观对人类活动的响应在演进方向上各异，各岸段"此淤彼冲"并行不悖。海岛景观呈半环状淤进和侵蚀的菱形格局，沙坝—潟湖景观和生物海岸景观分别呈线形蚀退和淤进的带状格局，三角洲河口呈扇环状向四周淤进和扩展，城市景观由点状格局向有明显拓展轴的面状格局转变。

本书的创新之处主要体现在如下三个方面。

一是将海景尺度作为海岸景观格局变迁的研究视角，揭示华南热带海岸生态景观演变对气候变化和人类活动的响应特点和区域分异规律。这一研究视角既将气候变化引发的环境变迁和人类活动影响下的土地利用变化进行"粗粒化"的横向对比，又建立了改革开放以来的滨海景观"细粒化"生态联系的归纳总结，初步建立了华南热带海岸生态景观响应气候变化和人类活动的基本框架。

二是通过遥感影像解译与人为干扰强度分析，反映出中国热带海岸景观变迁对于全球性气候变化的响应具有较强的一致性。对照全新世中期以来和改革开放以来的两种景观变迁的态势，印证了人类活动对华南热带海岸生态景观的影响日益剧烈、起着支配性作用。

三是剖析活跃的景观生态过程与联系，验证了华南海岸景观生态并非全都表现为脆弱性，人类活动对海岸生态景观的利用和调控空间较大。目前人类活动对生态景观的影响强度从强到弱依次为珊瑚礁景观、海岸带城市景观、沙坝—潟湖景观、三角洲河口海岸景观、海岛景观、红树林景观。经济活动对生态景观变动作用的强度从弱到强依次为农业经济活动、旅游经济活动、工业经济活动。

尚待进一步研究之处有如下三个方面。

一是增加研究百年尺度的海平面变化研究。本书将全新世中期以来和改革开放以来的生态景观演变进行比较研究，对百年尺度的海平面变化尚未展开系统的研究，仅仅是勾勒了全新世的几个高海平面时期。关于千年尺度的气候变化、百年尺度的海平面变化及十年尺度的人类活动变化在华南海岸生态景观演变的响应关系、关于它们与全球气候变化是否同步和具有一致性的研究尚待论及。未来重要的研究方向之一是中国热带海岸"人类世"环境演变与环境调控研究。

二是增加中华人民共和国成立以来和 2000 年以后的遥感影像数据解译

和数据处理分析。本书中的人类活动具体指改革开放以来 40 多年的经济活动和社会建设，集中于 1990—2000 年间的人类活动变化。为了更清晰地明确人为干扰的密集程度，选定更长时段的人类活动系列，以特殊事件作为构建自然驱动力和人为作用响应机制的重要联结之一，例如自然驱动力作用下灾前、灾中和灾后的人为干扰。以此作为选出人类活动密集时段的判定依据，从而更好地刻画人类活动密集影响下的生态景观演变，比较华南海岸生态景观演变对这两个变化过程的响应差异。

三是增加表征稳定性、脆弱性和可恢复性等变化因子于人为干扰指标体系。本书所涉及的人为干扰指标体系，鉴于可操作性和全面的原则，以海岛景观为例，参照干扰强度指标体系，选取了低覆盖、林地、（灌）草地、岸滩、河流、水体、农田、园地、盐田、养殖（池）、城市（镇）、人工廊道等 4 个干扰级别的 12 种景观型，构建人为干扰指数厘定人为干扰强度的前后变化。但是针对"生态景观"本身，反映景观生态联系的稳定性、脆弱性和可恢复性的量化指标体系研究，需要进一步加强。

—— 附图 ——

附图 1　台风对海岛岸滩和植被的影响（作者实地拍摄　2006 - 05 - 24）

注：A 处为沙滩侵蚀，B 处为植被根部泥沙掩埋。

附图 2　马銮湾（沙滩）的养殖景观（作者实地拍摄　2006 - 05 - 24）

注：A 为养殖棚，B 养殖废水排放管道。

附图 3　人类活动影响下的三角洲河口景观（作者实地拍摄　2006 - 12 - 17）

注：A 为香蕉田等人工湿地，B 为湿地陆化后的人工景观。

附图 4　南沙开发区建区前后的湿地景观变化（A 和 B 分别为开发前后）
注：A 引自梁柏楠，1998；B 为作者实地拍摄，2006 - 12 - 17。

附图 5　山口红树林保护区的（沙田站）养殖景观（作者实地拍摄　2006 - 11 - 20）
注：A 为养殖池，B 为养殖废水排放管。

附图 6　人类活动对珊瑚礁景观的影响（徐闻）（作者实地拍摄　2005 - 06 - 17）
注：A 为被采集的珊瑚礁，B 为用珊瑚礁砌成的围墙。

附图7 北海银滩旅游度假区（作者实地拍摄 2006－02－28）
注：A为沙滩上的餐馆，B为沙滩周围的养殖场。

附图8 银滩正门的沙坝—潟湖景观（作者实地拍摄 2006－02－28）
注：A为沙坝上的冲淡房及餐馆，B为潟湖用以停泊渔船。

附图9 琼海博鳌旅游度假区旅游活动的主要集中场所（作者实地拍摄 2006－07－17）
注：A为玉带滩（沙坝），B为沙美内海（潟湖），C为南海（外海），D为圣公石（礁石）。

后记

　　本书是在博士学位论文研究的基础上，融入作者和部分同行最近的研究成果，形成相对完整的体系而成。

　　气候变化是当今世界面临的最重要的全球性挑战之一，也是全球城市化过程面临的关键问题。关注海岸、热带、海岸带资源环境一体化与可持续发展，是作者多年的研究兴趣所在。

　　位于海陆交错地带的生态景观记录了气候变化和人类活动信息。华南海岸生态景观对气候变化和人类活动的响应关乎中国热带海岸整体的过程联系与区域分异规律，同时也是根植于海岸环境生态的可接受幅度和敏感性研究的重要对象。本书研究包括海岸环境演变和土地利用变化的"粗粒化"横向比较分析，同时试图建立基于滨海"细粒化"景观生态联系之上的景观生态分析。

　　对于海岸生态景观可接受幅度，作者从海侵标志视角切入，按"大同小异"和"异多同少"两条主线，分别呈现气候变迁、海平面变化、海岸平原海侵—海退的垂直序列、海岸沙堤、牡蛎礁、环境考古与滨海城市化，以及海滩岩、红树林、珊瑚礁、自然地带变迁。研究期间曾得到合作导师——广东省科学院广州地理所黄镇国研究员的指导，该研究成为黄先生主持的国家自然基金项目"珠江三角洲全新世海侵的红树林标志及其古环境意义"

（基金号：40371015）研究的一部分。

2008—2013年，作者积极参加相关学术研讨会，如中国海洋地质与海洋地理学术年会、广东省地质学学术年会、广东省地理学学术年会等，与同行切磋，形成了本书关于气候变化对滨海旅游的影响、人工道路廊道与城市化的关系以及涉水文化景观等研究成果。中国博士后科学基金、中国博士后特别资助项目以及法国气候变化研究会短期课程，为本书体系的完善提供了重要的学术支持。

对于海岸生态景观敏感性，作者特别感受到"华南海岸生态景观并不都表现为脆弱性"。由于海岸生态景观自身的特性与人类活动强度的不断增大，海岸生态景观演变的复杂性、多样态增加了作者对所涉及影响因素的梳理和整体把握的难度。一方面，敏感脆弱的海岸资源环境使得自身景观格局变化的可接受幅度相对于其他区域明显要小。另一方面，作为改革开放前沿的华南沿海是实施国家重要发展战略的主阵地。国家首批红树林保护区建设（1990年）、国家首批滨海旅游度假区设立（1992年）、海上开发战略（1990年）、西南出海通道建设（1994年）、香港自由行政策（2003年）、泛珠三角开发与合作（2004年）等等，都是国家战略实施的重要举措。以上战略实施带来的资源、环境和社会的快速变化，极大地引发了作者的关注。作者曾赴惠州平海国家海龟自然保护区、徐闻国家珊瑚礁自然保护区、国家AAAAA级景区惠州罗浮山，以及福建东山、广西北海、广州南沙等典型案例地实地调研，为厘清海岛、沙坝潟湖、珊瑚礁及滨海中心城市等典型生态景观的过程联系与空间分异，获得第一手资料。更难得的是，作者由此更加深刻地理解了滨海生态景观时空尺度差异，进而帮助科学选取海岸带生态景观研究的尺度。

2012—2015年，作者参与了汕头潮阳、南澳，香港，深圳等滨海城市的政府委托课题研究，以及广州天河区、河源东源县可持续发展实验区、生态示范区和"两型"城市的建设规划研究，推动了作者可持续发展观本土化逻辑的建立。2016年以来，作者从各种途径接触到的阳江匝坡和海陵岛、汕尾海丰和碣石湾、珠海以及江门台山和鹤山等沿海市镇相关规划研究材料，亦成为本书有关华南海岸生态景观演变案例的重要资料。

波动变化、进退迁徙（或中断）和突发事件是海岸生态景观演变对气候变化和人类活动响应的普遍特征。这些特征的区域差异很大，加之各个研究区域的范围大小不一，研究程度的深浅不同，对气候变化和人类活动的年代、阶段、程度、分布等的推断都会有所不同。本书尽量按照每一个专题所涉及的较完整的自然区域，以较全面的实际资料，进行区域对比。但难免存在不周或不当之处，作者以此为憾并将继续完善。

中国科学院南海分院赵焕庭研究员、中山大学河口研究所李春初教授对本次研究和本书的出版提出了许多有益的建议。广西海洋局黄日富局长和广西国土测绘院李占元副院长为本书提供了数据支持和技术处理方面的帮助。中山大学地球环境与地球资源研究中心、中国可持续发展研究会、广州城市可持续发展研究会、广东高质资源环境研究院等单位，以及付善明、钟莉莉、付伟、窦磊、龙云凤、张林英、温春阳、谢晓华、张争胜、徐燕君、张正栋、丁健、杨国华、龚建文、翁鸿超、陈维平等个人均以不同方式给予支持。

在此，特向以上提到的单位和个人一并表示衷心感谢。

<h1 style="text-align:center">—参考文献—</h1>

[1] Arianoutsou M. Assessing the impacts of human activities on nesting of loggerhead sea – turtles(Caretta caretta L)on Zakynthos Island, Western Greece [J]. Environmental Conservation,1988,15:327 –334.

[2] Batistella M. Landscape change and land – use/land – cover dynamic Rondonia, Brazilan Amazaon[D]. Bloomington:Indiana University,2001.

[3] Brosnan D M,Crumrine L L. Effects of human trampling on marine rocky shore communities[J]. Journal of Experimental Marine Biology & Ecology,1994, 177:79 –97.

[4] Burak S,Dogan E,Gazioglu C. Impact of urbanization and tourism on coastal environment[J]. Ocean & Coastal Management,2004,47(9):515 –527.

[5] Cooper J A G,Jackson D W T,Navas F,et al. Identifying storm impacts on an embayed,high – energy coastline: examples from western Ireland[J]. Marine Geology,2004,210:261 –280.

[6] Davenport J. Temperature and the life history strategies of sea – turtles [J]. Journal of Thermal Biology,1998,22:479 –488.

[7] Davenport J. The impact of tourism and personal leisure transport on coastal environments:A review. Estuarine[J]. Coastal and Shelf Science,2006,67: 280 –292.

[8] Ferreira O. An integrated method for the determination of set – back lines for coastal erosion hazards on sandy shores[J]. Continental Shelf Research,2006a,

26:1030 – 1044.

[9] Ferreira O. The role of storm groups in the erosion of sandy coasts[J]. Earth Surf Process Landforms,2006b,31:1058 – 1060.

[10] Fraschetti S,Terlizzi A,Bussotti S,et al. Conservation of Mediterranean seascapes:analyses of existing protection schemes[J]. Marine Environmental Research,2005,59:309 – 332.

[11] Gao J H,Chen G Q,Ou W X,Zhu D K. The coast evolution and regulation in Wanquan River Estuary, Hainan Island[J]. Journal of Geographical Sciences,2004,14(3):375 – 381.

[12] Gheskiere T,Vincx M,Weslawski J M,et al. Meiofauna as descriptor of tourism – induced changes at sandy beaches[J]. Marine Environmental Research,2005,60:245 – 265.

[13] Goudie A S, Parker A G, Al – Farraj A. Coastal Change in Ras Al Khaimah(United Arab Emirates):a Cartographic Analysis[J]. The Geographical Journal,2000,166(1):14 – 25.

[14] Guilcher A. Coral Reef Geomorphology [M]. Avon:The Bath Press,1988.

[15] Guzman M D C. Landscape dynamics of a coastal lagoonal system:Southern Sonora,Mexico[D]. Texas:Texas A&M University,2003:15 – 29.

[16] Hansom J D. Coastal sensitivity to environmental change:a view from the beach[J]. Catena,2001,42:291 – 305.

[17] Holland T L. Landscape changes in a coastal lagoon system,Jalisco,Mexico:implications for Barra De Navidad Lagoon [D]. Guelph:University of Guelph,2005.

[18] IPCC. Climate Change 2007:The Physical Science Basis [EB/OL]. (2007)[2007 – 01 – 01]. http://www. ipcc. ch[EB/OL].

[19] Irtem E,Kabdasli S,Azbar N. Coastal zone problems and environmental

strategies to be implemented at Edremit Bay, Turkey [J]. Environmental Management, 2005, 36(1):37 - 47.

[20] Klein M, Zviely D. The environmental impact of marina development on adjacent beaches: a case study of the Herzliya marina, Israel [J]. Applied Geography, 2001, 21:145 - 156.

[21] Nordstrom K F. The developed coastal landscape: temporal and spatial characteristics, Beaches and Dunes of Developed Coasts [J/OL]. Cambridge University Press, 2005:1 - 10. http://www. cambridge. org.

[22] Pinn E H, Rodgers M. The influence of visitors on intertidal biodiversity [J]. Journal of the Marine Biological Association of the United Kingdom, 2005, 85: 263 - 268.

[23] Rogers A S. The influence of landscape position on coastal marsh loss [D]. College Park: University of Maryland, 2004, 11 - 17.

[24] Schiel D R, Taylor D I. Effects of trampling on a rocky intertidal assemblage in southern New Zealand [J]. Journal of Experimental Marine Biology & Ecology, 1999, 235:213 - 235.

[25] Schupp C A, McNinch J E, List J H. Nearshore shore - oblique bars, gravel outcrops, and their correlation to shoreline change [J]. Marine Geology, 2006, 233:63 - 79.

[26] Slocum K R. Coastal Zone Landscape classfication using remote sensing and model development [D]. Virginia: The College of William and Mary, 2002.

[27] Tuxbury S M, Salmon M. Competitive interactions between artificial lighting and natural cues during seafinding by hatchling marine turtles [J]. Biological Conservation, 2005, 121:311 - 316.

[28] Wendy A M. Understanding the Relationship between Landscape Features on Municipally - Managed Dunes and Residential Private Lots on an Urban Shoreline: New Jersey [D]. Piscataway: The State University of New Jersey. 2005.

［29］ West K,Woesik R V. Spatial and Temporal Variance of River Discharge on Okinawa（Japan） Inferring the Temporal Impact on Adjacent Coral Reefs［J］. Marine Pollution Bulletin,2001,42（10）:864 – 872.

［30］ Wiese P V. Environmental impact of urban and industrial development a case history:Cancun Quintana Roo,Mexico［J/OL］. （1996）［2005 – 09 – 10］. http://www. unesco. org/csi/wise/cancun1. htm.

［31］ Wilson C,Tisdell C. Sea turtles as a non – consumptive tourism resource especially in Australia［J］. Tourism Management,2001,22:279 – 288.

［32］ Yamano H,Shimazaki H,Matsunaga T,et al. Evaluation of various satellite sensors for waterline extraction in a coral reef environment:Majuro Atoll, Marshall Islands［J］. Geomorphology,2006,82:398 – 411.

［33］ Zhu D K,Yin Y,Martini I P. Geomorphology of the Boao coastal system and potential effects of human activities – Hainan Island,South China ［J］. Geographical Sciences. 2005,15（2）:187 – 198.

［34］ 北海概况［EB. OL］. （2019）［2019 – 12 – 31］. http://www. beihai. gov. cn/zwgk/jcxxgk/bhgk – 70444/.

［35］ 彼得·马蒂尼,朱大奎,高学田,等. 海南岛海岸景观与土地利用 ［M］. 南京:南京大学出版社,2004.

［36］ 蔡爱智,蔡月娥. 福建东山岛宫前连岛沙坝的发育 ［J］. 海洋地质动态, 1990, 10 （1）: 21 – 92.

［37］ 蔡锋. 华南沙质海滩动力地貌过程 ［D］. 青岛:中国海洋大学, 2004.

［38］ 常禹, 布仁仓, 胡远满. 景观边界研究概况 ［J］. 生态学杂志, 2002, 21 （5）: 49 – 53.

［39］ 陈承惠. 闽南沿海若干全新世沉积物剖面的孢粉组合 ［J］. 台湾海峡, 1982, 1 （1）: 45 – 531.

［40］ 陈桂珠, 彭友贵, 吴乾钊, 等. 广州南沙地区生态系统研究

[M]. 广州：中山大学出版社，2006.

[41] 陈国强，陈鹏. 城市化过程中海岸带景观异质性变化及其景观生态效应的初步研究——以厦门市马銮湾地区为例 [J]. 海洋学报，2004，26 (4)：89-95.

[42] 陈惠卿，黄义雄，柯美虹. 福建东山县景观生态建设的探讨 [J]. 国土与自然资源研究，2004 (3)：31-32.

[43] 陈惠卿，黄义雄. 福建东山岛景观空间格局分析 [J]. 台湾海峡，2005，24 (2)：27-34.

[44] 陈金泉. 台风暴潮及其预报的探讨 [J]. 厦门大学学报，1977 (2)：16-44.

[45] 陈俊仁，陈欣树，包砺彦，等. 珠江口外陆架晚第四纪最低海面的发现 [J]. 热带海洋，1990，9 (4)：73-77.

[46] 陈妙红，高抒，邹欣庆，等. 海南岛博鳌港枯水期海底活动性的初步研究 [J]. 海洋通报，2002，21 (6)：39-46.

[47] 陈木宏，赵焕庭，温孝胜，等. 伶仃洋 L_2 和 L_{16} 第四纪有孔虫群与孢粉化石带特征及其地质意义 [J]. 海洋地质与第四纪地质，1994，4 (1)：11-22.

[48] 陈鹏，高建华，朱大奎，等. 海岸生态交错带景观空间格局及其开发建设的影响分析——以海南万泉河口博鳌地区为例 [J]. 自然资源学报，2002，17 (4)：509-514.

[49] 陈晓玲，袁中智，李毓湘，等. 基于遥感反演结果的悬浮泥沙时空动态规律研究——以珠江河口及邻近海域为例 [J]. 武汉大学学报（信息科学版），2005，30 (8)：677-681.

[50] 陈耀泰，罗章仁. 珠江口现代沉积速率及其反映的沉积特征 [J]. 热带海洋，1991，10 (2)：57-64.

[51] 陈玉娟，管东生，PEART M R. 珠江三角洲快速城市化对区域植被固碳放氧能力的影响研究 [J]. 中山大学学报（自然科学版），2006，45

（1）：98－102.

［52］陈玉军，郑德璋，廖宝文，等. 台风对红树林损害及预防的研究［J］. 林业科学研究，2000，13（5）：524－529.

［53］陈锡东，范时清. 海南岛西北面海区晚第四纪沉积与环境［J］. 热带海洋，1988（2）：39－46.

［54］戴志军，李春初，王文介. 华南弧形砂质海岸形成机制分析［J］. 台湾海峡，2005，24（1）：43－47.

［55］邓兵，范代读. 海平面上升及其对上海市可持续发展的影响［J］. 同济大学学报（自然科学版），2002，30（11）：321－1325.

［56］丁德文，徐惠民. 可持续发展：海岸带复杂系统与人海关系复杂性［C］. 北海：中国海洋资源环境与南海问题学术会议论文集，北海，2006，5－9.

［57］东山县地方志编纂委员会. 东山县志［M］. 北京：中华书局，1994：7，11，80.

［58］东山县环境保护局. 1999—2005 年东山县环境状况公报［R］. 东山环境，第 5－11 期.

［59］东山县环境环保局. 东山县生态环境现状调查报告［R］. 2002：15－17.

［60］东山县统计局. 东山统计年鉴［R］. 2000－2005.

［61］杜建国，陈彬，周秋麟，等. 江海岸带综合管理为工具开展海洋生物多样性保护管理［J］. 海洋通报，2011，30（4）：456－462.

［62］杜尧东，宋丽莉，毛慧琴，等. 广东地区的气候变暖及其对农业的影响与对策［J］. 热带气象学报. 2004，20（3）：302－310.

［63］樊伟，程炎宏，沈新强. 全球环境变化与人类活动对渔业资源的影响［J］. 中国水产科学，2001，8（4）：91－94.

［64］范航清，陈光华，何斌源，等. 山口红树林滨海湿地与管理［M］. 北京：海洋出版社，2005.

［65］范航清，梁士楚. 中国红树林研究与管理［M］//范航清. 广西海岸红树林现状及人为干扰. 北京：科学出版社，1995.

［66］范航清. 广西海岸沙滩红树林的生态研究 I：海岸沙丘移动及其对白骨壤的危害［J］. 广西科学，1996，3（1）：44－48.

［67］范航清. 海堤对广西沿海红树林的数量、群落特征和恢复的影响［J］. 应用生态学报，1997，8（3）：240－244.

［68］范绍佳，董娟，郭璐璐，等. 城市发展对广州温度场影响的分析［J］. 热带气象学报，2005，21（6）：623－627.

［69］丰爱平，夏东兴，谷东起，等. 莱州湾南岸海岸侵蚀过程与原因研究［J］. 海洋科学进展. 2006，24（1）：83－90.

［70］丰爱平，夏东兴. 海岸侵蚀灾情分级［J］. 海岸工程. 2002，22（2）：60－65.

［71］方神光，陈文龙，崔丽琴. 伶仃洋水域纳潮量计算及演变分析［J］. 海洋环境科学，2012，31（1）：76－78.

［72］管东生，陈玉娟，黄芬芳. 广州城市绿地系统的贮存分布及其在碳氧平衡中的作用［J］. 中国环境科学，1998，18（5）：437－441.

［73］高建华，高抒，陈鹏，等. 海南岛博鳌港沉积物的沿岸输送［J］. 海洋地质与第四纪地质，2002，22（2）：41－48.

［74］葛晨东，Slaymaker O.，Pedersen T. F. 海南岛万泉河口沉积环境演变［J］. 2003，48：2079－2083.

［75］龚子同，张效朴. 中国的红树林与酸性硫酸盐土［J］. 土壤学报，1994，31（1）：83－94.

［76］谷东起. 山东半岛潟湖湿地的发育过程及其环境退化研究——以朝阳港潟湖为例［D］. 青岛：中国海洋大学，2004.

［77］顾骏强，杨军. 中国华南地区气候和环境变化特征及其对策［J］. 资源科学，2005，27（1）：128－135.

［78］广西壮族自治区海岸带和海涂资源综合调查领导小组. 海岸带和

海涂资源综合调查报告 [R]. 第七卷植被和林业, 1986: 8, 44.

[79] 郭笃发. 黄河三角洲滨海湿地土地覆被和景观格局的变化 [J]. 生态学杂志, 2005, 24 (8): 907 - 912.

[80] 何碧娟, 陈波. 北海银滩海岸冲刷及环境污损原因分析 [J]. 2002, 9 (1): 69 - 72.

[81] 何书金, 王仰麟, 罗明, 等. 中国典型地区沿海滩涂资源开发 [M]. 北京: 科学出版社, 2005.

[82] 何为, 李春初, 雷亚平. 沙坝—潟湖海岸动力地貌学研究进展 [J]. 台湾海峡, 2001, 20 (4): 565 - 572.

[83] 贺松林. 海岸工程与环境概论 [M]. 北京: 海洋出版社, 2003.

[84] 黄德银, 施祺, 余克服, 等. 海南岛鹿回头珊瑚礁研究进展 [J]. 海洋通报, 2004, 23 (4): 56 - 64.

[85] 黄德银, 施祺, 张叶春, 等. 海南岛鹿回头造礁珊瑚的 ^{14}C 年代及珊瑚礁的发育演化 [J]. 海洋通报, 2004, 23 (6): 31 - 37.

[86] 黄鹄. 广西海岸环境脆弱性研究 [D]. 广州: 中山大学, 2005.

[87] 黄晖. 拟建徐闻珊瑚礁国家级自然保护区综合考察报告 [R]. 2005: 3, 5 - 7.

[88] 黄巧华, 朱大奎. 海平面上升对沿海城市的影响 [J]. 海洋通报, 1997, 16 (6): 7 - 12.

[89] 黄震方. 海滨生态旅游地的开发模式研究——以江苏沿海为例 [D]. 南京: 南京师范大学, 2002.

[90] 黄镇国, 谢先德, 范锦春, 等. 广东海平面变化及其影响与对策 [M]. 广州: 广东科技出版社, 2000.

[91] 黄镇国, 张伟强. 人为因素对珠江三角洲近 30 年地貌演变的影响 [J]. 第四纪研究, 2004a (4): 394 - 403.

[92] 黄镇国, 张伟强. 南海现代海平面变化研究的进展 [J]. 台湾海峡. 2004b, 23 (4): 530 - 535.

[93] 黄镇国，张伟强. 中国热带红树林的发展及其地理背景 [J]. 地理学报，2002，57 (2)：174 – 184.

[94] 黄镇国，张伟强. 中国热带气候地貌几个问题的讨论 [J]. 热带地理，2006，26 (3)：197 – 201.

[95] 黄镇国，张伟强. 珠江河口近期演变与滩涂资源 [J]. 热带地理，2004，24 (2)：97 – 102.

[96] 黄镇国，张伟强. 中国日本全新世环境演变对比研究 [M]. 广州：广东科技出版社，2002.

[97] 黄镇国. 中国南海中心城市广州的崛起 [M]. 广州：广东经济出版社，2007.

[98] 黄镇国，张伟强. 珠江三角洲生物埋葬群与环境变迁 [J]. 地理学报，1995，50 (4)：310 – 323.

[99] 黄宗国，郑成兴，李传燕. 福建东山石珊瑚伴生物种多样性 [J]. 生物多样性，1999，7 (3)：181 – 188.

[100] 季小梅，张永战，朱大奎. 乐清湾近期海岸演变研究 [J]. 海洋通报，2006，25 (1)：44 – 53.

[101] 季子修. 中国海岸侵蚀特点及侵蚀加剧原因分析 [J]. 自然灾害学报，1996，5 (2)：65 – 75.

[102] 柯美红. 沿海地区绿地系统景观生态规划与设计研究 [D]. 福州：福建师范大学，2003.

[103] 李玫，陈桂珠，彭友贵. 广州南沙湿地生物多样性现状及其保护 [J]. 防护林科技，2009，(3)：46 – 48.

[104] 黎夏，叶嘉安. 知识发现及地理元胞自动机 [J]. 中国科学 (D 辑：地球科学)，2004，34 (9)：865 – 872.

[105] 黎夏，叶嘉安. 基于元胞自动机的城市发展密度模拟 [J]. 地理科学，2006，26 (2)：166 – 172.

[106] 黎广钊，梁文，农华琼等. 北海外沙泻湖全新世硅藻、有孔虫组

合与沉积相演化 [J]. 广西科学, 1999, 6 (4): 311 –316.

[107] 李春初. 珠江河口东四门的历史演变与广州港南沙港址建港自然条件分析 [R]. 中山大学河口海岸研究所, 2001: 1 –44.

[108] 李春初. 华南港湾海岸的地貌特征 [J]. 地理学报, 1986, 41 (4): 311 –320.

[109] 李春初, 何为, 王世俊. 中国南方河口过程与演变规律 [M]. 北京: 科学出版社, 2004.

[110] 李春初, 雷亚平. 认识珠江, 保护珠江——试论广州至虎门潮汐水道的特性和保护问题 [J]. 热带地理, 1998, 18 (1): 24 –29.

[111] 李从先, 陈刚. 冰后期海进海退与沙坝潟湖沉积体系 [J]. 海洋学报, 1984, 6 (5): 657 –662.

[112] 李恒鹏, 杨桂山. 基于 GIS 的淤泥质潮滩侵蚀堆积空间分析 [J]. 地理学报, 2001, 56 (3): 278 –286.

[113] 李加林. 杭州湾南岸滨海平原土地利用/覆波变仪研究 [D]. 南京: 南京师范大学, 2004.

[114] 李加林, 王艳红, 张忍顺, 等. 海平面上升的灾害效应研究——以江苏沿海低地为例 [J]. 地理科学, 2006a, 26 (1): 87 –93.

[115] 李加林, 刘闯, 张殿发. 土地利用变化对土壤发生层质量演化的影响——以杭州湾南岸滨海平原为例 [J]. 地理学报, 2006b, 61 (4): 378 –388.

[116] 李加林, 许继琴, 童亿勤, 等. 杭州湾南岸滨海平原土地利用/覆被空间格局变化分析 [J]. 长江流域资源与环境, 2005, 14 (6): 709 –714.

[117] 李加林, 张忍顺, 王艳红. 江苏淤泥质海岸湿地景观格局与景观生态建设 [J]. 地理与地理信息科学, 2003, 19 (5): 86 –90.

[118] 李加林, 许继琴, 李伟芳, 等. 长江三角洲地区城市用地增长的时空特征分析 [J]. 地理学报, 2007, 62 (4): 437 –447.

[119] 李嘉欣, 郑卓, 谷俊杰, 等. 广州城区晚全新世环境变迁与人类

活动 [J]. 热带地理, 2021, 41 (1): 67-85.

[120] 孙剑, 杨德明, 李建国. 辽河三角洲土地利用时空变化及预测研究 [J]. 华中农业大学学报 (社会科学版), 2006, 61 (1): 1-10.

[121] 李梦, 曹庆先, 胡宝清. 1960—2018 年广西大陆海岸线时空变迁分析 [J]. 广西师范大学学报 (自然科学报), 2021: 39.

[122] 李平日, 黄镇国, 张仲英, 等. 广东东部沿海全新世地层 [J]. 海洋学报, 1986, 8 (3): 331-339.

[123] 李平日, 乔彭年, 郑洪汉, 等. 珠江三角洲一万年来环境演变 [M]. 北京: 海洋出版社, 1991.

[124] 李文翎, 阎小培. 城市轨道交通发展与土地复合利用研究——以广州为例 [J]. 地理科学, 2002, 22 (5): 574-580.

[125] 李向军. 遥感土地利用方法探讨 [D]. 北京: 中国科学院遥感应用研究所, 2006.

[126] 李晓文, 方精云, 朴世龙. 上海及周边主要城镇城市用地扩展空间特征及其比较 [J]. 地理研究, 2003, 22 (6): 769-779.

[127] 李新通, 朱鹤健. 闽东南沿海地区农业景观变化及其驱动因素——以大南坂农场为例 [J]. 资源科学, 2000, 22 (1): 35-39.

[128] 李贞, 王丽荣, 管东生. 广州城市绿地系统景观异质性分析 [J]. 应用生态学报, 2000, 11 (1): 127-130.

[129] 李志强, 陈子燊. 砂质岸线变化研究进展 [J]. 海洋通报, 2003, 22 (4): 77-86.

[130] 梁国昭. 广州山水格局及其保护 [J]. 热带地理, 2001, 21 (1): 1-6.

[131] 梁海燕. 博鳌风暴潮研究 [J]. 海洋通报, 2003, 22 (5): 9-14.

[132] 梁文, 黎广钊. 广西红树林海岸现代沉积初探 [J]. 广西科学院学报, 2002, 18 (3): 131-134.

[133] 廖思明, 王志成, 兰国宝, 等. 北海市南部近岸局部海域细菌变

化研究 [J]. 广西科学, 2005, 12 (4): 327-329, 333.

[134] 刘会平, 王艳丽, 刘江龙, 等. 广州市主要地质灾害成灾机制与时空分布 [J]. 自然灾害学报, 2005, 14 (5): 149-153.

[135] 刘金祥. 徐闻珊瑚礁的现状与保护性开发 [J]. 湛江师范学院学报, 2006, 27 (3): 60-61.

[136] 刘俊. 中国海滨度假区发展历程及影响因素比较研究 [D]. 广州: 中山大学, 2006.

[137] 刘小伟, 郑文教, 孙娟. 全球气候变化与红树林 [J]. 生态学杂志, 2006, 25 (11): 1418-1420.

[138] 刘以宣. 南海新构造与地壳稳定性 [M]. 北京: 科学出版社, 1994.

[139] 刘岳峰, 韩慕康, 邬伦, 等. 珠江三角洲口门区近期演变与围垦远景分析 [J]. 地理学报, 1998, 53 (6): 492-500.

[140] 刘纪远, 刘明亮, 庄大方, 等. 中国近期土地利用变化的空间格局与驱动力分析 [C]. 土地覆被变化及其环境效应学术论文集, 2002: 89-98.

[141] 娄全胜. 基于 GIS 的广州森林空间格局及其环境效应研究 [D]. 北京: 中国科学院研究生院, 2006.

[142] 卢演畴, 丁国瑜. 中国沿海地带新构造运动 [M] // 中国科学院地学部. 海平面上升对中国三角洲地区的影响及对策. 北京: 科学出版社, 1994: 63-74.

[143] 吕炳全, 王国忠, 全松青. 海南岛沙老珊瑚岸礁的现代沉积相带 [J]. 同济大学学报, 1983 (3): 57-66.

[144] 骆灿鹏. 海坛岛景观格局动态变化研究 [J]. 福建师范大学学报 (自然科学版), 1996, 12 (3): 89-95.

[145] 麦少芝, 徐颂军. 广东红树林资源的保护与开发 [J]. 海洋开发与管理, 2005b (1): 44-48.

[146] 盂广兰, 韩有松, 王少青. 南黄海陆架区 15ka 以来的古气候事件

与环境演变 [J]. 海洋与湖沼, 1998, 29 (3): 297 - 305.

[147] 莫永杰. 海平面上升对广西沿海的影响与对策 [M]. 北京: 科学出版社, 1996: 9 - 21, 133.

[148] 马勇等. 福建省海滨带旅游发展规划报告 [R]. 福州, 2004: 3 - 6.

[149] 欧维新, 杨桂山, 李恒鹏. 苏北盐城海岸带景观格局时空变化及驱动力分析 [J]. 地理科学, 2004, 24 (5): 610 - 615.

[150] 欧维新, 杨桂山, 于兴修. 盐城海岸带土地利用变化的生态环境效应研究 [J]. 资源科学, 2004, 26 (3): 76 - 83.

[151] 欧维新, 杨桂山. 土地利用覆被变化对海岸环境演变影响的研究进展 [J]. 地理科学进展, 2003, 22 (4): 360 - 368.

[152] 潘卫华, 徐涵秋. 泉州市城市扩展的遥感监测及其城市化核分析 [J]. 国土资源遥感, 2004, 62 (4): 36 - 40.

[153] 秦大河, Thomas T, 259 名作者, 等. 2014. IPCC 第五次评估报告第一工作组报告的亮点结论 [J]. 气候变化研究进展, 2014, 10 (1): 1 - 6.

[154] 逄勇, 李学灵, 龙江. 珠江三角洲陆源污染和香港水域排污对伶仃洋的影响 [J]. 水科学进展, 2003, 14 (5): 558 - 562.

[155] 彭少麟, 李勤奋, 任海. 全球气候变化对野生动物的影响 [J]. 生态学报, 2002, 22 (7): 1153 - 1159.

[156] 任美锷. 黄河、长江和珠江三角洲海平面上升趋势及 2050 年海平面上升的预测 [M] // 中国科学院地学部. 海平面上升对中国三角洲地区的影响及对策. 北京: 科学出版社, 1994: 18 - 28.

[157] 任美锷. 珠江河口动力地貌特征及海滩利用问题 [J]. 南京大学学报, 1965, 8 (1): 135 - 147.

[158] 盛静芬, 朱大奎. 海岸侵蚀和海岸线管理的初步研究 [J]. 海洋通报, 2002, 21 (4): 50 - 57.

[159] 施伟勇, 陈子燊. 砂质海岸演变的地貌动力学研究进展 [J]. 海洋通报, 1998, 17 (6): 71 - 78.

［160］施雅风，孔昭宸，王苏民，等. 中国全新世大暖期气候与环境的基本特征［M］. 北京：海洋出版社，1992.

［161］施雅风. 我国海岸带灾害的加剧发展及其防御方略［J］. 自然灾害学报，1994，3（2）3-15.

［162］宋德众. 福建海岛气候［M］. 北京：气象出版社，1996.

［163］孙全辉，张正旺. 气候变暖对我国鸟类分布的影响［J］. 动物学杂志，2000，35（6）：45-48.

［164］谭晓林，张乔民. 红树林潮滩沉积速率及海平面上升对我国红树林的影响［J］. 海洋通报，1997，16（4）：29-35.

［165］汤坤贤，游秀萍，陈敏儿，等. 东山县红旗水库水质恶化原因及防治对策［J］. 福建环境，2001，18（5）：18-20.

［166］汤超莲，陈特固，蔡兵，等. 近百年广州中心城区（天河）地表年平均气温变化趋势［J］. 热带地理，2014，34（6）：729-736.

［167］唐礼智. 东山县芦笋生产存在问题与相应措施［J］. 福建热作科技，1998，23（1）：22-26.

［168］陶晓燕. 海滨城市旅游发展可持续研究［D］. 南京：河海大学，2006.

［169］汪成刚，宗跃光. 基于GIS的大连市建设用地生态适宜性评价［J］. 浙江师范大学学报（自然科学版），2007，30（1）：109-115.

［170］汪品先，叶国梁，卞云华，等. 从微体化石看杭州西湖的历史［J］. 海洋与湖沼，1979，10（4）：373-383.

［171］王国杰，廖善刚. 土地利用强度变化的空间异质性研究［J］. 应用生态学报，2006，17（4）：611-614.

［172］王国忠. 全球海平面变化与中国珊瑚礁［J］. 古地理学报，2005，7（4）：483-492.

［173］王洪，甘萌雨. 北海银滩旅游区规划设计国际征集方案介绍［J］. 城市规划，2002，26（6）：89-90.

［174］王建华. 华南海岸沙丘岩的特征及其与海滩岩的区别［J］. 沉积学报，1997，15（1）：104－110.

［175］王敬贵，苏奋振，周成虎，等. 区位和管理政策对海岸带土地利用变化的影响——以昌黎黄金海岸地区为例［J］. 地理研究，2005，24（4）：520－527.

［176］王举平，宁雪生. 北海市海水入侵及其勘察方法［J］. 广西地质，1997，10（4）：47－53.

［177］王开发，张玉兰，李珍. 广西英罗湾红树林表土孢粉沉积学特征［J］. 沉积学报，1998，16（3）：31－37.

［178］王开发，张玉兰. 长江三角洲全新世孢粉组合及其地质意义［J］. 海洋地质与第四纪地质，1984，4（3）：69－881.

［179］王丽荣，赵焕庭，宋朝景. 珊瑚礁生态保护与管理的社会经济调查［J］. 海洋环境科学，2004，23（2）：43－46.

［180］王丽荣，赵焕庭. 珊瑚礁生态系的一般特点［J］. 生态学杂志，2001，20（6）：41－45.

［181］王绍鸿. 福建全新世海滩岩及其地质意义［J］. 福建师范大学学报（自然科学版），1995，11（4）：106－112.

［182］王树功. 珠江河口典型湿地景观演变及调控研究［D］. 广州：中山大学，2005.

［183］王文介. 粤西海岸全新世中期以来海平面升降与海岸沙坝潟湖发育过程［J］. 热带海洋，1999，18（3）：34－37.

［184］王兮之，郑影华，李森. 海南岛西部土地利用变化及其景观格局动态分析［J］. 中国沙漠，26（3）：409－414.

［185］斯蒂芬·马歇尔. 城市设计与演变［M］. 陈燕秋，胡静，孙旭东译. 北京：中国建筑工业出版社，2014.

［186］王新生，刘纪远，庄大方. 中国特大城市空间形态变化的时空特征［J］. 地理学报，2005，60（3）：392－400.

［187］王兆印，程东升，刘成. 人类活动对典型三角洲演变的影响——
Ⅰ长江和珠江三角洲［J］. 泥沙研究，2005（6）：76-81.

［188］翁毅，张灵，周永章. 中心城区工廊道效应与城市景观演变的关
系——以广州中心城区为例［J］. 自然资源学报，2009，24（5）：799-808.

［189］翁毅，张伟强. 珠江三角洲晚第四纪红树林的演化及其意义
［J］. 台湾海峡，2011，30（2）：264-268.

［190］翁毅，朱竑. 快速城市化的滨江城区内涝治理研究［J］. 生态经
济，2012（3）：169-172.

［191］翁毅，朱竑. 气候变化对滨海旅游的影响研究进展及启示［J］.
经济地理，2011，31（2）：2132-2137.

［192］王颖，吴小根. 海平面上升与海滩侵蚀［J］. 地理学报，1995，
50（2）：118-127.

［193］闻平，刘沛然，雷亚平，等. 近50年伶仃洋滩槽冲淤变化趋势
分析［J］. 中山大学学报（自然科学版），2003，42S（2）：240-243.

［194］翁毅，杜家元. 人为因素对珠江三角洲旅游景观分异及演变的影
响［J］. 珠江经济，2006（12）：21-29.

［195］翁毅，周永章，张伟强. 亚热带沿海景观的旅游保护性开发及建
设探讨［J］. 人文地理，2006，21（3）：57-61.

［196］巫丽芸，黄义雄. 东山岛景观生态风险评价［J］. 台湾海峡，
2005，24（1）：35-42.

［197］巫丽芸，何东进，游巍斌，等. 福建东山岛灾害生态风险的时空
演化［J］. 生态学报，2016，36（16）：5027-5037.

［198］巫锡良. 福建沿海晚更新世以来的海平面变化与新构造运动、地
震活动［J］. 华南地震，1987，7（3）：3-10.

［199］吴超羽，包芸，任杰，等. 珠江三角洲及河网形成演变的数值模
拟和地貌动力学分析：距今6000—2500a［J］. 海洋学报，2006，28（4）：
64-80.

[200] 吴超羽, 任杰, 包芸, 等. 珠江河口"门"的地貌动力学初探 [J]. 地理学报, 2006, 61 (5): 537 - 548.

[201] 吴宇华. 北海市银滩国家旅游度假区西区的环境问题 [J]. 自然资源学报, 1998, 13 (3): 256 - 260.

[202] 吴月琴, 刘春莲, 杨小强, 等. 珠江三角洲全新世以来的微体动物群记录与古环境重建 [J]. 海洋地质与第四纪地质, 2019, 39 (2): 31 - 42.

[203] 吴正, 黄山, 胡守真, 等. 华南海岸风沙地貌研究 [M]. 北京: 科学出版社, 1995: 8 - 132.

[204] 吴正, 王为. 华南海岸沙丘岩的特征及其形成发育模式 [J]. 第四纪研究, 1990, 12 (4): 334 - 342.

[205] 夏法, 陈家杰. 福建东山岛的若干地质地貌问题 [J]. 华南地震, 1986, 9, 6 (3), 44 - 53.

[206] 肖笃宁, 高峻, 石铁矛. 景观生态学在城市规划和管理中的应用 [J]. 地球科学进展, 2001, 16 (6): 813 - 820.

[207] 肖笃宁, 等. 景观生态学 [M]. 北京: 科学出版社, 2003: 28 - 53.

[208] 徐海鹏, 任明达, 严润娥. 广西银滩地区土地退化与防治研究 [J]. 水土保持研究, 1999, 6 (4): 41 - 48.

[209] 徐建华. 现代地理学中的数学方法 [M]. 北京: 高等教育出版社, 1994.

[210] 徐起浩, 冯炎基. 广东广澳、福建东山等地海岸砂丘岩及沙丘的地貌学、沉积学特征 [J]. 热带海洋, 1990, 9 (1): 61 - 68.

[211] 徐少辉, 王华东. 城市环境功能区划研究——以广西北海市为例 [J]. 1997, 19 (6): 5 - 9.

[212] 徐颂军, 保继刚. 广东发展农业生态旅游的条件和区域特征 [J]. 经济地理, 2001, 21 (3): 371 - 375.

[213] 徐颂军. 广东山区经济建设与生物资源保护问题的探讨 [J]. 热带地理, 1999, 19 (4): 353 - 357.

[214] 杨东黎，林钦泉．东山县芦笋产业化现状与对策［J］．福建热作科技．2002.27（1）：40-41.

[215] 杨国华，周永章．广东省水旱灾害风险分析与农业可持续发展［J］．灾害学，2005，20（3）：16-20.

[216] 杨怀仁，谢志仁．气候变化与海平面升降趋向［M］．北京：海洋出版社，1992：144-148.

[217] 杨焦文，华棣，吴立成，等．闽江口第四纪地层中的孢粉、有孔虫、硅藻组合及其古地理意义［J］．海洋地质与第四纪地质，1991，11（3）：75-821.

[218] 杨静，曾昭爽．昌黎黄金海岸七里海泻湖的历史演变和生态修复［J］．海洋湖沼通报，2007（2）：34-39.

[219] 杨鸣，夏东兴，谷东起．全球变化影响下青岛海岸带地理环境的演变［J］．海洋科学进展，2005，23（3）：289-296.

[220] 杨再宝．南海南部孢粉分布特征及其对周边地区千万年来气候环境演化历史的指示［D］．北京：中国科学院海洋研究所，2019.

[221] 叶功富，洪志猛，甘永洪．厦门城市绿地生态系统景观结构与异质性分析［J］．东北林业大学学报，2005，33（5）：71-74.

[222] 叶浩军．价值观转变下的广州城市规划（1978—2010）实践［D］．广州：华南理工大学，2013.

[223] 叶恒朋．广州市河涌磷污染及控制研究［D］．北京：中国科学院研究生院，2006.

[224] 叶平生．32种洋花洋树装扮广州道路［N/OL］．广州日报，2007-01-03. http://gzdaily.dayoo.com/html/2007-01/03/content_20473898.htm.

[225] 衣华鹏，张鹏宴，李世泰．莱州湾东岸海涂开发与景观生态建设［J］．海洋科学，2005，29（10）：32-35.

[226] 殷勇，朱大奎，唐文武，等．博鳌地区沙坝—潟湖沉积及探地雷达的应用［J］．地理学报，2002，57（3）：301-309.

华南海岸生态景观演变对气候变化和人类活动的响应研究

[227] 于永海，苗丰民，王玉广，等. 基于 3S 技术的海岸线测量与管理应用研究 [J]. 地理与地理信息科学，2003，19（6）：24－27.

[228] 余克服，蒋明星，程志强，等. 涠洲岛 42 年来海面温度变化及其对珊瑚礁的影响 [J]. 应用生态学报，2004，15（3）：506－510.

[229] 余克服，刘东生，钟晋梁，等. 雷州半岛全新世高温期珊瑚生长所揭示的环境突变事件 [J]. 中国科学（D 辑：地球科学），2002，32（2）：149－157.

[230] 余克服. 雷州半岛灯楼角珊瑚礁的生态特征与资源可持续利用 [J]. 生态学报，2005，25（4）：669－675.

[231] 喻红，曾辉，江子瀛. 快速城市化地区景观组分在地形梯度上的分布特征研究 [J]. 地理科学，2001，21（1）：64－69.

[232] 袁家义. 珠江口滩涂的特征，海洋学报 [J]. 1984，6（4）：471－478.

[233] 袁道先. 岩溶作用对环境变化的敏感性及其记录 [J]. 科学通报，1995，40（13）：1210－1213.

[234] 恽才兴，蒋兴伟. 海岸带可持续发展与综合管理 [M]. 北京：海洋出版社，2002.

[235] 曾辉，郭庆华，喻红. 东莞市凤岗镇景观人工改造活动的空间分析 [J]. 生态学报，1999，19（3）：298－303.

[236] 曾辉，姜传明. 深圳市龙华地区快速城市化过程中的景观结构研究——林地的结构和异质性特征分析 [J]. 生态学报，2000，20（3）：378－383.

[237] 曾新. 论湿地对古代广州城市发展的影响 [J]. 华南师范大学学报（社会科学版），2006，8（4）：29－35.

[238] 曾从盛. 福建沿海全新世海平面变化 [J]. 台湾海峡，1991，10（1）：77－84.

[239] 詹文欢，张乔民，孙宗勋，等. 雷州半岛西南部珊瑚礁生物地貌

研究 [J]. 海洋通报, 2002, 21 (5): 54-60.

[240] 张根寿. 现代地貌学 [M]. 北京: 科学出版社, 2005.

[241] 张红, 舒宁, 陈宁. 遥感用于广州市热岛效应动态分析研究 [J]. 国土资源导刊, 2004, 5: 30-31.

[242] 张金屯. 应用生态学 [M]. 北京: 科学出版社, 2004.

[243] 张景奇, 介东梅, 刘杰. 海岸线不同解译标志对解译结果的影响研究——以辽东湾北部海岸为例 [J]. 吉林师范大学学报 (自然科学版), 2006, 5 (2): 54-56.

[244] 张景文, 李桂英, 赵希涛. 闽南粤东沿海晚第四纪地层与新构造运动的年代学研究 [J]. 地震地质, 1982, 4 (3): 27-37.

[245] 张黎明, 魏志远, 曹启民, 等. 近40年来海南省三大河下游水体的含沙量特征及影响因素 [J]. 生态环境, 2006, 15 (4): 765-769.

[246] 张林英. 广东省自然保护区景观格局及其可持续发展研究 [D]. 广州: 中山大学, 2006.

[247] 张明书, 刘守全, 陈民本. 中国海岸带晚第四纪事件地质学 [M]. 北京: 地质出版社, 2000.

[248] 张乔民, 余克服, 施祺. 华南珊瑚礁的海岸生物地貌过程 [J]. 海洋地质动态, 2003, 19 (11): 1-4, 30.

[249] 张伟强, 黄镇国, 江璐明. 从史前考古论中国热带地理环境的相对稳定性 [J]. 热带地理, 2003, 23 (1): 1-6.

[250] 张永战, 朱大奎. 海岸带——全球变化研究的关键地区 [J]. 海洋通报, 1997, 16 (3): 69-80.

[251] 张玉兰, 彭学超, 赵晶. 南海低纬地区15KaBp以来高分辨率孢粉记录植被、气候演变 [J]. 热带海洋学报, 2011, 30 (5): 67-75.

[252] 张振克. 博鳌旅游度假区地貌景观演变与岸坡稳定性分析 [J]. 海洋地质动态, 2003, 19 (4): 1-7.

[253] 章云泉, 魏清泉. 番禺市区位优势及其利用 [J]. 经济地理,

1999, 19 (4): 123 - 128.

[254] 赵焕庭, 王丽荣, 宋朝景. 徐闻县西部珊瑚礁的分布与保护 [J]. 热带地理, 2006, 26 (3): 202 - 206.

[255] 赵焕庭, 宋朝景, 王丽荣, 等. 雷州半岛灯楼角珊瑚礁初步观察 [J]. 海洋通报, 2001, 20 (2): 87 - 91.

[256] 赵焕庭, 王丽荣, 宋朝景, 等. 雷州半岛灯楼角珊瑚岸礁的特征 [J]. 海洋地质与第四纪地质, 2002, 22 (2): 35 - 40.

[257] 赵焕庭, 张乔民, 宋朝景, 等. 华南海岸和南海诸岛地貌与环境 [M]. 北京: 科学出版社, 1999.

[258] 赵焕庭. 徐闻西部珊瑚礁生态旅游开发、生态保护与生态管理项目研究报告 [R]. 2006: 11.

[259] 赵美霞, 余克服, 张乔民. 珊瑚礁区的生物多样性及其生态功能 [J]. 生态学报, 2006, 26 (1): 186 - 194.

[260] 赵昭炳. 福建省地理 [M]. 福州: 福建人民出版社, 1993.

[261] 赵希涛, 唐领余, 沈才明, 等. 江苏建湖庆丰剖面全新世气候变迁和海面变化 [J]. 海洋学报, 1994, 16 (1): 78 - 88.

[262] 郑芷青. 建设广州国际大都市的市区街道绿化 [J]. 热带地理. 1995, 15 (1): 62 - 69.

[263] 中国 21 世纪议程管理中心, 福建省东山县可持续发展实验区. [EB/OL]. (2006) [2006 - 05 - 06]. http://www.acca21.org.cn.

[264] 中国海岸带气候调查报告编写组. 中国海岸带和海涂资源综合调查专业报告集 [R] 地貌, 1993: 4 - 30.

[265] 中国环境科学研究院. 广西北海银滩环境综合整治工程项目建议书 [R]. 1999: 11 - 23.

[266] 中山大学地理学系河口海岸研究室译. 沙坝潟湖海岸译文集 [M]. 中山大学学报编辑部, 1984.

[267] 周慧杰, 莫莉萍, 刘云东, 等. 广西钦州湾红树林湿地土壤有机

碳密度与土壤理化性质相关性分析 ［J］. 安徽农业科学, 2015, 43 (17)：120 - 123, 140.

［268］周厚云, 高全洲, 朱照宇, 等. 气候环境变化的河流响应 ［J］. 中山大学学报 (自然科学版), 2001, 40 (6)：82 - 86.

［269］周训, 鞠秀敏, 宁雪生, 等. 广西北海市海水入侵原因及防治对策初探 ［J］. 中国地质灾害与防治学报, 1997, 8 (2)：77 - 83.

［270］周沿海. 基于 RS 和 GIS 的福建滩涂围垦研究 ［D］. 福州：福建师范大学, 2004.

［271］周霞. 20 世纪初广州的旧城更新与都市发展 ［J］. 华南理工大学学报 (自然科学报), 2002, 30 (10)：69 - 73.

［272］朱小兵, 高抒, 陈妙红, 等. 海南岛博鳌港水体交换的初步研究 ［J］. 热带海洋学报, 2003, 22 (3)：71 - 77.

［273］朱小鸽, 何执兼, 邓明. 最近 25 年珠江口水环境的遥感监测 ［J］. 遥感学报, 2001, 5 (5)：396 - 400.

［274］庄振业, 印萍, 吴建政, 等. 鲁南沙质海岸的侵蚀量及其影响因素 ［J］. 海洋地质与第四纪地质, 2000, 20 (3)：15 - 21.

［275］宗跃光. 大都市空间扩展的廊道效应与景观结构优化——以北京市区为例 ［J］. 地理研究, 1998, 17 (2)：119 - 124.

［276］左浩, 高抒. 海南岛博鳌港洪水过程模拟 ［J］. 海洋通报, 2005, 24 (1)：8 - 17.